U0161081

"十四五"国家重点出版物出版规划项目·重大出版工程

— 中国学科及前沿领域2035发展战略丛书

国家科学思想库

中国海洋科学 2035发展战略

"中国学科及前沿领域发展战略研究（2021—2035）"项目组

科学出版社

北京

内 容 简 介

海洋是生命的摇篮、资源的宝库和国家安全的屏障，是未来人类可持续发展的重要战略空间。《中国海洋科学 2035 发展战略》旨在依据海洋科学发展的内在规律，瞄准当前世界科技前沿和建设海洋强国国家重大战略需求，展望 2035 年前我国海洋科学的发展方向和关键领域，谋划促进海洋科学创新发展的战略思路和政策措施，提升我国海洋科技综合竞争力，为国家海洋科学基础研究的战略部署和科技计划的制定提供决策依据。

本书为相关领域战略与管理专家、科技工作者、企业研发人员及高校师生提供了研究指引，为科研管理部门提供了决策参考，也是社会公众了解海洋科学发展现状及趋势的重要读本。

图书在版编目（CIP）数据

中国海洋科学2035发展战略 ／“中国学科及前沿领域发展战略研究（2021—2035）”项目组编. —北京：科学出版社，2023.5
（中国学科及前沿领域2035发展战略丛书）
ISBN 978-7-03-075069-3

Ⅰ. ①中⋯　Ⅱ. ①中⋯　Ⅲ. ①海洋学–发展战略–研究–中国　Ⅳ. ①P7

中国国家版本馆CIP数据核字（2023）第039619号

丛书策划：侯俊琳　朱萍萍
责任编辑：石　卉　吴春花 ／ 责任校对：杨　然
责任印制：李　彤 ／ 封面设计：有道文化

科 学 出 版 社 出版
北京东黄城根北街 16 号
邮政编码：100717
http://www.sciencep.com

北京虎彩文化传播有限公司 印刷
科学出版社发行　各地新华书店经销
*

2023年5月第 一 版　开本：720×1000　1/16
2023年8月第二次印刷　印张：22 1/2
字数：380 000

定价：188.00元

（如有印装质量问题，我社负责调换）

"中国学科及前沿领域发展战略研究（2021—2035）"

联合领导小组

组　长　常　进　李静海

副组长　包信和　韩　宇

成　员　高鸿钧　张　涛　裴　钢　朱日祥　郭　雷

　　　　　杨　卫　王笃金　杨永峰　王　岩　姚玉鹏

　　　　　董国轩　杨俊林　徐岩英　于　晟　王岐东

　　　　　刘　克　刘作仪　孙瑞娟　陈拥军

联合工作组

组　长　杨永峰　姚玉鹏

成　员　范英杰　孙　粒　刘益宏　王佳佳　马　强

　　　　　马新勇　王　勇　缪　航　彭晴晴

《中国海洋科学 2035 发展战略》

专　家　组

组　长　吴立新

成　员　李家彪　焦念志　戴民汉　张　偲　包振民

　　　　李华军　宋君强　张人禾　陆　军　陈大可

　　　　张　经　徐义刚　唐启升　侯保荣　冷疏影

　　　　任建国　李　薇

工　作　组

组　长　李建平

副组长　冷疏影

成　员　甘波澜　陈更新　荆　钊　党皓文　刘志宇

　　　　杨清华　于　垚　王永刚　高小惠

编 写 组

第一章　科学意义与战略价值

组　长　王　凡

成　员　万世明　王万鹏　王厚杰　王　鑫　孙卫东
史贵涛　张　芳　张　黎　陈天宇　陈　敏
周　朦　姜　鹏　曾志刚　王　德

第二章　发展规律与研究特点

组　长　杜　岩

成　员　王大志　王晓雪　叶观琼　卢　鹏　田　军
田丰林　杨海军　何贤强　汪亚平　张国良
陈朝晖　陈显尧　陈　鹰　俞永强　赵　玮
修　鹏　耿　雷　樊　炜

第三章　发展现状与发展态势

组　长　翦知湣

成　员　王春在　史大林　杜震洪　杨桂朋　张　彪
　　　　　庞洪喜　殷克东　程旭华　程　晓　蔡树群

第四章　发展思路与发展方向

组　长　林霄沛

成　员　王树新　王桂华　甘剑平　李三忠　肖　湘
　　　　　宋金明　张　鑫　赵美训　黄邦钦　谢周清
　　　　　董昌明　雷瑞波

第五章　资助机制与政策建议

组　长　魏泽勋

成　员　刘素美　杨守业　宋金宝　张　锐　陈　戈
　　　　　林　强　胡利民　侯书贵　高　翔　龚　骏
　　　　　王　鹏

总　序

　　党的二十大胜利召开，吹响了以中国式现代化全面推进中华民族伟大复兴的前进号角。习近平总书记强调"教育、科技、人才是全面建设社会主义现代化国家的基础性、战略性支撑"[①]，明确要求到 2035 年要建成教育强国、科技强国、人才强国。新时代新征程对科技界提出了更高的要求。当前，世界科学技术发展日新月异，不断开辟新的认知疆域，并成为带动经济社会发展的核心变量，新一轮科技革命和产业变革正处于蓄势跃迁、快速迭代的关键阶段。开展面向 2035 年的中国学科及前沿领域发展战略研究，紧扣国家战略需求，研判科技发展大势，擘画战略、锚定方向，找准学科发展路径与方向，找准科技创新的主攻方向和突破口，对于实现全面建成社会主义现代化"两步走"战略目标具有重要意义。

　　当前，应对全球性重大挑战和转变科学研究范式是当代科学的时代特征之一。为此，各国政府不断调整和完善科技创新战略与政策，强化战略科技力量部署，支持科技前沿态势研判，加强重点领域研发投入，并积极培育战略新兴产业，从而保证国际竞争实力。

　　擘画战略、锚定方向是抢抓科技革命先机的必然之策。当前，新一轮科技革命蓬勃兴起，科学发展呈现相互渗透和重新会聚的趋

---

① 习近平. 高举中国特色社会主义伟大旗帜 为全面建设社会主义现代化国家而团结奋斗——在中国共产党第二十次全国代表大会上的报告. 北京：人民出版社，2022：33.

势，在科学逐渐分化与系统持续整合的反复过程中，新的学科增长点不断产生，并且衍生出一系列新兴交叉学科和前沿领域。随着知识生产的不断积累和新兴交叉学科的相继涌现，学科体系和布局也在动态调整，构建符合知识体系逻辑结构并促进知识与应用融通的协调可持续发展的学科体系尤为重要。

擘画战略、锚定方向是我国科技事业不断取得历史性成就的成功经验。科技创新一直是党和国家治国理政的核心内容。特别是党的十八大以来，以习近平同志为核心的党中央明确了我国建成世界科技强国的"三步走"路线图，实施了《国家创新驱动发展战略纲要》，持续加强原始创新，并将着力点放在解决关键核心技术背后的科学问题上。习近平总书记深刻指出："基础研究是整个科学体系的源头。要瞄准世界科技前沿，抓住大趋势，下好'先手棋'，打好基础、储备长远，甘于坐冷板凳，勇于做栽树人、挖井人，实现前瞻性基础研究、引领性原创成果重大突破，夯实世界科技强国建设的根基。"[①]

作为国家在科学技术方面最高咨询机构的中国科学院（简称中科院）和国家支持基础研究主渠道的国家自然科学基金委员会（简称自然科学基金委），在夯实学科基础、加强学科建设、引领科学研究发展方面担负着重要的责任。早在新中国成立初期，中科院学部即组织全国有关专家研究编制了《1956—1967 年科学技术发展远景规划》。该规划的实施，实现了"两弹一星"研制等一系列重大突破，为新中国逐步形成科学技术研究体系奠定了基础。自然科学基金委自成立以来，通过学科发展战略研究，服务于科学基金的资助与管理，不断夯实国家知识基础，增进基础研究面向国家需求的能力。2009 年，自然科学基金委和中科院联合启动了"2011—2020 年中国学科发展

---

① 习近平. 努力成为世界主要科学中心和创新高地 [EB/OL]. (2021-03-15). http://www.qstheory.cn/dukan/qs/2021-03/15/c_1127209130.htm[2022-03-22].

战略研究"。2012 年，双方形成联合开展学科发展战略研究的常态化机制，持续研判科技发展态势，为我国科技创新领域的方向选择提供科学思想、路径选择和跨越的蓝图。

联合开展"中国学科及前沿领域发展战略研究（2021—2035）"，是中科院和自然科学基金委落实新时代"两步走"战略的具体实践。我们面向 2035 年国家发展目标，结合科技发展新特征，进行了系统设计，从三个方面组织研究工作：一是总论研究，对面向 2035 年的中国学科及前沿领域发展进行了概括和论述，内容包括学科的历史演进及其发展的驱动力、前沿领域的发展特征及其与社会的关联、学科与前沿领域的区别和联系、世界科学发展的整体态势，并汇总了各个学科及前沿领域的发展趋势、关键科学问题和重点方向；二是自然科学基础学科研究，主要针对科学基金资助体系中的重点学科开展战略研究，内容包括学科的科学意义与战略价值、发展规律与研究特点、发展现状与发展态势、发展思路与发展方向、资助机制与政策建议等；三是前沿领域研究，针对尚未形成学科规模、不具备明确学科属性的前沿交叉、新兴和关键核心技术领域开展战略研究，内容包括相关领域的战略价值、关键科学问题与核心技术问题、我国在相关领域的研究基础与条件、我国在相关领域的发展思路与政策建议等。

三年多来，400 多位院士、3000 多位专家，围绕总论、数学等 18 个学科和量子物质与应用等 19 个前沿领域问题，坚持突出前瞻布局、补齐发展短板、坚定创新自信、统筹分工协作的原则，开展了深入全面的战略研究工作，取得了一批重要成果，也形成了共识性结论。一是国家战略需求和技术要素成为当前学科及前沿领域发展的主要驱动力之一。有组织的科学研究及源于技术的广泛带动效应，实质化地推动了学科前沿的演进，夯实了科技发展的基础，促进了人才的培养，并衍生出更多新的学科生长点。二是学科及前沿领域的发展促进深层次交叉融通。学科及前沿领域的发展越来越呈现出多学科相互渗透的发展态势。某一类学科领域采用的研究策略和技术体系所产生的基础理论与方法论成果，可以作为共同的知识基础适用于不同学科领域的多个研究方向。三是科研范式正在经历深刻变革。解决系统性复杂问题成为当前科学发展的主要目标，导致相应的研究内容、方法和范畴等的改变，形成科学研究的多层次、多尺度、动态化的基本特征。数据驱动的科研模式有力地推动了新时代科研范式的变革。四是科学与社会的互动更加密切。发展学科及前沿领域愈加重要，与此同时，"互联网＋"正在改变科学交流生态，并且重塑了科学的边界，开放获取、开放科学、公众科学等都使得越来越多的非专业人士有机会参与到科学活动中来。

"中国学科及前沿领域发展战略研究（2021—2035）"系列成果以"中国学科及前沿领域2035发展战略丛书"的形式出版，纳入"国家科学思想库－学术引领系列"陆续出版。希望本丛书的出版，能够为科技界、产业界的专家学者和技术人员提供研究指引，为科研管理部门提供决策参考，为科学基金深化改革、"十四五"发展规划实施、国家科学政策制定提供有力支撑。

在本丛书即将付梓之际，我们衷心感谢为学科及前沿领域发展战略研究付出心血的院士专家，感谢在咨询、审读和管理支撑服务方面付出辛劳的同志，感谢参与项目组织和管理工作的中科院学部的丁仲礼、秦大河、王恩哥、朱道本、陈宜瑜、傅伯杰、李树深、李婷、苏荣辉、石兵、李鹏飞、钱莹洁、薛淮、冯霞，自然科学基金委的王长锐、韩智勇、邹立尧、冯雪莲、黎明、张兆田、杨列勋、高阵雨。学科及前沿领域发展战略研究是一项长期、系统的工作，对学科及前沿领域发展趋势的研判，对关键科学问题的凝练，对发展思路及方向的把握，对战略布局的谋划等，都需要一个不断深化、积累、完善的过程。我们由衷地希望更多院士专家参与到未来的学科及前沿领域发展战略研究中来，汇聚专家智慧，不断提升凝练科学问题的能力，为推动科研范式变革，促进基础研究高质量发展，把科技的命脉牢牢掌握在自己手中，服务支撑我国高水平科技自立自强和建设世界科技强国夯实根基做出更大贡献。

"中国学科及前沿领域发展战略研究（2021—2035）"
联合领导小组
2023 年 3 月

前　言

　　海洋是生命的摇篮、资源的宝库和国家安全的屏障，是未来人类可持续发展的重要战略空间。广袤深邃的海洋只有5%的区域已被人类探索，加快海洋科技创新、提高海洋资源开发能力、保护海洋生态环境是我国海洋科学发展的战略使命，是实现"关心海洋、认识海洋、经略海洋"的根本，事关国家发展的命脉。当前，我国海洋科学研究正在逐步从跟跑阶段进入并跑阶段，海洋科学的发展正面临前所未有的重要机遇。在这一背景下，中国科学院和国家自然科学基金委员会联合发起了学科战略研究，海洋科学发展战略研究旨在在分析当前海洋科学发展态势和国家重大战略需求的基础上，展望2035年前海洋科学的发展方向和关键领域。

　　本研究由国家自然科学基金委员会与中国科学院学部学科发展战略研究项目资助，于2020年1月正式启动，随即成立了由海洋及相关领域的院士和国家自然科学基金委员会地球科学部管理专家组成的专家组，以及由海洋领域优秀中青年科学家组成的编写组和优秀青年学者组成的工作组，团队统筹分工、密切合作，实现战略研究工作的稳步推进。项目执行的两年期间，为克服新冠疫情影响，采取"线上＋线下"相结合方式，先后举办了项目启动会、专家组会议、项目全体会议，以及各章节编写组内部交流会、学术秘书工作进展交流会等一系列战略研讨会议，并广泛征求相关意见和建议，最终形成本书。

本书全面总结当前海洋科学日益凸显的学科战略地位（第一章）；深入剖析其发展规律、现状和态势，重点梳理我国海洋科学的优势学科、薄弱学科、交叉学科的发展状况，探讨推动我国海洋科学发展的关键举措（第二章和第三章）。在此基础上，通过凝练制约我国海洋科学发展的关键科学领域，提出我国海洋科学发展的总体思路、目标和重要研究方向（第四章），提出 2035 年前我国海洋科学发展的总体思路——面向世界科技前沿，解决重大基础科学问题；服务国家战略需求，保障国家权益和人民生命健康；建设大科学装置、设立大科学工程，增强海洋智能感知和预测能力；牵头国际大科学计划，引领国际海洋科学发展。未来，我国应当进一步完善顶层设计和科学规划，围绕海洋能量传递与物质循环，跨圈层流固耦合与板块运动，海洋生命过程及其适应演化机制，极地系统快速变化的机制、影响和可预测性，健康海洋与海岸带可持续发展，海洋智能感知与预测系统六大重点研究方向开展协同攻关，立足国家战略需求和学科发展前沿，加快发起由中国主导的国际大科学计划，抢占国际海洋研究的制高点。此外，本书通过对比分析国内外海洋科学科研资助的现状，指出我国海洋科学研究资助布局存在的主要问题，并建议"十四五"期间海洋科学领域应从体制机制创新、资源配置方式和组织管理模式等方面实行进一步优化，加快提升我国海洋科技整体水平和国际竞争力（第五章）。

本书是在专家组的全面指导下，全体工作组和编写组成员辛勤付出和共同努力的结果。在此，向他们表示崇高的敬意和衷心的感谢！希望本书能为国家海洋科技及相关领域的中长期规划提供参考，服务于中国海洋科技的高质量跨越式发展。

由于本书涵盖面较广，难免存在薄弱环节与疏漏之处，敬请读者批评指正和谅解。

吴立新

《中国海洋科学 2035 发展战略》专家组组长

2022 年 2 月

摘　要

　　海洋是生命的摇篮,是全球气候系统的调节器,是人类可持续发展的战略空间,是地球系统科学发展的重要引擎。海洋对地球系统的热量循环、水循环、物质循环等有重要的调控作用,认识海洋物质能量循环过程是理解和应对极端天气和气候变化的根本,是提升我国在应对气候变化、全球海洋治理、科学部署地球工程、维系地球宜居性等问题上国际话语权的关键。海洋孕育了地球上最大的生态系统,具有巨大的服务功能和价值,认识蓝色生命系统过程与规律、合理开发和保护蓝色生物资源是支撑人类社会可持续发展的重大战略需求。海洋是地球上最大的生存空间,同时也是国家天然的战略屏障、运输命脉,提升海洋环境的智能感知与预测能力,对保障我国能源资源安全、拓展深远海战略空间至关重要。然而到目前为止,占地球表面积2/3的海洋只有5%的区域已被人类探索。未知的海洋孕育着无尽的想象与创造力,是重大科学发现和颠覆性技术创新的源泉和摇篮。

　　党的十八大报告首次提出建设"海洋强国"这一重大战略部署,党的十九大报告强调"坚持陆海统筹,加快建设海洋强国"。《中华人民共和国国民经济和社会发展第十四个五年规划和2035年远景目标纲要》也明确提出协同推进海洋生态保护、海洋经济发展和海洋权益维护。2018年6月,习近平总书记在考察青岛海洋科学与技术试点国家实验室时强调：建设海洋强国，必须进一步关心海洋、认识海洋、经略海洋，加快海洋科技创新步伐。开发海洋资源、发展海洋经济将成为区域经济与社会可持续发展的必然选择，推动海洋科技成果向现实生产力转化进而支撑海洋新兴产业发展，可以全面提升海洋经济增长的质量和效益，有力推动经济发展方式的质量变革、效率变革和动力变革。因此，提高海洋资源开发能力、发展海洋经济、保护海洋生态环境、维护国家海洋权益是我国海洋科学发展的战略使命，是服务海洋强国建设、保障人类社会高质量可持续发展的必由之路。2019 年 4 月，习近平总书记在青岛集体会见应邀出席中国人民解放军海军成立 70 周年多国海军活动的外方代表团团长时，首提构建"海洋命运共同体"，为应对全球海洋秩序变革提出了重要解决方案。海洋科学和技术的发展则是构建"海洋命运共同体"的重要理论支撑，是我国参与国际海洋事务的主要科学依据，是实现海洋强国战略和民族复兴的重要基础。

海洋科学是研究海洋的自然现象、性质及其变化规律，以及与综合开发利用海洋有关的知识体系。它的研究对象是占地球表面 71% 的海洋，包括海水、溶解和悬浮于海水中的物质、生活于海洋中的生物、海底沉积和海底岩石圈，以及海面上的大气边界层和河口海岸带等，也包括与海洋管理和海洋技术相关的交叉科学。海洋科学的发展经历了科技与工业革命前的萌芽时期、工业革命推动下的创建时期以及信息科技革命推动下的新时代，为人类认知地球和生命的起源与演变、利用与保护自然资源、认知全球变化和治理生态环境等做出了巨大贡献。海洋科学的创新发展体现在观测与分析手段的持续变革、基础科学理论的不断建立以及前沿研究领域的积极拓展中。海洋科学领域的重要突破也促进了众多学科关键问题的解决，开辟了新的研究领域，推动了生命科学、信息科学、材料科学、能源科学、空间科学、社会科学等其他学科领域的发展。进入

21 世纪，国际海洋科学研究已经进入一个崭新阶段，主要体现在两个发展方向、三大发展趋势。两个发展方向是指：海洋科学的研究对象已经从仅仅关注陆地周边的近岸、近海拓展到了包括深海大洋、极地的全海域范围；研究手段也从局地、间歇的考察扩展到了大区域、全天候的持续观测。与之相应，海洋科学的三大发展趋势体现在：从各单一学科的"单打独斗"转向强调多学科、跨尺度的系统性研究；从"科学受限于技术、技术单纯服务于科学"转向科学与技术紧密合作、协同发展；从科考平台的专用化、科研数据的孤岛性转向平台公用化和数据网络化。海洋科学正在整体进入转型期，学科已逐步提升到集成整合、探索机理的系统科学新高度，深化拓展近海研究与管理、聚焦深海与极地新疆域、开展多圈层多尺度耦合研究成为世界各国海洋研究的新趋势。

　　海洋科学具有鲜明的大科学特征，海洋问题的复杂性使其无法通过单一学科的研究得以解决，而是需要多学科领域间深度交叉与融合。近十年来，随着综合国力的提升、科技经费投入的增加、科研条件的改善和对外合作交流的加强，我国海洋科学表现出了强劲的发展势头。我国海洋领域科研成果的数量快速增长、影响力稳步提升，2019 年我国发表海洋科学论文数量已位居世界第一位、篇均被引用频次为世界第三位，切实体现了国家科技研发投入对科学研究的促进作用。研究领域从中国近海拓展到深海大洋与极地海域，研究问题正在逐步从单一学科的科学问题向多学科交叉问题过渡，海洋领域各学科均取得了一系列重要的研究成果：①物理海洋专业，主要体现在海洋环流理论、海洋中小尺度动力过程、大洋能量传递及其气候效应、海洋气候变率与气候变化等方面；②海洋化学专业，主要体现在近海生源要素循环过程、营养盐沉降过程、海洋生源活性气体、颗粒物中的生物标志物及其示踪应用、海洋酸化和海洋低氧等方面；③海洋生物专业，主要体现在生物泵和微型生物碳泵机理、极端海洋环境中的生命、深海生态系统、生态系统与全球变化、生物多样性与生命演化、海洋渔业资源等方面；④海洋地质和地球物理专业，主要体现在南海构造和古地理演变历史、气候变化的低纬驱动假说、亚洲大陆边缘的"源－汇"过程等方面；⑤极地海洋科学专业，主要体现在南极冰盖冰川动力学、极地冰川与海洋的相互作用、极地海洋与全球变化等方面；⑥海洋观测探测技术，主要体现在海洋环境监测卫星系统组网、海底观测网系统、深海载人和无人潜水器等方面。然而，也要清晰认识到，当前我国海洋领域的研究水平相比其他海洋科技强国仍存在一定差距。基础研究方面，缺乏对奠基性理论的实质贡献，尚未在整体上形成引领学科前沿发展的态势；科研经费投入不持续，海洋模式开发、观测体系建设、灾害监测预警方面仍受到技术瓶颈的制约；科研队伍方面，缺乏跨学科的综合海洋研究人才；此外，缺少由中国发起或主导的国际大科学计划和大科学工程，国际话语权明显不足。未来，我国海洋科学的继续发展，需重视优势学科、补强薄弱环节、推进交叉学科的创新发展，以科学引领技术的进步，以技术推动科学的发展，力求攻克一系列具有深远现实意义和理论价值的重大科学问题与技术瓶颈。

通过梳理和总结目前国际海洋领域诸多悬而未决的重大前沿科学问题，得出当前推动海洋科学发展的关键科学领域主要体现在四个方面。①海洋与地球宜居性：随着温室气体、微塑料等污染物排放的增加，地球环境和生态系统正在人类活动的影响下迅速退化，地球的宜居性面临着前所未有的威胁；海洋因其巨大的热惯性，储存了整个气候系统中超过90%的热量盈余，吸收了自工业革命以来近30%的人类活动排放 CO_2，是地球系统中最大的活动碳库，是支撑地球宜居性的重要保障。②海洋与生命起源：海洋中保留着最完整的生物门类体系，深海、热液、潮间带等特殊生境中存在着丰富多样的生命形式，隐藏着生命起源和演化的密码；生命进化史中许多重大事件都发生在海洋中，解码蓝色生命是破解地球生命奥秘至关重要的一环。③海洋可持续产出：世界能源资源勘探开发已进入海洋时代，未来能源资源将主要来源于深海；蓝色生命是"蓝色国土"的精华资源，蕴藏着不可估量的科学、经济和战略开发潜能；海岸带是人类生活的重要场所，是实现我国"一带一路"、长三角一体化发展、长江经济带发展、粤港澳大湾区建设等的命脉。④海洋智能感知与预测：海洋信息的感知和获取是人类认识、经略海洋的基础，如何突破海洋观探测关键技术瓶颈、研发高新海洋装备及平台是推动海洋科学发展、建设海洋强国战略的重中之重。

综上，2035年前我国海洋科学发展总体思路应围绕以下四点展开。①面向世界科技前沿，解决重大基础科学问题。海洋科学的发展应当面向气候变化、生命起源、地球深部运转规律等核心科学问题，围绕海洋能量传递与物质循环，跨圈层流固耦合与板块运动，海洋生命过程及其适应演化机制，极地系统快速变化的机制、影响和可预测性，健康海洋与海岸带可持续发展，海洋智能感知与预测系统等基础前沿，加强顶层设计和战略布局，启动一批重大研究计划和重大项目，围绕重大基础理论开展协同攻关。②服务国家战略需求，保障国家权益和人民生命健康。未来，应当在海洋资源、能源开发利用的关键科学技术领域取得重要突破，为人类社会可持续发展提供物质基础；增强海洋、极地环境预报预警能力，为海上、冰上丝路航行及工程活动提供环境信息保障；深刻揭示海洋生态系统演变趋势和生态灾害发生机理，阐明海岸带生态－资源－环境－社会经济耦合运作趋势，为实现健康海洋提供科学指导；可持续开发海洋生物资源，为食品安全和人民生命健康提供重要科技支撑。③建设大科学装置、设立大科学工程，增强海洋智能感知和预测能力。着力推动海洋科技向创新引领型转变，突破"卡脖子"技术，建立自主可控的新一代高精尖技术体系，布局基于物联网技术的太空－海气界面－深海－海底的多要素智能立体观测网，建设大洋钻探船、深海空间站等重大科学装置，构建基于人工智能和大数据的多圈层耦合的高分辨率海洋观测与模拟预测系统，支撑全球海域跨尺度、跨圈层的多学科交叉研究，增强海洋智能感知和预测能力，保障海上活动与工程安全，评估未来地球宜居性。④牵头国际大科学计划，引领国际海洋科学发展。海洋科学的复杂程度、经济成本、实施难度等往往都超出一国之力，需要凝聚全球资源和智力来实现突破，未来我们应围绕国家战略需求和学科前沿，立足"两洋一海"和极地等关键海区，凝练重大科学问题，加快发起由中国主导的国际大科学计划，通过聚集全球优势科技资源，统筹布局、协同攻关，显著提升我国在海洋科学研究领域的国际影响力，引领世界海洋科技创新和进步。

我们应抓住当前"联合国海洋科学促进可持续发展十年"（2021—2030 年）的黄金契机，瞄准国际海洋研究领域的重大科学前沿，结合我国当前海洋科学研究现状和发展趋势，重点在海洋能量传递与物质循环，跨圈层流固耦合与板块运动，海洋生命过程及其适应演化机制，极地系统快速变化的机制、影响和可预测性，健康海洋与海岸带可持续发展，海洋智能感知与预测系统六个重要研究方向上取得颠覆性创新发展。到 2035 年，我国海洋科学力争建立以海洋为纽带的地球系统多圈层耦合理论体系、高精度智能的全球立体综合观测－探测－模拟－预测体系，在深海地球系统及相关的生命科学等领域取得一系列从 0 到 1 的重大突破，抢占国际海洋研究的制高点，实现我国海洋研究从跟跑、并跑到领跑的历史跨越，为应对全球气候变化、保障健康海洋、高效开发利用海洋资源、有效开拓深远海与极地战略新空间提供重要科学支撑，服务全球和我国气候、环境、资源等重大需求，为 2030 年前实现"碳达峰"与

2060 年前实现"碳中和"的"双碳"目标做出贡献，提升我国在海洋管理和地球工程等全球事务上的话语权。

　　通过对比分析国内外海洋科学科研资助的现状发现，我国海洋科学研究资助布局主要存在以下问题：①引领国际大科学计划所需的实施政策不明确；②重大引领性科研的资助布局与评审机制不完善；③对海洋重大装备设施的综合投入与管理较为缺乏；④跨学科融合科技创新的资助政策较为缺乏；⑤海洋科学与技术协调发展所需的资助政策不健全；⑥资源与数据共享程度不高；⑦评价与激励机制推动力不足；⑧海洋科技经费投入总量不足、分配不均衡；⑨海洋科技经费使用效率不高。"十四五"期间，建议海洋科学领域从体制机制创新、资源配置方式和组织管理模式等方面实行进一步优化：①强化顶层设计，开展协同攻关：海洋学科链长、投入大、风险高、周期长，建议完善顶层设计和科学规划，坚持陆海统筹，实现近海-深远海-极地协同、科学-技术-产业协同、自主创新与国际合作等协同；②启动重大专项，建设"国之重器"：面向海洋科技前沿与国家海洋重大战略需求，尽快启动海洋物联网、海洋三维高分卫星等一批重大海洋科技专项，加强气候变化和生物多样性等方面的国际合作，加快建设大洋钻探船、新一代超算、深海空间站等一批海洋领域的"国之重器"；③创新科研组织模式，完善体制机制保障：建立"顶层目标牵引、重大任务带动、基础能力支撑"的科技组织模式，以重大专项为抓手，推进高校、科研院所、部门、行业、军队等协同创新，以及海洋与能源、材料、信息、空天、制造等领域的交叉研究，培养一批具有全球视野、国际竞争力和多学科交叉背景，同时兼备理论、模拟和观测能力的新型人才，加快海洋国家实验室建设，围绕海洋新兴领域如海洋大数据、人工智能、传感器、水下机器人等布局一批国家重点实验室和交叉协同创新中心。

Abstract

The ocean is the source of life and the regulator of global climate. It plays an essential role in the sustainable development for mankind and it is also the engine of Earth System Science's advance. First of all, earth system regulating on the heat cycle, water cycle and matter cycle is achieved with the ocean. Therefore, understanding the matter and energy cycles of the ocean is vital to address extreme weather events and climate change. In the second place, the ocean also nurtures the largest ecosystem with enormous values on the earth. Profound knowledge of marine life, rational resources development and blue biological resources conservation are the requirements of sustainable development. Furthermore, the ocean is the largest living space on the earth, as well as a natural strategic barrier and transportation lifeline for costal countries. For this reason, it is crucial for coastal countries to improve their smart sensing and forecasting to marine environment. However, the ocean covers over 70 percent of the earth's surface while only 5 percent of it has been explored by human beings. Breeding endless imagination and creativity, the unknown ocean is going to be the birthplace of major scientific discoveries as well as the cradle of disruptive technological innovations.

Chapter 1 of the book provides a comprehensive summary of the growing strategic status of marine science. After the first chapter, an in-depth analysis of marine science development pattern, current situation and tendency is conducted with a highlight on China's strengths, weaknesses, interdisciplinary and emerging disciplines in marine science. Key measures to promote China's marine science are also discussed in Chapter 2 and 3. On this basis, related issues are further clarified in Chapter 4 including the major breakthroughs, frontier scientific issues and the blueprint of China's marine science and technology. Chapter 5 proposes the general ideas for the development of China's marine science to 2035 : solving major basic scientific problems on the world's frontier; protecting people's life and health; building large research infrastructures and setting up "Big Science" projects to enhance the ability of ocean smart sensing and prediction; leading global marine science development through the launch of more international important science research plans. In addition, through a comparative analysis of the current situation of marine scientific research funding at home and abroad, this book points out the main problems in the arrangement of China's marine scientific research funding and meanwhile optimization suggestions are given out. Our aims are about accelerating the improvement of China's marine science and technology and increasing international competitiveness.

We should seize the golden opportunity of the United Nations Decade of Ocean Science for Sustainable Development (2021-2030) and aim at the major scientific frontiers in the international marine research field. Combining the current situation and the development tendency of marine scientific research in China, we will dedicate ourselves to achieve disruptive innovations on the following six important research fields: ocean energy transfer and matter cycle; multi-spherical fluid-solid coupling and plate movement; marine biological processes and their evolutionary adaption mechanisms; mechanisms, impacts and predictability of rapid changes in the polar system; healthy ocean and sustainable development of coastal zones; ocean smart sensing and prediction systems. By 2035, China's marine science will strive to establish theories of multi-sphere coupled Earth system with the ocean as the link, a high-precision and intelligent global system integrating with observation, detection, simulation and prediction, and a series of breakthroughs in the deep-ocean and related biological sciences. We will provide important scientific support for coping with global climate change, safeguarding healthy ocean, efficient exploiting marine resources, effective opening up new spaces in deep ocean and polar regions, and serving the major needs of global and China's climate, environment and resources. We will finally contribute to the goal of "carbon peak" by 2030 and the goal of "carbon neutrality" by 2060.

This study, formally started up in January 2020, is jointly funded by the National Natural Science Foundation of China (NSFC) and the Academic Division of the Chinese Academy of Sciences (CAS) Discipline Development Strategic Research Program. After the launch, an expert group consisting of academicians in marine and related fields and experts from the Department of Geosciences of the NSFC was established. Our writing team includes outstanding young and middle-aged scientists in the marine field, and the working group is composed of outstanding young scholars. All teams cooperated with each other closely and finally successfully completed the research work.

目　　录

第一章

科学意义与战略价值

海洋科学在地球系统科学中占据极为重要的地位。海洋科学的发展经历了科技与工业革命前的萌芽时期、工业革命推动下的创建时期以及信息科技革命推动下的新时代，为人类认知地球和生命的起源与演变、利用与保护自然资源、认知全球变化和治理生态环境等做出了巨大贡献。目前，海洋科学的研究发展趋向于解决资源、环境、气候等与人类生存发展密切相关的重大问题，趋向于多学科交叉、科学与技术紧密结合，也更加趋向于全球化和国际化。

海洋科学具有鲜明的大科学特征，需要且也会促进多学科深度融合。海洋科学的创新发展体现在观测与分析手段的持续变革、基础科学理论的不断建立以及前沿研究领域的积极拓展中。海洋科学领域的重要突破也促进了众多学科关键问题的解决，开辟了新的研究领域，有力推动了生命科学、信息科学、材料科学、能源科学、空间科学、社会科学等其他学科领域的发展。从海洋的自然属性、海洋强国的战略需求和人类可持续发展的角度，海洋科学对实施国家战略的支撑作用日益凸显，成为牵引相关学科发展的动力源泉。

党的十八大报告首次提出建设"海洋强国"。党的十九大报告指出，"坚持陆海统筹，加快建设海洋强国"。《中华人民共和国国民经济和社会发展第十四个五年规划和 2035 年远景目标纲要》提出需协同推进海洋生态保护、海洋经济发展和海洋权益维护。发展海洋科学，掌握原创知识和先进技术，是建设海洋强国的必经之路。海洋科学维护国家海洋权益、服务海洋安全的最终目标是实现人类与海洋的和谐共生，保障国际社会的和平发展。海洋科学面临的关键问题与未来地球的宜居性息息相关，同时也是海洋生态文明建设的重要组成部分。开发海洋资源、发展海洋经济将成为区域经济与社会可持续发展的必然选择，推动海洋科技成果向现实生产力转化进而支撑海洋新兴产业发展，可以全面提升海洋经济增长的质量和效益，有力推动经济发展方式的质量变革、效率变革和动力变革。"海洋命运共同体"理念是中国为应对全球海洋秩序变革所提出的重要解决方案，海洋科学和技术的发展则是构建"海洋命运共同体"的重要理论支撑，是我国参与国际海洋事务的主要科学依据，是实现海洋强国战略和民族复兴的重要基础。

第一节　海洋科学的学科地位与贡献

一、海洋科学主要发展阶段及对社会发展的贡献

1. 海洋科学的主要发展阶段

（1）科技与工业革命前的萌芽时期

人类对海洋的研究从远古时代就已开始，在沿海海洋资源开发和航海活动中，不断积累海洋知识（倪国江和韩立民，2008）。15世纪中叶，造船术、舵的使用、磁性罗盘导航等先进技术经郑和下西洋和"陆上丝绸之路"从阿拉伯国家逐步传入欧洲（许娟，2020），世界范围内出现了"海上丝绸之路"的探险热潮。不仅造船技术得以发展，同期也出现了潜艇和载人深潜器的设计。欧洲文艺复兴运动促进了人们追求财富的欲望，为新航路的开辟创造了思想基础，而科技的发展促进了航海技术的进步，并为海洋探险创造了条件（张中伟，2004）。哥伦布在西班牙的资助下，于1492～1504年四次横渡大西洋，到达美洲大陆并建立了欧美之间的贸易往来（劳伦斯·贝尔格林，

2022）。1519～1522年，葡萄牙人麦哲伦率领的船队完成了人类历史上第一次环球航行，首次证实地球是圆的（孙洁，2011）。15～16世纪地理大发现时代以及之后航海活动的开展，是早期海洋调查的雏形，极大地促进了海洋和地球科学的发展（张箭，2004）。这一时期的海洋科学研究或是依赖于随船现场观测资料的总结，或是根据数学、物理学原理进行的分析。达尔文于1831～1836年随英国的"比格尔"号进行海洋科考，收集并分析了各种海岸、海底的生物标本和岩石样本，完成了一系列的生物学和地质学专著，其中最著名的《物种起源》奠定了生物进化论的基础（梁前进等，2009）。牛顿根据万有引力定律解释潮汐，伯努利提出平衡潮学说，富兰克林发表了湾流图，拉瓦锡测定了海水的成分，之后拉普拉斯提出的大洋潮汐动力学理论为现代潮汐学理论体系奠定了物理基石。这些早期海洋探索者与研究者是海洋科学理论的先驱。

（2）工业革命推动下的创建时期

18世纪末，第一次工业革命后，伴随着蒸汽机的出现，改变了人类在海上的交通方式，也加速了海洋科考的步伐。1872～1876年，由风帆和蒸汽机提供混合动力的"挑战者"号经英国皇家学会组织开展了一次划时代的环球航行考察（韩毅，2009）。此次考察在三大洋和南极海域进行了数百个站位的系统性、多学科综合性观测，取得了大量研究成果。"挑战者"号环球航行考察使海洋科学从传统的地理学领域分立出来，逐渐形成为独立的学科，因此也被认为是现代海洋科学的开端。"挑战者"号环球航行考察掀起了世界性海洋调查研究的热潮，世界强国〔如德国、挪威、荷兰、英国、美国、苏联（俄罗斯）等〕先后组织进行了海上调查。19世纪末至20世纪初，第二次工业革命又将科学技术和工业生产推向新的高峰，世界由蒸汽时代进入电气时代，内燃机、发电机、电动机的出现极大地改变了工业生产的形态，造船和运输行业飞速发展，世界各国建设专门的海洋调查船，设计制造各种海洋观测和分析仪器（周友光，1985）。海洋科学研究开始由探索性航行调查转向特定海区的专门性调查。1925～1927年德国"流星"号科考船在南大西洋进行了14个断面的水文测量，1937～1938年又在北大西洋进行了7个断面的补充观测，共获得310多个水文站点的观测资料。这次调查以物理海洋学为主，内容包括水文、气象、生物、地质等，并以观测精度高著称。这次调查的一项重大收获是探明了大西洋深层环流和水团结构的基本特征。随着第二次世界大战的爆发，反潜技术推动了水下声学的飞速发展，导致了回声测深仪的出现。在首次使用回声测深仪探测海底地形时，即发现海底也像陆地一样崎岖不平，从而改变了以往所谓"平坦海底"的概念。电子学的发展，导致了盐度（电导）-温度-深度仪（CTD）的出现。利用CTD和使用传统的颠倒式水银温度计与盐度测定方法间的争议、改进、校正和认证持续了20～30年（王修林等，2008）。

这些海洋调查工作，一方面积累了大量资料，观测到许多新的海洋现象，同时在技术方面为观测方法的革新准备了条件。它推动了海洋科学中物理海洋学、海洋化学、海洋生物学和海洋地质学等基础二级学科的形成，使海洋科学成为多领域的综合性学科。在物理海洋学领域，建立了大洋环流理论；在海洋化学领域，建立了盐度测定方法，发现了海水中主要溶解成分比例恒定规律、氮磷循环及碳酸盐理论；在海洋生物学领域，以海洋生物调查为主，建立了食物链、食物网和生态动力学理论；在海洋地质学领域，发现了洋脊和海沟、锰结核、沉积物的主要来源和分布，以及沉积物中的生化过程对物质循环的贡献等。由斯维德鲁普、约翰逊和福莱明合著的 *The Oceans：Their Physics，Chemistry and General Biology* 一书（Sverdrup et al.，1942），对此前海洋科学的发展和研究给出了全面系统而又深入的总结，其中关于海洋地质学的内容稍显薄弱，但随着谢帕德 *Submarine Geology*（Shepard，1973）和肯尼特 *Marine Geology*（Kennett，1981）等著作的出版而补全。

（3）信息科技革命推动下的新时代

20世纪40年代，人类在原子能、电子计算机、微电子技术等领域取得重大突破，第三次科技革命中最具划时代意义的是电子计算机的迅速发展与广泛应用。电子计算机的发明为海洋科学研究提供了重要的分析工具，信息时代也拉近了全球海洋科技工作者的距离，促进了海洋科学之间的多学科融合，也为开展大规模、跨区域的海洋科学研究奠定了基础（李晓东，1999）。此时综合性海洋调查已经无法满足海洋科学的发展，开始陆续出现各种专业的调查船和特种调查船。随着电子技术的突飞猛进以及海洋调查设备越来越先进，现代化高效率的海洋调查船逐渐诞生，1962年美国建造的"阿特兰蒂斯Ⅱ"号科考船首次安装了电子计算机，标志着海洋科学进入现代化高效率海洋调查时代（葛运国，1984）。第二次世界大战结束后的几十年间，各国政府对海洋科学研究的投入也大幅度增长，海洋调查船数量成倍增加；同时，计算机、微电子、声学、光学和遥感等技术广泛地应用于海洋调查和研究中，如 CTD、声学多普勒流速剖面仪（acoustical Doppler current profiler，ADCP）、锚泊海洋浮标、地层剖面仪、侧扫声呐、深潜器、海底深钻、水下机器人、水下滑翔机、气象卫星、海洋卫星等。美国、苏联、英国、日本等国利用现代化的海洋调查船，开展了大规模的全球海洋调查，获取的数据涉及物理海洋学、海洋化学、海洋生物学、海洋地质学等海洋科学的各个方面，取得了一系列的原创性成果，奠定了现代海洋科学研究的根基。20 世纪 70～80 年代卫星和光学技术的出现促进了海洋遥感技术的发展，80～90 年代出现了一系列的温度和水色遥感卫星。电子、声学、光学和遥感等技术给海洋学带来了巨大的"数据革命"，数据量增加了 $10^4 \sim 10^6$ 倍（张志刚和张磊，2006）。近二十多年，卫星通信和互联网成为海洋信息交流、科学技术、计算和研究不可缺少的重要技术支撑，也为大数据分析和人工智能的发展提供了基础。

各国科学家在长期的调查研究中认识到海洋环境的复杂性，而这种复杂性致使任何单一国家都难以承担完整的、大型的研究计划。因此从 20 世纪中期开始，许多大型的海洋调查研究都是以国际合作的方式开展。例如，1968 年美国国家科学基金会组织的"深海钻探计划"（Deep-Sea Drilling Project，DSDP）（沈锡昌，1989），在 1975 年扩大为"大洋钻探计划"（Ocean Drilling Program，ODP）。进入 21 世纪后，该计划进一步扩大，成为"国际大洋发现计划"（International Ocean Discovery Program，IODP）。参加该计划的除发起国美国外，还有法国、英国、苏联（俄罗斯）、日本和德国，我国于 1998 年成为参与成员国。通过该计划的实施，科学家借助多种平台计划打穿大洋壳，进行海底环境监测和采样，为板块学说的确立、地球环境的演化、地球系统行为的研究提供了极其丰富的资料（沈建忠，1998）。20 世纪 70 年代开始实施的海洋地球化学断面研究（Geochemical Ocean Sections Study，GEOSECS）计划，首次较全面地勾画了全球各大洋盆的物理和化学参数格局（武心尧等，1996）；80 年代开展的为期十年的世界大洋环流试验（World Ocean Circulation Experiment，WOCE）扩展并延续了 GEOSECS 的研究；90 年代开始的全球大洋通量联合研究（Joint Global Ocean Flux Study，JGOFS：

1990～2004年）建立了海洋碳通量的生物泵和微生物圈理论；全球海洋生态系统动力学研究计划（Global Ocean Ecosystems Dynamics，GLOBEC：2001～2010年）推动了中尺度物理、生化和生物相互作用与生态动力学研究；自1998年开展的实时地转海洋学阵计划（Argo计划）实施以来，得到了全球海洋2000m以内的温盐剖面等准实时观测数据，为海洋环境预报和气候变化研究提供了可靠的基础；2010年后国际痕量示踪项目（An International Study of the Marine Biogeochemical Cycles of Trace Elements and Isotopes，GEOTRACES：2010年至今）（Anderson et al.，2014）、南大洋观测系统（The Southern Ocean Observing System，SOOS：2010年至今）、国际海洋生物圈整合研究计划（Integrated Marine Biosphere Research，IMBeR：2011年至今）、联合国海洋科学促进可持续发展十年（United Nations Decade of Ocean Science for Sustainable Development：2021—2030年）等国际大型综合性研究计划纷纷建立（国家自然科学基金委员会和中国科学院，2012）。

与过去相比，科学家在这短短几十年取得了更加丰硕的研究成果，重要的突破更是屡见不鲜。大陆漂移学说、海底扩张学说、板块构造理论是水下声学技术、海洋地质与地球物理研究结出的硕果，从根本上动摇了以固定论哲学为基础的地槽论的统治，被誉为地质学的一场"革命"（赵文津，2009）。卫星遥感技术的发展，使学者发现海洋实际上是涡旋的世界，中尺度变化的动能占海洋流场的90%以上，这颠覆了经典海洋环流理论所描绘的情景（杨昆等，2000）。深潜技术的发展，海底"热液"和"冷泉"的发现，给予了海洋生物学和海洋地球化学新的启示（曾志刚，2011）。化学分析与显微技术的发展，颠覆了海洋中营养盐和生物物质循环过程的认识，建立了微生物圈理论。大洋环流理论、海浪谱理论、海洋生态系统、热带大洋和全球大气变化等领域的研究都获得了突出的进展与成果，均与观测技术的发展和经济社会的需求紧密联系。

（4）未来海洋科学研究的发展范式

海洋环境由海水环境和海底环境两部分组成，多种因素并存且包括互相影响的流动水体，只有开展综合性的交叉研究，海洋科学研究才能迸发出强大的创新动力。新时代的海洋科学研究将会更加趋向于多学科交叉、渗透和综合，这使得各基础学科之间的关系更加紧密，也将促使一系列边缘学科的产生。由于陆地资源日趋枯竭，人类对海洋资源的需求日趋迫切，海洋科学研究越来越关注与资源、环境和气候相关的课题。因此，新时代的海洋科学研究将会趋向于解决资源、环境、气候等与人类生存发展密切相关的重大问题。海洋中的各种现象和过程十分复杂，时间和空间跨度很大，单纯依靠一地或一国的力量无法完成如此大时空尺度的观测和研究。新时代的海洋科学研究方式更加趋于全球化和国际化，将通过开展广泛的国际合作拓宽研究领域的时空尺度。由于认识海洋的手段，如深潜技术、钻井技术、高精尖仪器和海洋遥感手段的不断进步，获取资料的能力和水平不断提高，新时代海洋科学的研究手段将与新型探测取样技术、大数据、人工智能结合更加紧密，其研究将更加趋于全覆盖、立体化、自动化、信息化和智能化。

2. 海洋科学对社会发展的贡献

地球被称为水的行星，其71%的表面被海洋覆盖，人类对海洋的认知贯穿经济社会发展的始终，对海洋战略地位及其价值的认识随海洋研究、开发和保护等人类活动的发展而不断深化。海洋科学为人类认知地球和生命起源与演变、利用与保护自然资源、认知和治理全球变化与生态环境等做出了巨大贡献。

（1）海洋科学为地球起源与形成提供理论依据

深海钻探和海洋地球物理探测技术的快速发展，海洋科学在方法和理论上的不断突破，为重建地球演变研究提供了重要依据。例如，基于海洋地质研究和海洋地球物理探测技术发展起来的板块构造理论，将大陆漂移、海底扩张、地震、火山活动、山脉演变、矿床生成等纳入统一的理论体系，比较合理地解释了大陆和海洋盆地的现代格局，为进一步揭示地球的起源和形成、内部结构以及演化规律提供了重要的理论根据。

（2）海洋科学加深了人类对生命起源的认识

海洋中栖息着种类繁多、数量巨大的海洋生物。随着深海观测技术的发展，发现海洋深部的某些生物能在海底高温、高压条件下依赖化学合成作用而生存，有力地支撑了生命起源于海洋的假设，极大地加深了人类对生命起源与演化以及生命活动规律的认识。

（3）海洋科学加强了人类开发海洋资源的能力

海洋丰富的生物资源为人类提供了优质蛋白，丰富的矿产油气资源为人类提供了发展动力，各类海洋可再生能源为人类提供了丰富的绿色能源储备。随着海洋科学与技术的进一步发展，水资源、空间资源、矿产油气资源、生物资源等将被进一步开发，并为人类的可持续性发展提供丰富的潜在资源。

（4）海洋科学加深了人类对气候变化的认识

海洋在全球气候系统中扮演着重要角色，它通过与大气的能量物质交换和水循环等作用影响气候。随着全球海洋输送带（经圈翻转环流）的发现，人类深入认识到海洋在全球能量、水汽平衡、二氧化碳吸收等调节气候变化中的作用。工业革命后，人类活动造成的二氧化碳排放和热量释放急剧增加，海洋作为"地球气候的调节器"也发挥着更大的作用。对海洋影响气候变化及其响应机理的理解，将进一步加深人类对气候变化的认识，提高人类应对气候变化挑战的能力。

（5）海洋科学加深了人类对全球生态系统平衡的认识

海洋是地球生物圈、水圈、岩石圈的重要组成部分和相互作用带，海洋的微生物提供约一半的地球氧气、参与了陆源有机物质的再矿化及再循环，海洋中的生物资源是人类需求蛋白质的主要来源之一，海洋对维持全球生态系统平衡起着重要作用。海洋科学的发展进一步揭示了海洋在三大圈层中的作用以及三大圈层在海洋中相互作用的规律，加深了人类对海洋在全球生态系统中作用的认识。

（6）海洋科学加深了人类对地质历史的认识

深海沉积物主要有陆源碎屑、生物组分（钙质和硅质）、火山碎屑、自生沉积和宇宙尘埃五个来源，蕴含着丰富的地质历史与环境信息。通过海底沉积物样品，可以了解地球地质结构演化过程以及矿产资源的形成、气候环境的变化等过程。深海沉积物与冰心、中国黄土都记录了地质历史的变迁并可以进行相互印证。

二、地球系统科学中的海洋科学

1. 海洋在地球系统中的重要地位

海洋是地球系统中连接大气圈、生物圈、冰冻圈和岩石圈乃至地球深部的重要单元。大陆与大洋之间的相互作用，海底和其中的地质构造运动从根本上塑造了海洋的形状，并左右着海洋盆地的形成和演化。海水与大陆、大气及海底之间发生着各种尺度、形式的物质和能量交换，对海洋的物理、化学和生物学过程都产生了深刻的影响；同时，海洋与陆地、大气之间的物质能量交换，也显著影响着陆地、大气组成成分和气候系统。对于大气圈，其气候变化的动力很大程度上来源于海洋。海洋碳储量是大气的 60 倍，工业革命以来海洋吸收了人为排放二氧化碳的 48%（Sabine et al.，2004），海洋的存在极大地缓冲了大气二氧化碳的增加和温室效应的加剧。水汽蒸发、凝结过程中吸收或释放的大量潜热也对地球表层热量循环起着重要作用。生命起源于海洋，海洋中孕育着丰富多样的生物，是生物多样性和生态系统多样性的主要存储库。海底中蕴藏着全球 75% 的石油和天然气资源，天然气水合物具有极大的开发和应用前景，大洋底部还蕴存着丰富的多金属结核、热液硫化物等固体矿产资源。极地是地球气候系统的巨大冷源，是水循环和气候变化的重要区域以及对全球变暖响应最为剧烈的区域，也是地球陆、海、冰和大气多圈层相互作用复杂的典型区域。南大洋的碳埋藏占全球大洋的 25% ~ 50%。磷虾是海洋中的重大生物资源。冰封在极地冰冻圈中的微生物是生命进化的样品库，更是生物药物的巨大宝库，但也是未来潜在病毒的重要来源。近海和海岸带是地球系统中水圈、岩石圈、生物圈和大气圈的交汇地带，是陆地、海洋、大气之间物质和能量交换以及多尺度过程相互作用最活跃的地带。全球约 40% 的人口居住于离海岸线 100km 以内的陆地上，这里是人类活动最集中、经济最繁荣、社会最发达的地区。从海陆作用、生命现象，到人类活动、实现人类和海洋的和谐共生，近海和海岸带在空、天、海、地、生及人一体化进程中发挥着重要的作用。

2. 海洋科学在地球系统科学中的重要地位

随着科学认识的提高，20 世纪 80 年代国际科学界正式提出地球系统科学的概念，强调地球作为一个整体。海洋由海水、生物和海底构成，是连接大气圈、生物圈和岩石圈的桥梁，了解海洋不仅需要认识海水中的物理过程、化学组成和生命活动，也需要掌握海底的结构与物质组成。海洋科学是地球系统科学的重要组成部分，扮演着极为重要的角色。海洋圈层、大气圈层、陆地圈层和地球深部圈层构成了地球的完整系统，其形成、演化理论体系的建立也需要海洋科学与其他地球系统科学分支的融合。海洋科学与地球系统科学其他学科的交叉融合，为学科发展提供了新的视角和思路，孕育出新的学科增长点，并为理解地球在多时空尺度的宜居性提供有力支撑。

全球气候变化和应对已经成为国际关注的主要问题，海洋科学是理解全球气候变化的关键要素之一。热带海洋－大气相互作用是热带气旋和厄尔尼诺－南方涛动（El Niño-southern oscillation，ENSO）的主要驱动机制，后者强烈地影响着全球气候变化。极地海洋、冰与大气间的相互作用一方面体现了对气候变化的响应，另一方面也对全球气候产生深刻的影响，冰川的融化直接造成海平面上升，绕极深层水和极地底层水的形成是驱动经圈翻转环流的重要机制。大洋经圈翻转环流则调控着全球纬向热通量与气候变化。

但受限于科技水平和观测手段，过去对海洋的理解更多地局限于其上层，而对平均深度 3800m 的深海海底的了解还不如对月球表面。随着科学技术的发展，人类对海洋尤其是对深海有了越来越多的认识。这些深海发现，不断突破人类对地球系统科学的认知，成为地球系统科学重大发现的突破口。大洋钻探证明了板块构造理论，催生了古海洋学（paleoceanography）。深海沉积物蕴含丰富的环境信息，是记录气候变迁的主要载体，在全球变化研究中起到了举足轻重的作用。长期以来，人类认为深海是个没有生命没有运动的世界，但近几十年来发现在深海极端环境中有大量不为人知的生物，深海冷泉、热液等环境下的生态系统，证明地球上存在着另一种生命运作形式——暗能量生物圈，这突破了人们对生命现象和地球系统科学的认知，为极端环境下生态系统演化乃至生命起源研究注入了活力，推动了生命科学的发展。

未来的能源和矿产资源很大程度上也要依赖深海。深海蕴藏着丰富的油气和金属矿产资源，全球新增油气储量超过一半来自深海。深海有大量的锰结核和富含稀土的软泥，是潜在的接替资源。深海热液系统是研究热液矿床成因的天然实验室，能够推动成矿理论的进步。深海环境中的生物是一种极其宝贵的种质资源，有许多非常重要的特殊基因和独特的生物酶，可以很好地应用到环保、冶金、能源、电子、材料、医药、食品等各类工业的生产中。深海极端环境生物通过合成各种化学组分来适应各类极端环境条件，可以在各种极端环境条件下得到广泛应用。因此，深海极端地质环境微生物的研究对国民经济社会的发展乃至国防安全都起着重要作用。

从全球来看，近40年来，随着海岸资源的开发利用和社会经济的发展，人类活动对近海与海岸带环境和生态的干扰及破坏程度不断增加，近海与海岸带环境恶化和生态退化正在以惊人的速度加快。近海与海岸带面临着富营养化加剧、污染加剧、人工岸线无序增长等严重问题，导致近海与海岸带生态环境对外界扰动的自我维持和调节能力减弱，部分生态系统出现功能退化甚至丧失等现象；由此导致的生境恶化、湿地退化、生态灾害频发、生物资源衰退等问题十分突出，危及经济社会发展和近海生态安全。海洋科学及其与地球系统科学其他学科间的交叉融合，是解决这些问题的关键抓手。

3. 地球系统科学角度下的海洋科学前沿问题

（1）海洋与全球气候的多时空尺度过程

海洋和气候系统的演变跨越不同时间尺度——从现代的天气、气象和气候尺度，到地质历史中的海洋（千年际）、轨道（万年至十万年际）和构造尺度（百万年际），对全球的海气过程起到了重要的驱动作用。站在当今地球系统的高度，海洋与气候研究不仅要解决区域性、短时间尺度方面的问题，更需要解决全球性和跨时间尺度方面的问题。

（2）海洋碳循环

碳达峰、碳中和是全球应对气候变暖的重要行动。2020年9月，习近平主席在第七十五届联合国大会上就中国的碳达峰与碳中和目标做出了郑重承诺。海水中的碳可以通过海洋环流和海气作用、溶解度泵、生物泵和碳酸盐泵等过程与大气快速交换。在南北半球的中高纬度海区，混合作用和深对流将海洋表层的二氧化碳源源不断地带入深海，成为全球最为重要的海洋碳汇（Takahashi et al.，2009）。尽管海洋是地球表层最大的碳汇，但其赖以存在的生态基础正在经历快速而重要的演变。浮游植物群正在全球范围内以高于热带雨林2～15倍的速率消失；陆架边缘海虽然仅占全球海洋面积的8%，但其每年从大气中吸收二氧化碳的量相当于开阔大洋的20%以上，人类活动对其产生的影响和效应亟须评估；海洋生物泵，特别是海洋微型生物碳泵对于海洋固碳与储碳的过程和机制也需进一步阐明。因此，相对于陆地生态系统的"绿色碳汇"，"蓝色碳汇"的研究、保护和利用更具挑战性，有着巨大的研发潜力。

（3）气候环境突变与深海缓冲器

海洋作为地球表层最大的碳库，通过上层海气交换和深海碳酸盐系统变动等复杂的物理、化学和生物过程调控着大气二氧化碳浓度，是地球表层系统最重要的气候变化缓冲器。地球演化过程中经历了比人类历史上所经历过的更为极端的气候和环境变化，研究地质记录中可类比当前全球变暖的关键极热地质时期的气候变化机制和深海生态系统的适应机制，对于预测人类生存环境未来如何变化具有重要参考意义。例如，在地质历史的快速极端变暖（如白垩纪缺氧事件、古新世－始新世极热事件）以及全球大洋连接点的重要水道开合前后的古海洋、古气候和古生物演变的精细过程和成因机制仍很不清楚。其中的一些关键科学问题亟待解决：构造活动和温室气体急剧释放等对全球气候环境变化及生态系统突变的影响；深海生态系统和气候环境突变后快速恢复的调整机制；短期巨量碳排放在大气和深海中的储存与转移过程；当前碳排放和增温速率条件下深海环流与生态系统未来状态的跃迁。

（4）深海与圈层相互作用

深海对全球水循环、全球气候变化、全球能量与物质循环起着重要作用。深部生物圈更是国际科学界关注的热点。随着技术的进步，深海与深部生物圈研究不仅填补了海洋生物学研究中深源物质转化过程的认知不足，而且在地球系统研究中不断发现新的科学问题。主要价值体现在三个方面：一是地球内部与表层系统相结合过程中不可或缺的环节；二是以生命与地学过程的结合为突破口，探索生命的边界和极端生命过程在元素循环中的作用；三是深时过程的忠实记录者，可以探究不同地质历史时期生物圈和地圈相互作用的差异，为宜居性及气候环境的长期预测服务。

（5）深海热液与冷泉系统及深海原位探测

深海热液与冷泉系统连通了地球不同圈层之间的物质能量交换，是多圈层物质交换最集中的体现。深海热液与冷泉喷发的流体将地球深部物质带入海洋，不仅供养了深海极端环境生态系统，也会显著改变周围的海洋环境。而深海原位测量技术则可以在不破坏被测物状态的条件下获取化学组分及结构信息，是研究深海热液与冷泉系统的绝佳手段。未来，海洋科学研究在深海极端环境生态系统研究和深海原位探测领域需重点关注并解决以下前沿科学问题和技术难题：深海热液与冷泉系统物质释放通量评估，深海热液与冷泉系统流固界面跨圈层物质能量交换对岩石圈演化和海洋深层能量循环的影响，深海热液与冷泉极端生态系统生物共生之间的能量传递过程，与深海极端环境生态系统相关的生命起源问题，热液区水岩界面过程原位监测，冷泉区天然气水合物形成机理与甲烷厌氧氧化（anaerobic oxidation of methane，AOM）过程的关联性，深海综合原位探测技术研发，热液流体中电离平衡体系原位定量测量，适用于深海热液与冷泉系统的长期连续原位检测技术以及如何提高原位探测技术的灵敏度与稳定性，等等。

（6）边缘海系统

全球75%的边缘海都分布在西太平洋，所组成的西太平洋边缘海系统跨越了122个纬度。海洋和陆地的相互作用直接造就了亚洲的季风型气候；宽阔的东亚－东南亚陆架及其复杂的环境动力过程，再加上若干大河体系向海的巨量物质输送，使得西太平洋边缘海成为全球陆源物质供给最丰富的海域。西太平洋边缘海是亚洲和太平洋之间进行物质和能量交换的主要场所，是全世界研究海－陆相互作用的典型海区。从海到陆，输送的是热量和水汽，从而决定了亚洲的季风型气候格局；从陆到海，输送的是河流携带的淡水、泥沙、溶解盐、风尘，从而造成边缘海独特的海水动力、沉积、生物地球化学过程、生物生态系统。对西太平洋边缘海开展系统性研究，不仅有助于理解东亚地区和西太平洋边缘海的地质、气候、海洋历史演变和动力机制，更重要的是可以推进对全球的地质构造演化、新生代气候变迁、海洋能量和物质循环的认识。

（7）近海和海岸带可持续发展

近海和海岸带区域人类活动高度集中，社会与经济高度发展，高强度的工业、生活与养殖业污染排放，导致近海和海岸带生态环境不断恶化，对近海和海岸带可持续发展产生巨大的环境压力。同时，气候变化进一步加剧了生态环境的恶化，富营养化、缺氧、海洋酸化等成为海岸带区域突出的生态环境问题，进而造成渔业资源退化、海洋经济发展受阻等严重后果。近海和海岸带可持续发展领域需重点关注的世界级难题包括：如何将较小时间－空间尺度的近海海洋过程与气候变化、环境演化、地质记录形成的较大尺度的全球变化与海陆相互作用相联系；从驱动近海生态系统变动的关键要素，近海生态系统的演变过程、机制和效应，以及对近海生态系统变化趋势的预测、评估和管理等方面开展近海生态系统对全球变化响应的研究；在生态系统水平上研究多重压力驱动下海洋食物网结构和功能的改变及其对生物多样性、资源持续利用的减弱与生态灾害的发生的影响；海洋生态系统演变对人类经济社会发展和人类健康的影响，以及对生态系统未来变化趋势的预测和相应的管理对策研究等。

三、海洋科学与未来人类社会可持续发展

海洋科学的发展与人类社会的快速发展密不可分，同时也对解决人类社会当前面临的全球性资源环境问题有着重要的现实意义。当前随着经济社会的高速发展，海洋正面临着前所未有的威胁。因此 2017 年 12 月，联合国第 72 届大会宣布，2021 ~ 2030 年为联合国海洋科学促进可持续发展十年，旨在通过海洋科学行动，在《联合国海洋法公约》框架下为全球、区域、国家、地方等不同层级海洋管理提供科学解决方案，让更多国家和机构广泛而持续地参与到海洋科学管理中，以遏制海洋健康不断下滑的趋势，使海洋继续为人类可持续发展提供强有力的支撑，实现"构建我们所需要的科学，打造我们所希望的海洋"的宏大愿景。

1. 未来的海洋应是清洁的海洋，海洋污染源得到查明并有所减少或被消除

一直以来，海洋的污染源产生于陆地之上，全球河流汇聚入海，因此海洋污染与河流污染之间有着密不可分的联系。随着大气环流的作用，加工制造、能源燃料等产业造成的污染也进入海洋环境。我们一直认为广袤海洋拥有无限的污染物吸收和稀释能力，但越来越多的证据表明化学物质暴露造成了广泛的生态危害，公海中的持久性污染物浓度在不断升高。而监管机构依赖过时的方法，以为稀释是解决方案。在海洋污染方面，稀释方法存在根本缺陷，一个原因在于地球的水资源量有限，并且通过不断循环，最终汇入海洋中，海洋相当于一个超大的"水坑"。另一个原因是在持久性污染物的全

球传播和食物链生物累积方面，不存在所谓的"安全"浓度。而在未来的海洋环境中，伴随着监测系统的能力提升，这些污染源将会更加容易被查明，同时这些污染源也会因为环保政策的不断完善而减少排放甚至做到零污染排出。当今使得工业时代飞速发展的"血液"——石油及其产品更是持续给海洋生态系统造成压力。将天然气转化为石化产品制造塑料，会释放出大量的二氧化碳和氮氧化物，加剧海洋酸化。水力压裂法和美国的页岩气热潮使塑料原料变得非常便宜，从而推动了投资并提高了产量。虽然预计未来20年塑料产量将翻番，达到6亿t/a，但随着生物降解技术研究的更加深入和塑料降解工艺的创新，未来海洋的这类污染将会逐步消除，海洋环境将更加清洁。

2. 未来的海洋应是健康的且有复原力的海洋，海洋生态系统得到了解、保护、恢复和管理

未来，人类对海洋生态系统的认知将进一步加深，对海洋生态系统的评估分析、功能需求、结构建设将会更加完善。海洋污染的爆发将伴随未来卫星遥感影像、海洋地理数据分析等一系列科学技术水平的提升而得到更好的认识、预防和解决。为构建人类命运共同体，作为生命的摇篮和未来的资源库，海洋必将是一个健康并且具有复原力的生态系统。同时，一个健康且有复原力的海洋离不开社会的共同保护和有效管理政策的制定。今后，需以海洋生态环境保护的现实问题为导向，坚持绿色发展理念，维护海洋生态安全，谋求海洋环境效益、经济效益和社会效益的协同效应。加大力度对塑料制品进行回收、填埋、焚烧或特殊生物处理，尽量避免塑料垃圾流入海洋。未来，海洋生态系统的恢复措施将会更加完善。例如，改善生物降解塑料的性能，寻找减少其降解时释放甲烷的方法；对焚烧塑料垃圾时排放的二氧化碳和有毒有害物质进行更加有效的回收和无害化处理；开发可以完全分解河水和海水中的塑料，而不是将其变成纳米塑料转入食物链的转基因生物，等等。

3. 未来的海洋应是物产丰富的海洋，能够为可持续的粮食供应和海洋经济发展提供支持

在我国经济和社会发展越来越需要海洋资源和海洋共有资源开发保护成

为全球共同性任务的新形势下，我们要形成新的海洋资源战略。树立大海洋思想，珍惜我国海洋国土资源，放眼关注世界海洋资源。确立大力开发、积极保护、永续利用的基本战略，以及合理开发保护海洋国土资源、多元化利用国外海洋资源、积极参与分享世界共有海洋资源、依靠科技进步促进海洋资源开发保护、建立海洋生态经济等战略选择，实现使海洋成为战略性资源基地、海洋资源永续利用、海洋促进经济和社会持续发展的战略目标。海洋资源方面，要通过海洋资源的价值核算和评价，对海洋资源实行有偿使用，利用价格体系调节海洋资源的供求关系，尽可能保证海洋资源的持续利用。海洋环境方面，要集中控制陆源污染物的排放，强化盐田、海水养殖池废水、石油开采、拆船和海洋运输过程中废物排放的管理，维护海洋的生态平衡和资源的长期利用。实施海洋开发战略，必须合理利用海洋资源。海洋资源的开发利用相对陆地资源而言，难度和风险更大、综合性更强、对科学技术的依赖性也会更大。海洋资源从调查、观测、勘探、开发利用到管理的各阶段，都是科学和技术运行过程的结果，要不断采用先进的科学技术，实施科技创新，提高海洋资源开发和科学管理的总体技术水平、规模和效益。同时，应注重优化海洋资源配置，积极培育可以深化海洋资源综合利用的高技术产业，促进深海采矿、海水综合利用、海洋能发电等潜在海洋产业的形成和发展。总之，建立资源可持续供应的海洋具有重要意义。

4. 未来的海洋应是"不生锈"的海洋，是一个腐蚀可控的海洋，让各类工程设施服役寿命大大延长，不会因为腐蚀发生安全事故

海洋是人们生产、生活和运输活动的重要空间和载体。海洋资源开发和海洋经济的发展带动各类海洋工程设施与装备的建设发展。海港码头、跨海大桥、海底隧道、滨海构筑物，以及船舶、风电、核电设施、海洋平台、海底管道、海洋牧场设施、深海网箱、海底观测与探测装备不断成功建设和涌现。但海洋同时也是腐蚀性极强的自然环境，腐蚀造成的损失甚至比台风、火灾等自然灾害所造成的损失的总和还多。2013年，全球腐蚀损失估算超过2.5万亿美元，占当年全球GDP的3.4%。中国工程院发布的"我国腐蚀状况及控制战略研究"重大咨询项目研究结果《中国腐蚀成本》（侯保荣等，2017）表明，2014年我国腐蚀成本约占当年全国GDP的3.34%。我国南海常年处于高温、高湿、强紫外线环境，工程设施腐蚀老化严重。海洋舰船设施水下生物附着污损严重，增加油耗，污染海洋环境。滨海核电站海水冷源污损生物附着严重，严重影响设施安全和海洋环境。腐蚀防护与工程设施安全、环境污染等密切相关，同时腐蚀防护水平和发展程度是国家文明与经济建设的重要标志。

保障海上构筑物设施的腐蚀安全是未来海洋发展的应有之义，是发展陆海统筹，建设海洋强国的重要牵引。让未来的海洋"不生锈"具有重要的内涵和外延，涉及工程科学、材料科学、海洋科学、有关技术科学等诸多领域。不仅在海洋工程设计方面要充分考虑海洋腐蚀环境的影响，充分研究和认识海洋腐蚀规律，发展海洋腐蚀防护技术，更要在各类海洋工程设施的运行保护中，发展环境腐蚀观测和检测技术，充分认知海洋腐蚀环境的影响规律，使各类海洋工程设施服役寿命大大延长，减少因腐蚀发生的安全事故。建设"不生锈"的海洋，将带动海洋工程、海洋材料、海洋腐蚀防护产业，提升海洋设施建设和维护的水平，是海洋经济高质量发展的重要着力点，是陆海统筹下发展海洋经济的生动体现。因此，未来应发展更长效环保的腐蚀安全防护技术，更先进的海洋工程设计、制造和材料技术，推动海洋成为一个与人类工程设施环境友好相处的"不生锈"的海洋。

5. 未来的海洋应是可以预测的海洋，人类社会了解并能够应对不断变化的海洋状况

面对变幻莫测的海洋环境、神秘的海底世界、日益严重的海洋资源与环境问题，如何部署海洋研究力量，抓住海洋领域的关键问题，做出有影响力的、突破性的成果，对于支撑国家海洋经济发展、维护海洋环境安全、推进海洋防灾减灾、实现海洋资源与环境可持续发展、维持健康的海洋生态系统意义重大。海洋与气候、海洋碳循环、海洋酸化、海水中溶解氧的减少、深层海洋中的生物多样性、深海食物网的现状与变动规律及其与全球气候变化和人类活动之间的关系，特别是与海底采矿和其他深海活动之间的关系等都是亟待解决的问题。因此，建立自动化、智能化、无人化的海洋综合感知体系将起到不可替代的作用。对于宇宙智慧生物的探索和对其他星球上生命的探索开启了深空、宇宙探索的新纪元，对于海洋生命的探索也是如此。分子生物学、基因技术和图像技术的应用，海洋生物芯片的研制，新型传感器技术与生物技术的结合，与海洋无人潜水器的嫁接，海洋生命科学与信息科学的有机结合将使我们对海洋生命有更加深入的了解，而在这方面仅仅依靠载人潜水器和科学考察船是做不到的。未来的海洋研究将进入自动化、智能化、无人化时代。在实验室内能够通过远程遥控技术完成对深海极端环境的探测、取样与原位观测，深海将不再神秘。智能化的海洋观测网和自动化的海洋探测体系的建立、海洋模拟器和超级计算机等人工智能技术的结合将使我们对海洋关键过程、海洋环境变化和生态系统结构与功能的变动有更好的了解，基于生态系统的海洋综合管理将成为现实，海洋对于经济社会的支撑作用将进一步显现。

6. 未来的海洋应是安全的海洋，保护生命和生计免遭与海洋有关的危害

海洋安全是国家安全的一个重要组成部分。随着国际政治经济格局的深刻变化以及各国国家利益的拓展，海洋安全的内涵和外延发生了巨大变化，不再局限于本国海洋领土范围，而是延伸到了航运通道稳定、海洋环境保护、海洋资源利用、海洋秩序等方面。总而言之，各国会根据海洋安全的威胁或风险程度，运用政治、军事、经济、法律等手段维护自身海洋安全与利益。

自古以来，大国之间的博弈会对地区乃至全球的安全问题造成深远影响。中国作为最大的发展中国家，始终坚持热爱和平，并对世界和平的发展做出积极贡献。2019 年 4 月 23 日，习近平总书记首次明确提出构建"海洋命运共同体"：我们人类居住的这个蓝色星球，不是被海洋分割成了各个孤岛，而是被海洋连结成了命运共同体，各国人民安危与共。中国为全球海洋安全提供中国智慧和中国方案，始终坚持求同存异原则，尊重各国不同的海洋文化和海洋理念，共同谋求和平合作的发展出路。

未来，中国将与其他热爱和平且把人类总体利益放在首位的国家一起营造一个安全的海洋环境。安全的海洋，将保护生命和生计免遭与海洋有关的危害，特别是将消除奉行单边主义、霸权主义的国家给世界人民带来的危害。

7. 未来的海洋应是数据可获取的海洋，可以开放并公平地获取与海洋有关的数据、信息、技术和创新

智慧海洋是基于海洋综合立体感知、互联网实时信息传输、大数据、云计算和知识挖掘等高新技术，以海洋综合感知网、海洋信息通信网和海洋大数据云平台等信息基础设施为主体，搭建海洋信息智能化应用服务群，并建立贯穿各环节的标准质量、运维服务、技术装备和信息安全体系。智慧海洋能力建设包括感知网、通信网、大数据平台和应用群，具备的功能包括智能化信息采集、信息传输、信息处理和信息服务等。海洋强国建设离不开智慧海洋建设。智慧海洋建设事关重大战略，事关国家利益，事关长远发展。

科研数据的开放共享具有重要意义：一方面，可基于前人研究成果，有效提高学术成果质量；另一方面，可避免低效和重复工作，加快创新，并提高科研过程的透明度。通过参与国际大科学计划与其他国家共享和交换观测数据，是未来智慧海洋建设必不可少的环节，也是人类共同应对全球气候变化的必然趋势。

因此，我国亟须以国家需求为牵引，深度参与国际合作，科学制定智慧海洋数据分发共享的管理办法和条例，明确可参与国际共享的数据类型和数据共享的分级制度等。例如，对于 Argo 观测，在大洋海域获取的数据资料，可无条件与其他 Argo 计划成员方共享和交换；在我国管辖海域获取的数据资料，可实行有限共享策略和分级共享制度。对于数据分级共享制度的制定，相关部门应牵头成立专家组，并根据专家组的意见做出科学决策。

未来，随着各国各民族间的交流愈加深入，海洋大数据得到充分共享。我们的海洋将是一个开放的海洋，各个国家、地区与民族将消除分歧，公平地获取海洋的信息数据与技术创新，共同开发海洋，共同推动人类对海洋的探索。

8. 未来的海洋应是富于启迪并具有吸引力的海洋，人类社会能够理解并重视海洋与人类福祉和可持续发展息息相关

生命起源于海洋，生命在原始海洋诞生后不断演变和进化，从简单走向复杂，从低等走向高等，从水生走向陆生。海洋不仅是人类的起源地，还影响着全人类共同居住的地球系统，全球超过 30 亿人口的生计依赖于海洋和沿海生物。从新航路的开辟，到殖民主义的兴起，再到"海洋命运共同体"的提出。随着人类文明的螺旋式进步，人类愈发体会到海洋对人类的重要性。全球有大约 150 个沿海和岛屿国家，约有 40% 的人口居住在距离海岸不到 100km 的陆地上，沿海经济活动是他们的"命脉"。但是，沿海地区自然灾害频繁，给人类造成了极大损失，因此人类愈发重视对海洋的管理。

海洋综合管理是一个动态的决策和管理过程，即在原有政策和实践的基础上，结合气候变化及现实条件，不断改进现有管理措施，以期实现既定目标。其职责不仅包括通过空间规划科学地平衡各方利益、促进环境友好型经济发展、保护海洋生境及生物多样性，还包括减少陆源污染以保护海洋和海岸带资源，避免或减少海平面上升、变暖、缺氧、酸化、风暴强度变化等带来的不利影响。

未来，人类应通过海洋综合管理来实现海洋可持续发展，通过统筹协调各类海洋开发活动，平衡海洋保护和开发，在维系海洋生态系统健康和韧性的同时，支撑民生及就业。

第二节　海洋科学发展的创新驱动与学科整体效应

一、海洋科学具有鲜明的大科学特征

从研究对象和问题上看，海洋科学主要关注海水的运动规律、化学和生命现象、海洋固－流－气多界面的物质能量循环规律以及海洋与地球整体环境的相互作用关系。理解这些现象并提高预测未来海洋变化的能力势必要求海洋科学研究注重多学科交叉和融合。事实上，海洋科学包含的主要分支学科，如物理海洋学、海洋化学、海洋生物学和海洋地质学，直接对应物理学、化学、生物学、地质学等一级学科。从发展历史看，海洋科学除内部自身的交叉融合以外，与这些一级学科的交叉融合也日益紧密。板块构造学、深部生物圈、古海洋学和全球变化科学是当前多学科交叉研究的前沿领域，海洋科学在它们的发展历程中均起到了关键的推动作用，是多学科深度融合的极佳体现。

1. 地质学与海洋科学的融合：从大陆漂移到板块构造学说

现今广泛接受的板块构造理论是固体地球科学的基石，与量子力学、相对论、分子生物学一起，被誉为 20 世纪自然科学四大奠基性理论。然而其诞生过程是曲折的。1915 年，德国天文气象学家魏格纳出版了著作《海陆的起源》，他根据大西洋两岸海岸线吻合和中生代前地质古生物相似等特点，提出了"大陆漂移说"（大致思想是地球上的大陆原来是一个整体，周围是海洋），用来解释地壳运动和现代的海陆分布。中生代以来，在天体引潮力和地球自转离心力的作用下分裂成数块，并发生离极漂移和向西漂移，逐渐形成现在的海陆分布格局。该学说的提出震撼了科学界，引发了激烈的争论，并遭到了原有学派"海陆固定说"学者的强烈反对。由于当时人们对地球科学的认识水平有限，缺乏足够的证据，而"大陆漂移说"也存在无法合理解释漂移驱动力的问题，该学说如同飓风掀起的海面浪花，随后逐渐平息。

直至 20 世纪 50 年代末，第二次世界大战结束后，欧美各国对地探测技术，特别是古地磁学、地震学、海洋地质学和地貌学等学科迅猛发展。科学家通过海底探测技术发现大洋底存在超深海沟，且分布着巨大的中央海岭或大洋中脊，其纵贯太平洋、印度洋、大西洋和北冰洋。海底磁化强度测量发现大洋中脊两侧的地磁异常呈现对称、相间排列。据此，1960 年美国学者赫斯提出了海底扩张学说，认为地幔软流层物质的对流上升在海岭地区形成新岩石，并推动整个海底向两侧扩张，最后俯冲沉入大陆地壳下方。这很好地解决了"大陆漂移说"的驱动力问题。在大陆漂移、地幔对流、海底扩张等学说及古地磁学、大地测量学、地震学等成果分析研究的基础上，1968 年英国的麦肯齐和帕克、法国的勒皮雄以及美国的摩根等学者相继系统地提出了板块构造学说，即地壳板块是地幔软流圈上的刚性块体，其边界是构造运动最活跃的地方，板块之间的相对运动是全球地壳构造运动的基本原因。同年开始，地球科学史上最伟大的国际合作计划"深海钻探计划"拉开帷幕。美国"格罗玛·挑战者"号钻探船 1968～1978 年在大西洋、太平洋、印度洋沿垂直洋中脊走向钻探取心后测年发现：洋底年龄小于 2 亿年，且由洋脊轴部向两侧由新变老。这一系列的钻探直接验证了海底扩张和板块构造学说，成为地球科学研究中最重要的成果之一（Seibold and Berger，2017）。板块构造学说极大地开拓了地球科学研究的深度和广度，是地球科学领域中的一场革命，其深刻地解释了地震和火山分布、地磁和地热现象、岩浆与造山作用，阐明了全球性大洋中脊和裂谷、大陆漂移、洋壳起源等重大问题。

可以说，板块构造理论从无到有的建立过程，是传统地质学和海洋科学探测技术、理论研究相互推动、交叉融合的直接结果，也由此诞生了海洋地质学这一学科。板块构造理论以整体的观点研究陆地和海洋，吹响了地球系统科学研究的号角。

2. 生物学与海洋科学的融合：深部生物圈的发现

万物生长靠太阳，这是人类数千年以来得到的一个基本认识。即地球上只有一个生物圈，其位于地球表面附近，以叶绿素为基础，依靠太阳辐射能，通过光合作用在有氧环境下制造有机物。而通常从地表往下存在地温梯度，深度平均每增加 1km，温度就会升高近 30℃。地底深部高温高压的严苛环境不利于生物生存，更没有阳光提供能量，长期被认为是生命的荒漠。

1978 年在加利福尼亚湾开展的"深海钻探计划"第 64 航次中，研究人员使用保温培养实验首次确认了在洋底以下 12m 处沉积物中含有甲烷细菌。1986～1992 年在太平洋的五个航次（ODP 112、128、125、138、139 航次）中，都在海底深达数百米的沉积岩心中发现微生物，而这些航次原本的主要科学目标均是地球动力学或古海洋演化。目前，最深纪录是 2008 年大洋钻探在新西兰东南海域的钻孔，在埋深 1912m 处发现活的微生物（Seibold and Berger，2017）。这一系列研究证明了生命是可存在于海底深处的。更直接的证据则是一些深海极端环境，如海底热液和冷泉系统中生物群的发现。20 世纪 70 年代末，美国"阿尔文"号深潜器下潜至东太平洋加拉帕戈斯洋中脊发现了黑烟囱和热液生物群。这一发现震惊了世界，大大拓展了科学界对极端环境下生命的认识。深海黑烟囱和热液生物群的发现不仅表明地球上除了有光生物链外，还存在着另一类生命系统，它们无须光合作用，无须以植物作为食物链的基础。在深海黑暗、高温的环境下，地热能代替了太阳能，靠完全不同的化学合成有机质的方式来维持生命活动，硫细菌等微生物就是黑暗世界食物链系统的基础。随后 80 年代在墨西哥湾 3200m 的深海发现海底冷泉，来自海底沉积界面之下的以甲烷为主的流体以渗漏的方式从海底溢出，伴随着大量自生碳酸盐岩和"黑暗食物链"生物群落。这些早期偶然性的海底探测驱使人们对海底生物圈开展了更有计划的系统性探测，从而发现了这个隐藏在海底沉积物、海底热液和冷泉系统乃至洋壳岩石中巨大的生命栖息地——深部生物圈。

对深部生物圈的研究也成为"国际大洋发现计划"2013 ～ 2023 年研究规划的四大研究主题之一。在过去四十余年来，深部生物圈研究取得了一系列重要进展，如确定了沉积物中生物圈的规模，发现了沉积物中一些古菌在生命演化和元素循环中的重要作用，发现了洋壳生态系统等。深部生物圈的发现及相关进展是海洋科学驱动的生物、物理、化学和地质等学科交叉融合的典范，极大地冲击了生命科学的传统概念，改变了人类对地球系统的许多原有认识。但是，深海生物圈仍有很多未解之谜，如深部生命生存的适应和演化机制是什么？与上层生态系统是否有联系和交换？其如何与地球环境变化和物质能量循环相互影响？这些科学问题的解答仍需要依赖海洋探测手段和诸多学科的协同攻关。

3. 海洋科学内部融合的典范：古海洋学的诞生

古海洋学作为海洋地质学的一个新兴分支学科，诞生于 20 世纪 70 年代。它主要根据海洋沉积物研究地质时期里的海洋环流、海洋化学、海洋生物等的演变过程和机制等。古海洋学的诞生是和"深海钻探计划"紧密相连的。自从 1968 年 8 月"格罗玛·挑战者"号首航墨西哥湾，到 1983 年 11 月在大西洋完成最后一个航次，历时 15 年，先后执行了 96 个航次，钻探 624 个站位，钻井逾千口，除北冰洋外，遍布世界各大洋（Seibold and Berger，2017）。"深海钻探计划"的本意是钻穿莫霍面以研究地幔物质组成，古海洋学的生物地层学只是为地球物理学提供年代资料。但是，每个钻探航次获得的大量生物地层学和古海洋学上的发现，使得科学家的注意力不再完全集中在洋底运动和板块构造上，而开始对大洋环流和大洋化学产生兴趣，进而将生物地层学、地球化学和地球物理等学科结合起来对深海环境及其生物界的演变历史进行探索。古海洋学取得的最卓越成果，即是通过海洋微古化石记录证明了过去气候变化受地球轨道参数的控制（汪品先等，2018）。

显然，这一新兴学科的最大特征就是海洋地质学、物理海洋学、海洋化学、海洋生物学、古气候学等的多学科交叉。如果说传统地质学研究的主题是地球表面固态圈层即地壳的运动和状态，而物理海洋学、海洋化学和海洋生物学则只是研究现代海洋水体，那么古海洋学则是以过去大洋水体为主要研究对象，以海洋沉积物为载体追溯过去海洋环流和海水物理、化学特征的变化，研究海洋生产力和海洋生物的宏观演化，最终探索地球表面的水圈、大气圈、生物圈相互作用的演变历史。例如，从有孔虫组合和壳体氧同位素组成变化推测全球海平面、洋流和温度变迁，乃至地球运行轨道的周期变化；用底栖有孔虫的 B/Ca 值重建过去深海碳酸盐系统和 pH；从洋底沉积物中石英颗粒的粗细和分布特征推断过去大气环流的强度演变等。这些研究融合了海洋科学的二级学科，并跨越地质、地理、天文、气候、化学和生物等多种学科的主题，正是古海洋学的鲜明特色。"国际大洋发现计划"规划的未来近 30 年的大洋钻探计划（2023 ~ 2050 年）中的七大科学目标有四个与古海洋学研究紧密相关（全球物质能量循环、地球气候系统、地球系统反馈、地球历史临界点），但实际却涉及地球系统各个圈层及其相互作用历史和机制（Koppers and Coggon，2020），其实远远超越了古海洋学乃至海洋科学的范畴，这极大地突显了海洋科学在未来地球系统演变研究中的重要意义，体现了学科的交叉与融合。

4. 从海洋科学到地球系统的范例：全球变化研究

全球变化是指由自然因素和人类活动引起的地球系统各圈层在全球尺度上的变化，其核心问题为人类生存环境何去何从。20 世纪 80 年代以来，随着燃料结构的改变，全球气候明显变暖，二氧化碳问题逐渐突出起来。温室气体成为全球气候变化讨论的主题和争论的核心，受到了科学界和社会界的广泛关注。1982 年，美国国家航空航天局（National Aeronautics and Space

Administration，NASA）在伍兹霍尔（Woods Hole）发起了一个全球问题多学科研讨会，会议正式提出了全球变化的概念，倡导成立全球变化研究计划，并指出新的研究应吸收大气、海洋、冰冻圈和生物圈的研究者参与。在此背景下，全球变化研究应运而生。

其中，规模最大、影响最为深远的当属国际地圈－生物圈计划（International Geosphere-Biosphere Programme，IGBP），该计划从 1986 年启动，2015年结束，随后转入由"未来地球"（Future Earth）计划统一组织的新计划。国际地圈－生物圈计划以刻画和理解地球系统的物理、化学和生物过程及相互作用为目标，构成了全球变化研究的主干。其下设的 10 个核心项目有 5 个直接与海洋科学有关，包括"近岸带陆海相互作用"（Land-Ocean Interactions in the Coastal Zone，LOICZ）、"全球海洋通量联合研究"（Joint Global Ocean Flux Study，JGOFS）、"上层海洋与低层大气研究"（Surface Ocean-Lower Atmosphere Study，SOLAS）、"全球大洋生态系统动力学"（Global Ocean Ecosystems Dynamics，GLBOEC）、"过去全球变化"（Past Global Changes，PAGES）。此外，还有一些大型的全球变化国际研究计划，如"世界气候研究计划"（World Climate Research Programme，WCRP）、"国际海洋全球变化研究计划"（International Marine Global Change Study，IMAGES）等，海洋科学在其中均占据着核心地位。可以说，全球变化研究是多学科的综合与集成，涵盖了大气、海洋、地理、地质、地球物理、环境、生物、生态、能源、人口和经济等众多的自然科学和社会科学领域，每一学科都从自身角度来观察和研究全球变化并为之做出贡献，具有高度综合与交叉学科研究的特点及跨世纪的影响，代表了当今世界科学的发展趋势，吸引了全世界无数科学团体和科学家的积极参与。这些研究计划的实施极大地提高了我们对过去和近期全球气候系统的变化幅度、成因及其未来变化趋势和风险的理解。

全球变化研究中多学科、跨圈层一个最经典的例子是"碳丢失之谜"。20世纪 80 年代初，当学术界意识到温室效应的重要性，就开始评估工业革命以来人类排放二氧化碳的去向，结果却发现收支无法平衡：大气二氧化碳浓度的增加量，明显少于化石燃料燃烧的释放量。于是学术界开始寻找"丢失的碳"，追踪地球表层的碳循环，推测部分进入了海洋。海洋是个大碳库，通过表层的海气交换调控着大气二氧化碳含量。国际地圈－生物圈计划的"全球海洋通量研究"项目即是从海气交换入手，追溯进入海洋的碳通量。表层海水对大气的吸收作用，主要有三种机制：溶解度泵、生物泵和碳酸盐泵。前者取决于海气界面二氧化碳分压控制的海水溶解度，后两者则主要和海洋浮游生物的生命过程有关。显然，海洋和大气的碳交换不仅是生物的作用，还受多种物理过程控制，而表层海水里的碳不仅会随洋流水平移，还会和深层大洋的碳库发生垂直交换。这些跨圈层的过程具有不同的时间尺度，涉及地质过程的碳循环（汪品先等，2018）。因此，全球变化的实质是地球系统科学在人类尺度上的应用；海洋作为最大的气候变化缓冲器，科学理解其如何运作以及影响全球碳循环和气候变化，是预估未来气候变化的关键所在。

上述实例表明，结合海洋内部不同分支学科，对海洋开展不同时空尺度、不同圈层综合和系统的研究往往是未来海洋科学发展的创新点和突破点。海洋科学的大科学特征和高度复杂性不仅推动了自身发展，也为其他学科的发展开辟了新的领域，同时还为其他学科的发展提供了重要的领地（如板块俯冲起始机制的研究、气候环境变化机制的研究、天气与气候模式的发展、冰冻圈的稳定性、人工智能与大数据的发展等）。一些情况下对海洋体系（海气界面-上层海洋-深层海洋-沉积物水界面-固体岩石圈层）的认知不足，甚至成为制约地球系统科学发展的短板，因而有必要大力发展海洋科学的研究。毫无疑问，海洋科学与自然科学其他学科在研究方法、体系构建和核心思想上的每一次创新，都将为海洋技术的发展提供新的机遇，而海洋技术的每一次进步，都将为海洋科学与自然科学其他学科的发展提供新的手段、增添新的能力。这种互助发展模式，也注定了科学与技术始终是人类认识海洋及自然世界缺一不可的两只"眼睛"。

在当下，海洋观测趋于全球化，立体观测网络建设加速进行，并从宏观尺度过渡到中-微尺度，大数据和超级计算成为定量理解海洋物理和化学过程的基本手段。研究多时空尺度的海洋生态、环境、地质过程更离不开大型、综合性、国际化的海洋观测和取样计划，因而海洋科学具有鲜明的大科学特征。总之，海洋科学研究呈现出各学科高度融合的态势，并紧密结合当下前沿技术发展，是地球系统科学研究的耦合器。

二、海洋科学的创新发展与多学科推动息息相关

理解海洋这个包含多圈层、多尺度的复杂系统，必然要求多学科参与其中。几个世纪以来，海洋科学的观测与分析手段持续变革、基础科学理论不断建立、研究范式和前沿研究领域也在不断演进，这是人类科技进步以及国家与社会需求变化下多学科推动的直接结果。

目前，人类的发展面临着全球气候快速变化、资源和环境危机等一系列有挑战性的重大问题。海洋是全球气候的调节器、生物多样性的中心、资源和能源的巨大储库，也是世界经济增长的新引擎（Virdin et al.，2021），因此进一步促进海洋科学的创新发展是有效应对上述问题的关键途径之一。在新时代下，海洋科学需要进一步突破现有的学科框架，依托多学科手段，为与人类生存和发展密切相关的跨学科、跨圈层重大问题提供答案，保障经济和社会的可持续发展，维护国家安全，保护人民健康。

1. 海洋科学的创新发展与地球系统科学之外的多学科推动息息相关

海洋科学孕育于 20 世纪以前多学科的独立观察与研究中，至 19 世纪晚期才正式作为独立的学科门类出现（Rozwadowski，2001）。为了提高远洋航海能力，需了解海水的运动规律，来自自然科学不同领域的学者通常就海洋中的特定物理现象开展以"点"为主的研究，建立了潮汐、海洋环流与波动定理。墨西哥湾流、黑潮、巴西海流等表层环流在早期航海中被相继发现，启发了早期物理海洋学家关于这些现象的研究，海水层化和地转流等理论逐渐形成。在海洋科学独立发展之后，物理、化学、生物等基础学科以及计算机、微电子等技术学科则贯穿于海洋观测和分析手段变革的全过程，使人类获得海洋数据的手段从有限的船基、岸基观测为主逐渐过渡到系统性、综合性、微尺度化、准同步化的科学考察。由于造船技术、地理制图、天文学的进步，以探险和地理发现为主要目标的航海活动在 15 世纪以后进入热潮。以上层海洋观测为例，工业革命前海洋观测仪器较为简单，获得的资料主要为定性的海表气象和洋流记录。19 世纪中叶以后，自然科学的蓬勃发展极大地促进了海洋观测的进步，基于声学、光学、电子学等技术的新式观测仪器被用于海洋物理、海洋化学、海洋生物学参数的测量，由此开启了专门性的海

洋科学调查和研究，奠定了海洋科学独立发展的雏形。20 世纪早期，随着物理、化学、生物等学科的发展，海洋调查得以全面拓展到水文、气象、生物、地质等方面。第一次世界大战以后的军事需求催生了声呐技术的使用，使得人类对海底地形开始有了全面和系统的认识，由此发现了深海海山、洋中脊、海沟等重要海底地貌。由于深部海洋温盐可以被精确和方便地测量，人类不仅对表层海流有了系统了解，也认识到了海洋深层水团的基本结构。这些多学科推动的资料和技术积累，使得海洋各分支学科开始成型。

20 世纪中叶以后，在计算机技术、微电子技术、能源技术的促进下，人类对海洋的探测能力再次获得突破，大规模的海洋科考、遥感观测、锚系与浮标（如以万计的 Argo 浮标系统）组成了巨大的海洋监测网，海洋观测手段日趋完善。由此，海洋科学发展到高效率的现代化研究阶段，并依托多学科的研究手段持续创新发展。伴随超级计算、流体力学等学科的发展，物理海洋和生物地球化学等过程开始被高复杂度的数值模式所定量化和可视化，并呈现出融合发展的态势。实验室内物理、化学与生物分析技术的进步，也推动了人类对海洋内部过程的精细认知。例如，放射性碳 −14 和铀系同位素衰变理论为计算海洋表层颗粒物沉降通量、示踪大洋环流速率、沉积物定年等过程提供了新的手段。分子生物技术、生物组学技术在海洋科学领域的应用，深化了人类对近海生态灾害的生态过程与生物学机制的科学认知，为实现科学防控提供了重要理论基础。

2. 海洋科学的创新发展与地球系统科学的推动息息相关

近一个世纪以来，海洋科学领域的重要理论建立和深化是实践地球系统科学研究范式的卓越体现，是地球系统科学内部各个分支学科融合发展与推动的结果。

20 世纪 40 年代以后，由于自然科学领域多学科的快速发展、观测技术的进步和观测资料的大幅积累，大洋风生环流理论、基于底摩擦和侧摩擦的大洋西边界强化等重大理论被相继提出。海洋地球化学家布勒克描绘了大洋温盐传送带的概念，并与全球突变气候相关联（Broecker，2010），成为现代物理海洋学和海洋化学研究的重要图景。最近几十年来，依托于遥感卫星和现场的物理海洋、海洋化学、海洋生物观测资料，物理海洋学家对中尺度涡旋的重要性有了更清晰的认识，其中地球物理数据处理技术也启发了物理海洋领域大数据的分析与处理。

海洋中元素分布规律和控制机制是海洋化学的核心内容，其理论发展历史同样佐证了多学科对海洋科学发展的重要性。19 世纪，化学家通过对海水中常量元素含量进行分析，发现这些元素之间比值恒定，由此可以用于分析海水的盐度、电导率等物理性质。之后海洋化学领域的学者更多地开始从化学平衡的角度来阐释海水中元素的赋存形态。至 20 世纪末，海洋化学家已经得到元素周期表中大多数元素在典型海域的分布特征，并计算了元素的无机赋存形态，但海洋中有机组分对元素循环的控制仍不清楚。近 20 年来，得益于质谱、光谱和化学化工技术的应用，精确分析海水痕量元素浓度和同位素组成以及有机络合物浓度变得可能。例如，海洋限制性微量金属 Fe 对海洋生物生产至关重要，而海水中溶解 Fe 几乎完全被有机配体所络合。由于同步辐射、电化学、洁净采水等技术的发展，海水中溶解 Fe 的同位素组成可以被准确测量，同时 Fe 的不同化学形态也可以被定量分析，这些进步促进了海洋 Fe 循环研究近年来的快速发展。

20 世纪 50 年代以后，深海科学、海洋生物学、古海洋学等分支学科也得到了极大发展。例如，依托"大洋钻探计划"发展的古海洋学从诞生之初就建立在沉积学、地球化学、微体古生物学、地质年代学、同位素分析技术等多学科的交叉之上。相关领域的学者获取了海水碳氧同位素和温度在整个新生代的演化，发现了新生代温室向冰室转换的特征；发展了多种古海洋指标并建立了洋流模式、表生碳循环和气候突变事件的耦合联系，完善了第四纪地球冰期 - 间冰期旋回的米兰科维奇轨道驱动理论。

海洋是地球气候的重要调节器，也是人类活动排放二氧化碳的巨大碳汇，准确刻画海洋在全球气候变化中的角色是探索地球系统科学研究和宜居星球研究的前沿课题，也是解释全球变化、应对碳中和等关键议题中不可或缺的部分（Siedler et al.，2013）。但与之相关的一些重大科学问题，如厄尔尼诺的发生规律和海洋碳循环机制，在现有的研究框架下难以突破。厄尔尼诺剧烈地影响着全球天气气候变化，20 世纪 80 年代以来对其的研究已经取得了相当多的进展，然而目前对其预报能力仍有限。厄尔尼诺问题的突破，需要强化海洋地质学、海洋化学等学科的交叉融合；同时，也需要大气、数学等学科的深度参与，并与大数据分析和人工智能技术紧密结合。例如，海洋是地球表层圈层中最大的碳储库，海洋环境的变化可能显著影响着大气二氧化碳浓度。充分认识海洋碳循环的演变规律是人类有效应对温室气体含量上升和全球气候变化的基础。为了突破这一高度复杂的问题，必须以全局性、多圈层作用的思路为基础开展研究：从有机碳循环的角度，需刻画全程食物网而不是经典的食物链以及海洋有机质从源到汇的全过程分析，并考察微生物碳泵和暗能量生物圈的影响，理解海洋生态对全球变化的响应；从无机碳化学的角度，需理解海气交换的物理规律、深海环流和通风变化的气候强迫机制、工业活动以来海洋吸收大气二氧化碳的通量变化趋势；从地质历史碳循环的角度，需理解海洋在冰期－间冰期、突变气候等事件中海洋碳储库的变化规律和海洋流固界面碳交换的规律；从人工碳封存的角度，需理解海底二氧化碳埋藏后的稳定性和工程技术实现的可行性，同时上述认识还需要与海气耦合模式相结合，以可靠预测未来海洋碳循环的变化。可以说，海洋碳循环研究的进一步创新必将依赖多圈层、多尺度碳循环认知的整合与突破，而这些无疑需要多学科合作与推动。

此外，在人类活动和全球气候快速变暖背景下，地球生态环境变得更加脆弱，同时由于陆地资源趋于枯竭，合理利用海洋能源与资源、保护海洋生态环境显得更加迫切。例如，安全低成本地开采天然气水合物、海底富钴结壳多金属、软泥沉积物稀土、热液硫化物等矿产资源；合理利用海洋清洁能源、海洋空间资源与水资源；可持续发展海洋渔业等生物资源；海岸带生态对全球变化的响应等，而解决这些问题均需要依托多学科手段开展研究。

三、海洋科学持续推动多学科发展

"大科学"是国际科技界近年来提出的新概念，具有研究目标宏大、多学科交叉、投资强度巨大、依托高度复杂的实验设施等突出特点。大科学研究可以分为两类，第一类是需要巨额投资建造、运行和维护大型研究设施的"工程式"的大科学研究，又称"大科学工程"，包括预研、设计、建设、运行、维护等一系列研究开发活动。这些大型设备是许多学科领域开展创新研究不可缺少的技术手段支撑。第二类是需要跨学科合作的大规模、大尺度的前沿性科学研究项目，通常是围绕一个总体研究目标，由众多科学家有组织、有分工、有协作、相对分散地开展研究（刘云等，2003）。

由于海洋科学要解决的问题具有全球性、系统性和复杂性的特点，需要高度依赖不同学科和工程技术之间的深度交叉、渗透与融合。近年来，海洋科学已明显体现出大科学的显著特征，孕育产生了一系列重大科技创新。反过来，海洋科学领域的重要突破也促进了地球系统科学以及其他学科中一系列基本和关键瓶颈问题的解决，开辟发展了新的研究领域，有力推动了多学科的发展。

1. 海洋科学对地球系统科学的持续推动

海洋科学极大促进了地球科学内部各学科的发展。例如，海洋地质学研究催生了现代地球系统科学的形成。自20世纪40年代起蓬勃发展的海洋地质调查和大洋钻探引发了地球科学的革命，诞生了海底扩张－板块构造学说、洋底火山热点和地幔柱假说，建立了古海洋学并验证了地球冰期－间冰期旋回的米兰科维奇轨道驱动理论，发现了深海"沙漠中的绿洲"——海底热液和冷泉，在地质时间尺度的演化机制方向持续拓展了新的领地，如板块俯冲起始机制研究、古气候环境变化机制研究。这些认识从根本上改变了传统的固定论理念，开始将陆地和海洋看作一个整体，从地球多圈层的相互作用研究全球地质学问题，从全球变化的大格局观察局部地质过程，开创了现代地质学的新纪元。

物理海洋学与全球气候变化紧密联系，开展物理海洋学及其在全球热量、能量传输作用中的研究，已经成为提高全球气候变化认识的关键因素之一。对物理海洋学中热力、动力学过程及机理认识的完善，能够有效地促进天气、气候、地球系统模式的发展。

海岸带是水圈、岩石圈、大气圈、生物圈和人类社会活动交互作用区，也是典型的生态过渡带，是人口最密集、人类活动最频繁、海陆相互作用最剧烈、全球变化影响最显著的经济支柱地区。海岸带对全球变化和人类活动的响应非常敏感，现今海岸带面临的环境污染、生态退化、资源衰退、灾害频发等诸多问题，基本上都是人类活动与海洋过程共同作用的结果。传统的河口海岸学主要为海港建设、围涂造地等海岸工程建设和海岸发展规划服务，已远不能满足当前海岸带面临的生态环境安全与资源可持续利用的迫切需求。新兴的海岸带科学是研究海岸带自然属性及功能、陆海相互作用和可持续发展的科学，问题导向与多个陆海分支学科的交叉融合是海岸带研究的重要特点。海岸带科学将为推动社会-自然-生态的可持续发展注入新的动力。

海洋科学也显著提升了对生命科学、环境科学等领域重大科学问题的理解。例如，科学界主流观点认为，海洋是原始生命的起源地，也是生物演化的重要场所。深海热液及其生物群的发现，证明地球上存在着第二个生物圈——深部生物圈，其独特的化能生态系统和特殊生命过程为回答生命起源这一生物学领域的重大问题提供了重要线索。海洋生物物种极度多样，但很可能来自于共同祖先，在海洋细菌、古菌、真菌、藻类、无脊椎动物、脊椎动物中广泛开展的基因组测序与解析，在揭示生命早期的演化路径、探讨重要生物学性状的起源与分化、阐明海洋生物适应特殊环境的分子机制、探索早期原始地球的气候环境变化方面均已带来重要发现。绿色植物等初级生产者的光合作用是最重要的生物学过程之一，而低等植物海洋藻类保留有最多样的光合系统，对藻类中多种光合膜蛋白结构的解析，为最终揭示植物光合系统的起源、进化以及光能捕获、利用和光保护机制提供了重要的结构基础（Pi et al.，2019）。

海洋生态系统是地球上最大的自然生态系统，海洋生态系统结构与功能的变化趋势及其驱动因子越来越受到重视。2001年联合国组织实施的"千年生态系统评估"（Millennium Ecosystem Assessment，MA）标志着地球生态系统的服务功能及其在人类活动影响下的退化趋势开始受到密切关注。近年来，近海富营养化、海洋酸化、低氧区扩展、有害藻华和生态系统格局更替等生态环境问题不断出现并加剧，相关领域的研究进展为深刻理解全球变化背景下地球生态系统的演变特征、演化规律及其驱动因子提供了重要视角（于仁成和刘东艳，2016）。

2. 海洋科学对非地球系统科学的持续推动

在新技术、新能源领域，海洋科学也有力地推动了高新技术的发展和新型能源的开发。为了拓展海洋观测能力，研发在特殊环境下（强风巨浪、高/低温、高盐/高腐蚀、深海高压）可持续有效观测的仪器设备，推动了新材料、新工艺和数据传输等技术方面的进步，引领海洋观测从区域观测走向全球观测，从单一学科观测走向多学科综合观测，实现多种观测手段从太空、空中、水体到海底的立体观测并向实时化、系统化、信息化、数字化方向发展。同时，促进了低功耗、小型化海洋生物和化学传感器的研发，生态环境现场原位测量和水下自航行剖面测量技术的开发，以及卫星航空遥感、浮标、潜标、载人潜水器等海底观测平台和装备的集成与应用。海洋模式和大数据的产生对超算提出了更高的需求，有效推动了超算和计算机技术的发展。而极地极端环境对无人观测、取样与实验系统的需求，则推动了低温工程技术的发展。

在海洋能源与资源方面，海洋潮流能发电已实现兆瓦级大功率发电、稳定发电、发电并网三大跨越。油气和矿产勘探逐渐向深水拓展，天然气水合物的研究逐步深入，已初步实现资源量全球占比 90% 以上、开发难度最大的泥质粉砂型天然气水合物的安全可控试采。在太平洋深海海底已初步探测到稀土资源。洋脊和俯冲带是构造及岩浆研究的重点区域，海底铁锰沉积和热液硫化物成为海洋金属资源工作的重点。

另外，海洋科学还深刻推动了社会科学的发展。人类开发利用海洋的历史十分久远，20 世纪后期，随着陆地人口的增多，资源、环境压力增大，合理地开发、利用、管理和保护海洋，逐渐上升为人类社会发展的焦点之一。进入 21 世纪，随着海洋科学和海洋高新技术的快速发展，人类对海洋资源潜力的认知与利用海洋的能力不断加强，海洋发展成为一个具有全局性、前瞻性、战略性特征的重大理论和实践问题，海洋人文社会学科也随之兴起并走向成熟。

海洋政治已成为国家间关系和国际事务的一个重要领域，其主题已远远超出传统范畴，从控制海权到追求海洋利益的多元化，诸多海洋问题如跨国捕鱼、远洋航运、海底资源的开发与分配、海域和大陆架的划界、海洋污染与生态保护等，在国际事务中日益突出，逐渐成为国际政治外交领域的重要议题，为海洋政治学的理论创新和分支学科的兴起创造了条件，并推动海洋法成为国际法的重要组成部分。同时，伴随海洋石油、海洋化工、海水养殖等资源开发技术的成熟与产业化，海洋经济逐渐从一般经济中分化独立出来。配合海洋资源开发的经济论证，对合理开发利用海洋资源和保护海洋环境的经济机制的研究，形成了资源经济学、环境经济学和生态经济学的海洋分支研究。

四、海洋科学在国家总体学科发展布局中的地位

无论是从海洋的自然属性，还是从海洋强国的战略需求和人类可持续发展的角度，海洋科学在新时代国家总体学科发展布局中都应占据更加重要的地位，成为牵引相关学科发展的动力源泉。从发达国家海洋科学的学科地位和国际计划中海洋科学的学科地位来看，海洋科学也早已是一个超级学科，成为与地球科学并列的一级学科（高峰等，2018）。

国际海洋组织在过去十年中发布了一系列海洋科技战略研究报告和规划计划，对 2025 ～ 2030 年的海洋科技发展进行了战略部署。传统的研究计划如"国际大洋钻探计划""国际大洋中脊计划"等还在延续，为了续接 2013 年告一段落的"国际大洋钻探计划"，国际大洋钻探计划科学委员会于 2011 年将其变更为"国际大洋发现计划"，发布《国际大洋发现计划 2013—2023 实施方案》（IODP，2011），对后续工作进行规划，并得到众多参与国家和海洋研究机构的持续支持。2011 年，联合国教科文组织政府间海洋学委员会（IOC/ UNESCO）、国际海事组织（International Maritime Organization，IMO）、联合国粮食及农业组织（Food and Agriculture Organization of the United Nations，FAO）、联合国开发计划署（United Nations Development Programme，UNDP）联合发布《海洋与海岸可持续发展蓝图》（A Blueprint for Ocean and Coastal Sustainability），提出了 10 项具体建议，旨在从传统管理模式转变为可持续的海洋管理范式（IOC/UNESCO et al.，2011）。2016 年，国际科学理事会海洋研究科学委员会（SCOR/ICSU）、国际大地测量和地球物理学联合会海洋物理学协会（The Section of Physical Oceanography of IUGG）联合发布了由 14 位国际海洋学专家共同完成的评论报告《海洋的未来：关于 G7 国家所关注的海洋研究问题的非政府科学见解》。该报告对跨学科研究、海洋塑料污染、深海采矿及其生态系统影响、海洋酸化、海洋变暖、海洋低氧、海洋生物多样性损失、海洋生态系统退化八个全球重要海洋问题进行了分析和评述，并提出了具体建议和行动方案（Williamson et al.，

2015）。2017 年，联合国教科文组织在联合国海洋大会上发布《全球海洋科学报告：全球海洋科学现状》（Global Ocean Science Report：The Current Status of Ocean Science around the World），指出全球海洋科学是"大科学"，主张加大对海洋科学研究的投入，呼吁加强国际科学合作（UNESCO，2017）。2017 年，联合国教科文组织先后发布《联合国海洋科学促进可持续发展十年（2021—2030 年）计划》和《联合国海洋科学十年可持续发展路线图》，提出两个总体目标，即产生海洋可持续发展所需的科学知识，加强相关基础设施建设，强化伙伴合作关系；提供海洋科学的数据和信息，为海洋政策的制定提供支撑。通过研发和完善海洋综合地图，海洋观测系统，定量理解海洋生态系统及其作为管理基础的功能、数据和信息系统，海洋多灾种预警体系，可观测、研究和预测的海洋系统，海洋教育培训，技术转让七大重点研究领域，以达成清洁的海洋、健康而有弹性的海洋、可预测的海洋、安全的海洋、可持续生产的海洋、透明可达的海洋六个社会成果（Ryabinin et al.，2019）。

欧盟作为一个整体，也非常重视海洋领域的竞争与发展。欧洲海洋局（European Marine Board，EMB）发布的《第四次导航未来》（Navigating the Future IV）为下一个时期欧洲海洋研究提供了蓝图，从多个方面阐述了欧洲海洋研究的未来优先研究领域（European Marine Board，2013）。《欧洲离岸可再生能源路线图》（EU offshore Renewable Energy Roadmap）重点阐述了海上风能、波浪能和潮汐能三大离岸可再生能源的协同增效效益以及发展所面临的机遇与挑战（ORECCA，2011）。《欧洲海洋可再生能源：欧洲新能源时代的挑战和机遇》（Marine Renewable Energy：Research Challenges and Opportunities for a New Energy Era in Europe）指出，到 2050 年，欧洲 50% 的电力需求将从海洋获得，需要采取措施确保海洋可再生能源纳入欧洲海洋研究议程（European Science Foundation，2010）。欧洲海洋局发布的《潜得更深：21 世纪深海研究面临的挑战》（Delving Deeper：Critical Challenges for 21st Century Deep-Sea Research）从深海研究现状、知识缺口以及未来开发和管理深海资源的一些需求出发，提出未来深海研究的目标与相关关键行动领域（European Marine Board，2015）。《欧盟深海和海底前沿计划》（The Deep-Sea and Sub-Seafloor Frontier Project）讨论了未来 10 ～ 15 年与深海生态系统、气候变化、地质灾害和海洋资源相关的海洋科学问题，目的是在欧洲范围内提供面向可持续性海洋资源管理的路径，提高对深海和海底过程的认识（Achim et al.，2012）。2016 年，欧洲海洋局发布《海洋生物技术战略研究及创新路线图》（The Marine Biotechnology Research and Innovation Roadmap），绘制了欧盟海洋生物技术研究和创新发展路线图，是对欧盟 2012 年提出的"蓝色增长战略"的积极响应（ERA-MBT，2016）。

美国近年来也从国家和机构层面密集发布了一系列重要战略研究报告和计划规划。2012 年，美国国家海洋理事会发布《国家海洋政策执行计划草案》（Draft National Ocean Policy Implementation Plan），介绍了 50 多项联邦政府将要采取的行动，以应对海洋、海岸带和五大湖面临的最紧迫挑战（National Ocean Council，2012）。2013 年，美国国家科技委员会发布《一个海洋国家的科学：海洋研究优先计划修订版》（Science for an Ocean Nation：An Update of the Ocean Research Priorities Plan），阐述了美国海洋研究的优先事项应面向国家海洋政策需求，并从海洋科学本身和与海洋相关的社会学方面指出了美国海洋研究的优先研究领域。2015 年，美国国家研究理事会（National Research Council，NRC）发布《海洋变化：2015—2025 海洋科学10 年计划》（Sea Changes：2015-2025 Decadal Survey of Ocean Sciences），提出美国海洋科学研究应瞄准的八大优先科学问题：①海平面上升的速度、机理、影响及在不同区域有何差异？②全球水循环、土地利用及上升流对近海、河口海域及其生态系统有何影响？③海洋生物地球化学过程和海洋物理过程如何影响气候及其变化？整个系统在未来 100 年会有怎样的变化？④物种多样性对海洋生态系统恢复力的作用是什么？自然和人类造成的变化会对此产生什么影响？⑤海洋食物网在未来 50 ~ 100 年会如何变化？⑥海洋盆地的形成和演化由什么控制？⑦怎样更好地表征海洋危害并提高预测地质灾害能力？⑧海床的地质、物理、化学、生物特征是怎样的？如何影响全球物质循环？如何通过它们来了解生物起源及进化？（National Research Council，2015）。2011 年发布的《2030 年海洋研究与社会需求的关键基础设施》（Critical Infrastructure for Ocean Research and Societal Needs in 2030）提出了关键基础设施规划，以满足 2030 年海洋基础研究需求和解决社会面临的重大问题（National Research Council，2011）。在机构层面，美国国家海洋和大气管理局（National Oceanic and Atmospheric Administration，NOAA）发布了《NOAA 未来十年战略规划》、《NOAA 北极远景与战略》、《NOAA 海底研究计划》（NOAA Undersea Rearch Program，NURP）和《NOAA 海岸带科学人类因素战略计划》等，内容涉及海洋科学技术整体发展规划、专项研究计划等，对推动海洋科学的发展起到了重要作用（NOAA，2005，2007，2010，2011）。进入 21 世纪以来，美国海洋科学界研究全球海洋的能力大大提升，加深了对海洋物理、海洋生物、海洋化学、海洋地质、地球物理等领域的认识和理解。

英国近十几年来也推出了一系列国家级海洋战略和研究计划，致力于"建设世界级的海洋科学"和领导欧洲海洋研究。《英国海洋科学战略 2010—2025》是英国整体海洋科技战略的核心，为英国海洋科技的发展指明了方向（Department for Environment，Food & Rural Affairs，UK，2010）。英国国家海洋学中心（National Oceanography Centre，NOC）发布了《英国国家海洋学中心（NOC）中长期战略目标》，为未来发展设置了四个战略优先方向（NOC，2010）。《英国海洋能源行动计划 2010》为英国的海洋可再生能源发展提供了路线图（Marine Management Organisation，UK，2013）。此外，《英国东部海岸及海域海洋规划草案》（Draft East Inshore and East Offshore Marine Plans）、《全球海洋技术趋势 2030》（Global Marine Technology Trends 2030）和《大科学装置战略路线图》等也分别从全球、区域和重点领域对英国未来的海洋科技发展进行了部署（Qineti and Register，2015；Research Councils UK，2010）。

日本作为海洋国家，非常重视海洋科技的规划和创新发展，将海洋科技纳入"依法治国"的轨道。2013 年发布《海洋基本计划（2013—2017）》，提出了海洋政策新指南，重点推进海洋开发战略计划，重视海洋科技开发，加大海洋科技经费投入，推进海洋环境保护，开展海洋经济的国际合作与交流，形成以沿海旅游业、港口及海运业、海洋渔业、海洋油气业为支柱的海洋产业布局。

我国作为海洋大国，建设海洋强国是数代人的蓝色梦想。党的十八大报告中，我国首次提出建设"海洋强国"的国家战略目标。党的十九大报告中进一步明确了"坚持陆海统筹，加快建设海洋强国"，提高了对于海洋事业建设的重视程度。习近平总书记在十八届中共中央政治局第八次集体学习会议上强调，要进一步关心海洋、认识海洋、经略海洋，推动我国海洋强国建设不断取得新成就。他指出，21世纪，人类进入了大规模开发利用海洋的时期。海洋在国家经济发展格局和对外开放中的作用更加重要，在维护国家主权、安全、发展利益中的地位更加突出，在国家生态文明建设中的角色更加显著，在国际政治、经济、军事、科技竞争中的战略地位也明显上升[①]。《中国至2050年海洋科技发展路线图》和《未来10年中国学科发展战略·海洋科学》等报告的发布，对我国海洋科技的发展进行了全面部署。海洋科技与海洋经济、海洋环境、海洋安全和权益之间存在深刻的内在关联性，强大而先进的海洋科技不仅是海洋强国战略的题中之义，更是全面建设海洋强国宏伟目标的坚实后盾。

海洋科技包括海洋科学和海洋技术两部分。海洋科学以认识海洋、探索未知为追求和目的，海洋技术则以海洋科学为基础，对海洋进行改造并服务于人类。概括而言，海洋科学是以海洋中各种自然现象和过程及其变化规律为研究对象的科学，具体包括物理海洋学、海洋生物学、海洋地质学、海洋化学、海洋生态学等学科。海洋技术是以科学研究得到的认识和成果为依据，在海洋开发活动中逐步积累而形成的经验、技巧和使用的设备等。海洋技术综合涵盖了海洋工程技术、海洋生物技术、海底矿产资源勘探技术、海水资源开发利用技术、海洋环境保护技术、海洋观测技术、海洋预报预测技术、海洋信息技术等众多领域（史晓琪，2016）。纵观海洋科学发展史，为了探寻海洋秘密，进而合理开采海洋资源、充分利用海洋空间，人类逐步推进和加深了对海洋的调查与研究。科学技术的迅速革新，促使人类对海洋的认识和了解实现了全面的飞跃：海洋研究范围从近海延伸到大洋；内容由自然地理描述深化为资源和环境的勘探和治理；领域几乎囊括了自然科学的各个分支，并在不断拓展。在新的历史时期，我国应进一步加强海洋科学在学科布局中的地位，强化海洋基础性研究，实现前瞻性应用研究和原创性科技成果的重大突破，为海洋强国建设提供有力支撑。

---

① 习近平：要进一步关心海洋、认识海洋、经略海洋. http://www.gov.cn/ldhd/2013-07/31/content_2459009.htm[2022-09-23].

第三节　海洋科学对实施国家战略的支撑作用

海洋强国的基本目标体现为国家在全球海洋领域的竞争力及优势，而更高层次的目标则体现为国家在构建全球海洋治理体系中的话语权和引领作用。海洋科学的研究水平与竞争力在一定程度上决定了海洋强国战略目标的实现。因此，没有全球领先的海洋科学，就不具备实现海洋强国目标的基础和前提。

海洋科学的内涵包含科学认知和技术发展两个核心，这二者是打造海洋强国的利器，互为支撑，缺一不可。因此，要建设成为海洋强国，必须以具备高竞争力的海洋前沿科学认知和尖端技术储备为重要前提，通过原创知识和关键先进技术来体现海洋科学认知和技术的竞争力。

海洋科学是战略科学，也是衡量一个国家科技水平的主要标志之一。海洋蕴藏着丰富的资源（包括土地、油气和海底矿产资源、生物资源等）；而全球重大环境问题，如全球变暖、海洋酸化、海平面上升、地震海啸、极端气候事件以及气候变化、能源短缺、环境恶化、生存空间狭小和自然灾害频发等无一不与海洋科学密切相关，这些问题的解决在很大程度上依赖海洋科学的发展。人类社会对海洋资源和环境日益迫切的需求成为海洋科学发展的根本动力，这也凸显了其在实施国家海洋强国战略中不可替代的地位。

海洋科学的发展是产生新认知的源泉、开拓新疆域的动力。海洋科学的研究水平、原创性研究及成果的积累是国家综合国力的重要组成部分。通过聚焦海底的过去、现在与未来，海洋科学致力于探求人类与地球系统和谐共生的发展之道，指引探测技术的发展方向，未来无疑将在多学科交叉、从宏观到微观、从区域到局部、从近海到远洋等各个层次上开辟新的研究方向、迸发新的灵感、产生新的动能及进步，进而为提升国家综合国力做出切实的贡献，支撑国家发展战略目标的实现。

一、为维护国家安全提供支撑保障

1. 海洋科学对国家安全的重要意义

海洋是国家安全的重要屏障，是当前和未来很长一段时间国家应对复杂国际形势的关键领域。对国家而言，海洋科学发展和前沿技术研发将为未来海上重大军事活动提供精准的综合环境信息，提供重要的海洋战场环境条件保障，为服务国防安全、应对气候变化、保障环境可持续发展及维护海洋权益等提供重要的科技支撑，它的未来发展对提高我国科技竞争力、参与全球海洋治理、提升我国在海洋领域的国际地位具有无可替代的战略意义。

2. 海洋科学与国家气候安全

海洋科学是国家应对气候变化、防灾减灾和维持海洋生态系统健康的重要手段。我国地处东亚季风区，是全球典型的气候脆弱区之一。西太平洋 - 南海 - 印度洋不仅是季风及台风的发源地，也是水汽来源及输送的关键通道。气候变化对我国近海海洋环境产生复杂的影响，同时海平面上升、台风及风暴潮对我国沿海区域具有严重的灾害效应。这些问题的解决都将依赖海洋科学的发展。

3. 海洋科学与海洋生态安全和资源安全

海洋科学是国家保障海洋生态安全、实现海洋可持续发展和海底资源科学开发利用的重要支撑。一方面，受气候变化和人类活动的叠加影响，海洋生态系统环境正承受着前所未有的多重压力，表现在海洋生态系统的服务功能下降，海洋生物资源的可持续利用受到严峻挑战。因此，将海岸带研究从中国沿海拓展到区域（"海上丝绸之路"沿线国家）和全球尺度（世界主要大河三角洲区域），系统开展海岸带规划与管理、生态系统 - 资源 - 环境 - 社会经济耦合系统的协调及发展趋势的综合研究，将有力推动海洋生态文明和"海上丝绸之路"建设。另一方面，海底蕴藏着丰富的资源和能源，在全球资源战略格局中具有举足轻重的地位。加强海洋资源探测技术的研发，提升深海油气和矿产资源的勘探与开发能力，是实现国家安全保障和海底资源可持续开发利用的迫切需求。

4. 海洋科学与国土开发安全

发展海洋科学是捍卫蓝色国土权益、实现社会经济可持续发展的重要抓手，包括在深海极地等战略性海区优先开展海洋环境、生态、矿产及生物和能源资源调查；在远岸国防岛屿、岛礁开发生物支持系统，助力国防安全；加大对南海生态环境的观测，主导南海生态保护建设，维护我国南海国土权益等。

未来，海洋科学在深度认知海洋的同时，一方面将为人类制定和平、安全开发利用海洋资源与空间的方案及规则提供科学支撑，实现海洋资源和空间的全球共管均用，加大参与全球海洋治理的力度；另一方面在深入认识海洋的物理、化学、生物和地质等属性基础上，结合人工智能、大数据和新型功能材料制备等创新技术，提升在声、电、光、磁、重力、放射性等领域内的探测能力，为构筑海洋安全体系提供科技保障。

二、为生态文明建设提供系统解决方案

1. 海洋生态文明的内涵

海洋生态文明建设是国家海洋强国建设和生态文明建设的重要内容。海洋生态文明是指人类在开发利用海洋，促进其产业发展、社会进步、为人类服务的过程中，遵循海洋生态系统和人类社会系统的客观规律，建立起人与海洋的友好互动、良性运行机制与和谐发展的一种社会文明形态。海洋生态文明的内涵是保护海洋生态环境，实现人类和海洋的和谐发展，体现人和海的"和谐"与"共存"。站在宇宙中看地球，人类将更清楚地认识到海洋生态文明建设在实现空、天、海、地、生及人一体化进程中的重要作用。从海陆作用，生命现象，到人类活动，实现人类和海洋的和谐、共赢，无一不需要海洋科学的率先发展，即在发展、应用海洋探测技术的基础上，丰富对海洋系统的认知，掌握海洋物理、化学、生物和地质等方面的特征、变化及规律，进而服务海洋生态文明建设实践的需求。在人类开发利用海洋的过程中，海洋科学也随之发展，海洋科学从最初的主要为各个基础学科在海洋科学中的应用发展到后来的观测、发现、假说并最终形成自身理论，逐步构建了海洋

科学系统的理论框架。海洋科学的发展水平在很大程度上决定了当前海洋生态文明建设的进程。海洋生态文明建设实施的内容广泛，依赖于人类认识和经略海洋的能力。指导和服务海洋生态文明建设的重要理论主要包括海洋生态系统论、陆海统筹治理论、海洋生态红线论和海洋生态制度论等。现阶段，海洋科学正处于从近海大洋到深海和极地，从区域海洋考察到全球海洋的高时空分辨率观测，科学与技术协同发展，多学科交叉与融合的快速发展期。也正是这种多学科、多维度、多时空尺度的融合发展，助力了海洋生态文明建设的诸多成功实践，如海洋生态文明示范区建设、实施入海污染物总量控制制度、实施用海空间管制制度、实施生态保护陆海统筹协调机制和促进海洋经济绿色化发展等。这些无一不是以海洋科学的发展为支撑的。

2. 海洋科学与地球宜居性

海洋科学目前面临的关键问题与未来地球的宜居性息息相关，是生态文明建设特别是海洋生态文明建设的重要体现。地球的宜居性决定着人类的未来生存，而海洋是决定地球宜居性的重要标准。近半个世纪以来，海洋吸收了整个地球气候系统中超过 90% 的热量盈余以及超过 30% 的人类活动排放的二氧化碳，从根本上减少了进入地球系统的净辐射，从而减缓了全球变暖的速率，维持了赖以生存的食物链和地球生态系统的平衡。然而，深海大洋对热量和二氧化碳的极限吸收能力有多大？是否存在确定的临界点？吸收热量与二氧化碳将如何改变海洋的动力和生物地球化学环境？又如何进一步影响全球极端气候、海平面、生态系统以及深海资源格局？这些问题仍有待研究。

海洋不仅为人类的生存和发展提供了丰富的物质资源，而且对陆地环境和全球气候具有深远的影响。例如，海洋能量从环流尺度跨越近 10 个数量级传递到湍流尺度，深刻影响着海洋能量传递与物质循环，进而影响全球气候系统。极地的快速变暖和海洋酸化，使得极地海区生态系统受到严重威胁，导致全球水循环格局和水资源分布的重大变化，从而引发全球变化及海平面上升等一系列重大问题。这些关键科学问题的解答对判别地球宜居性而言至关重要。

3. 近海和海岸带是海洋生态文明建设的主战场

我国是海洋大国，拥有广阔的领海和漫长的海岸线。过去的一段时间内，在工业化快速发展的过程中，近海和海岸带生态环境破坏、资源无序开发等问题突出，严重影响海洋生态平衡和海洋经济的可持续发展，不利于海洋生态文明建设。要实现人与海洋和谐共生，则必须以近海和海岸带区域物理、化学、生物、地质等海洋科学多学科交叉研究为前提，坚持认识和经略海洋并重，开发和保护海洋并举，海洋污染防治和生态修复同步，进而实现对海洋资源的科学利用及合理养护，维护海洋再生产能力及绿色发展等。这就需要海岸带科学的有力支撑，如将海洋污染防控与整治科学理论，近岸海域海水和沉积物质量监测，海岸带生物多样性研究，重点海港和海湾的持久性有机污染物迁移转化与潮间带环境质量评价，流域交界区域、海陆交界区域、邻近省市海域交接断面的水质评价，海岸带生态修复等应用于陆海统筹控制中，进而助力我国海岸带生态环境健康安全、资源可持续利用和人类经济社会的科学发展，提升国家综合实力。毋庸置疑，海岸带科学的发展在推动"海上丝绸之路"建设，服务人类命运共同体与海洋生态文明建设，提升我国国际地位等方面将发挥重要作用。

4. 海洋变化预测与防灾减灾

海洋是地球系统的关键组成部分，准确、精细地预测海洋与地球气候系统的变化是科学应对和减缓全球气候变化的关键手段。经济社会可持续发展不仅要求将所有地球系统分量耦合在一起模拟预测大尺度气候信息，也要求能准确预测预报局地的海洋、大气等信息以及无缝隙地预测预报天气气候过程。这要求地球系统模式的解析度从百公里级精细到公里级，物理过程从大尺度平均近似的参数化描述上升到对台风、中小尺度涡旋、海浪破碎等细节性过程的显式描述。这个过程涉及计算数学、物理海洋、海洋生态、海洋生物地球化学、大气科学和计算机科学等多学科之间的交叉融合。同时，海洋预测预报可以从全球和区域海洋发展的战略角度，为决策层进行海洋防灾减灾、海洋环境资源管理以及应对全球变化影响等方面提供科学支撑。当前，海洋与地球系统变化的预测预报将结合人工智能、大数据、超高性能计算，以期提高海洋与地球系统变化的精细化与精准化预测预报。了解海洋动力过程与气候变化是开展地球工程与气候变化治理的关键，通过构建和优化兼顾动态实时与多层立体的海洋环境综合监测体系，如构建遥感卫星、无人机、海面站、岸基站一体的海洋环境立体监控网络体系,发展和提高对海洋极端灾害(如海啸、台风、风暴潮等)和海洋生态灾害的监测预报能力。另外,海洋生物学与其他学科的交叉融合揭示了重要海洋生态过程、阐明了生态灾害的关键生物学机制,开展海洋环境保护和生态修复,不仅可以保障海洋资源的可持续利用和产业的可持续发展,还可以持续改善海洋环境质量,治理海洋环境恶化引起的次生灾害,为建设可持续海洋生态环境和健康海洋及海洋生态文明服务;提高海洋生态灾害监测预报能力,带动和提升"一带一路"沿线国家的海洋生态服务功能,切实保障人民生命财产安全和社会稳定。

三、为新兴产业发展启蒙赋能

1. 海洋科学为国民经济做出重要贡献

党的十八大提出了建设海洋强国的宏伟战略目标,国家从开发海洋资源、发展海洋产业、建设海洋文明和维护海洋权益等多个方面对海洋科学与技术发展提出了更加迫切的需求,进一步发展海洋科学成为建设海洋强国的重要支撑和保障(刘应本和冯梁,2017)。海洋蕴藏着丰富的生物资源、矿产资源和油气能源等,为人类的生存和发展提供必需的战略空间和物质基础。进入21世纪,国家高度重视海洋的发展及其对我国可持续发展和国家安全的战略意义,特别关注海洋在国家经济发展格局和对外开放中的作用(中国科学院海洋领域战略研究组,2009)。但是,目前我们对海洋的了解依旧匮乏,海洋养殖、海洋船舶、海洋交通运输、海洋旅游观光和海洋资源开发等传统行业面临着数百年来厚积而待发的局面。一方面在保护海洋环境的前提下传统产业需朝着增效、增产、减能、减排、降低成本的方向发展;另一方面在海洋科学拓展新领域、发现新现象的同时,催生着新产业的诞生和发展。两个方面的发展均需要海洋科学的同步支撑,特别是新产业的诞生更依赖于海洋科学的先行发展(徐胜和张宁,2018)。

21世纪以来,我国海洋经济总体保持平稳发展,海洋经济实力稳步增强,海洋经济发展带来的民生福祉持续增进,内生动力不断激发,海洋经济发展质量稳步提升,为海洋强国建设提供了强有力支撑。在21世纪的前十年,我国海洋经济保持较高的发展速度，到 2012 年海洋生产总值首次突破 5 万亿元，占当年沿海地区生产总值的 15.9%，涉海就业人员达 3350 万人，占沿海地区就业人员数量的 10%，成为国民经济的重要组成部分和新的增长点。尽管最近几年我国海洋经济规模增速放缓，但是质量有所提高。2019 年，海洋生产总值超过 8.9 万亿元，占沿海地区生产总值的比重超过 17%，对国民经济的贡献持续保持稳定。另外，服务业在海洋经济发展中的引擎和稳定器作用继续增强，第三产业增加值占海洋生产总值的比重已超过 60%（殷克东等，2020）。

在海洋经济快速发展的过程中，产业结构也发生了巨大变化，从构成单一的海洋渔业、海洋盐业等向多样化发展，产业规模迅速扩大。目前，我国海洋经济的主导产业是海洋渔业、海洋油气业、海洋船舶工业、海洋工程建筑业、海洋交通运输业、滨海旅游业、海洋化工业、海洋盐业和海洋矿业。近年来，海洋生物医药业、海洋电力业、海水利用业等新兴产业也得到了迅速发展。海洋科技的长足进步已成为推动海洋经济发展不可或缺的重要因素，特别是海洋探测、海洋运载、海洋能源、海洋生物资源、海洋环境和海陆关联等重要工程技术领域呈现快速发展的局面，科技竞争力明显提高，有力地支撑了海洋产业的发展，推动了海洋经济规模的迅速扩大。

2. 海洋科学推动新兴产业发展与升级

2010 年《国务院关于加快培育和发展战略性新兴产业的决定》提出，加快培育和发展战略性新兴产业是推进产业结构升级、加快经济发展方式转变的重大举措。2018 年中国工程院启动了"新兴产业发展战略研究（2035）"咨询项目，开展面向 2035 年的新兴产业技术预见及产业体系前瞻研究，提出了新一代信息技术产业、生物产业、高端装备制造产业、新材料产业、绿色低碳产业、数字创意产业六个面向 2035 年的战略性新兴产业发展方向。其中，能源、健康食品、海水淡化、矿产、高端装备、陆海关联工程和现代服务等多个方向均与海洋密切相关，将以海洋科学发展作为强力支撑，通过创新成果转化来引领现代海洋产业实现跨越式发展。

海洋渔业是最早的海洋生物资源利用方式，然而传统的生产方式带来的过度捕捞、养殖污染等一系列生态环境问题，使得新型海洋生物资源开发技术和模式的研发势在必行。蓝色海洋食物开发工程，包括海水养殖工程与装备、近海渔业资源养护工程、南极磷虾资源开发与远洋渔业工程、海洋食品质量安全与加工流通工程等，特别是基于生态养殖原理的"海洋牧场"，均需以海洋科学发展为指导。另外，对海洋生物新资源的利用，包括海洋新药和新型海洋生物制品的研发和利用是生物医药产业发展的重要方向。海洋能源生物的开发利用也可作为一种战略能源储备，成为油气资源的替代品。培育海洋新生物产业，增加海洋生物产业对国民经济和社会发展的贡献，是海洋生物产业发展的重要任务。

海洋储藏着丰富的能源和矿产等资源，作为重要替代性来源可有效缓解陆域资源的短缺。2020 年，我国天然气和石油的需求量对外依赖度分别超过 50% 和 70%，大部分金属矿产资源对外依存度超过 50%，这成为我国国民经济发展不可忽视的制约因素。建立在绿色环保基础上的近海稠油、边际油气田等的开发、深海油气勘探与开发、深海天然气水合物目标勘探、资源评价和试采的加速以及海洋可再生能源的综合开发利用，是未来海洋资源产业发展的重要方向。同时，随着海洋资源的开发从浅海走向深海，从近海走向国际海域，其开发的深度和广度不断扩展。其间，海洋科学的发展无疑可为海洋资源开发、保障我国资源安全提供必不可少的工具和手段（郑苗壮等，2013）。

海水的综合利用是近年来应对水资源短缺等问题的新兴产业。在海洋化学和工程技术发展的基础上，我国自主开发了大型海水淡化、海水直接利用、海水化学资源利用的成套技术和装备。推进重要海岛海水淡化工程建设和加快完善相关新兴产业创新体系，建立国家级装备制造基地，优化沿海供水结构，是绿色低碳产业发展的重要组成部分（赵玉杰，2013）。

在高端装备制造产业方向中，高端海洋装备是其核心环节之一。例如，海洋油气开发装备、海洋资源开发装备、海洋环境立体观测装备与技术体系、新型舰船及深海探测等高新技术与装备，通过提升信息化和智能化水平，可满足海洋油气开发和高技术船舶领域的重大工程需求。前瞻性布局新型海洋资源开发装备，完善海洋环境立体观测装备与技术体系，提高海洋工程装备业的综合竞争力，积极发展海洋工程建筑业，带动相关产业的发展，是促进我国从海洋装备大国向海洋装备强国转变的关键（潘云鹤和唐启升，2014）。

在节能环保产业方向中，海洋科学在协调陆海经济与生态文明建设中发挥着不可忽视的作用。海洋生态与环境科学的发展，将为协调沿海地区经济社会发展与海洋资源开发利用、生态环境保护，实现陆海统筹和经济社会可持续发展提供关键理论基础（邬满和文莉莉，2021）。只有通过实施海洋环境和生态工程，构建海洋经济发展与环境保护协调发展的新模式，才能保障海洋资源可持续利用、经济可持续发展和生态环境良好的局面。

世界各海洋发达国家和新兴经济体普遍将海洋作为国家经济与科技发展的战略方向，作为引导未来社会经济发展的重要力量，对海洋领域中具有战略性的新兴产业进行了重点布局。即使是渔业、船舶制造和海洋工程等传统产业，海洋发达国家都已将其推进到绿色、深远海、高技术和规模化的发展阶段，实现了从传统向战略性高技术产业的转变与升级（高峰和王辉，2018）。我国海洋工程与科技的整体水平落后于发达国家的局面在短时间内难以得到根本改变。因此，国家需要以更高的战略定位，将现代海洋产业整体上升为战略性新兴产业，通过进一步集聚资源和力量，全面提高海洋领域的科技发展驱动力，全面推动海洋经济结构升级和现代海洋产业的发展，从而加快海洋工程技术强国建设。

四、为提升综合国力和国际竞争力保驾护航

1. 海洋科学与全民海洋意识

维护国家海洋利益，除了需要舰船等大型装备的硬件支持，还需要有海洋科技和海洋人文社会科学等软实力支持，这就需要加大海洋科学的普及力度，增强全民海洋意识。随着社会经济的发展，资源被快速消耗，人类对海洋供给的依赖程度会越来越高。从某种意义上看，在海洋经济竞争中的成败，将决定一个国家的前途和命运。因此，应增强全社会的海洋意识，唤醒全社会对海洋科学和技术的重视，提高民众的海权意识和海洋保护意识。我国是海洋大国，但长期以来有着重陆轻海的文化传统，我国近代以来海洋科学与技术发展缓慢滞后，公众的海洋意识匮乏。全民的海洋意识是实施海洋强国战略的重要思想基础，必须努力提高全民海洋意识，营造重视海洋、认识海

洋、开发海洋、保护海洋的社会氛围，实现海洋与人类的和谐共生。因此，应将海洋意识教育写入国家海洋政策条例，开展从学校到社会的海洋意识终身教育，弥补海洋文化的历史缺失，进一步增强国民对海洋的理解，从而促进海洋人才培养。此外，若要进一步提升我国综合实力，必须积极借鉴和吸收其他海洋强国建设中显现的优秀经验，服务于我国海洋强国战略。

2. 海洋科学与全球海洋治理

新时期，海上非传统安全威胁、海洋污染、海洋酸化、过度捕捞等全球性海洋危机，给人类社会可持续发展带来严峻挑战。化解全球海洋治理困境，维护人类与海洋和谐共生的关系，就必须确立以对话取代对抗、以双赢取代零和的新理念。实现人类与海洋的共存、共赢，其前提是建立规范人类海洋活动的完善的法规体系，而充分认识海洋及人类活动的影响则是建立该法规体系的前提。2019 年，习近平总书记首次提出"海洋命运共同体"理念，其基本内涵在于世界各国在追求自身海洋利益时，都需要建立在一个确定的制度和规则基础上的、可以为各国所享有的正义感和安全感的价值秩序。

"21 世纪海上丝绸之路"和"冰上丝绸之路"是我国在新时期构建全方位对外开放新格局的重大举措，是在海洋经济活动、海上综合保障等方面对海洋科技领域提出的新命题，同时也给海洋科学发展提供了新机遇。随着这些国家重大战略的实施，我国应加强与沿线国家科研机构之间的合作，结合沿线国家在海洋观测、海洋与海岸带综合管理、海洋生态环境保护、海洋与海岸带灾害预报与应急处置等方面的海洋技术需求，面向沿线国家提供海上公共服务和技术产品，以共同应对非传统安全领域的新挑战，服务国家发展战略，扩大国际影响力。此外，受全球气候变暖影响，北极气候与环境正在发生快速变化，北冰洋冰期缩短导致北极航道可通航的时间增加，北极海域的能源开发被提上议事日程，为人类探索和发展北极提供了新的机遇。为此，中国提出共商共建"冰上丝绸之路"，与俄罗斯等北极国家共同开发北极航道的倡议，这对北极海冰及气候环境变化研究提出了更高的要求。

3. 海洋科学与我国国际影响力

目前，地球上超过 90% 的生物生活在海洋，同时由于海洋在相当长的时期内主导了生物的演化，因此海洋科学的发展对解决生命的起源与演化等重大前沿问题至关重要。我们应针对关键海区开展海洋生物多样性资料和数据收集，选划保护区，加强国际海域海洋遗传资源采探与知识产权的保护。在"国家管辖海域外海洋生物多样性（BBNJ）养护和可持续利用"一揽子议题谈判中，上述研究成果可支撑我国在国际谈判中的立场，以达成《联合国海洋法公约》下第三个具有法律约束力的国际新文书。国家管辖海域外的海洋生物遗传资源及其惠益共享是BBNJ谈判的四大核心议题之一，该国际新协定谈判是当前海洋法领域最重要的国际立法进程，攸关我国海洋遗传资源开发利用和海洋活动空间等战略利益，牵动国际海洋秩序的调整和变革，因此国际社会对谈判予以高度重视。由此可见，海洋科学可以直接服务于全球可持续治理贡献法规体系等创新智库建设，进而提高中国的国际海洋事务话语权。

随着重大国家战略的实施和海洋科技的发展，我国也逐步走向世界海洋舞台的中央。要想扩大我国在海洋领域的国际影响力，需要大力发展全球海洋基础研究的战略科技力量，发起和牵头组织一系列大科学计划，引领世界海洋科技的发展，这是进入国际科学前沿以及提高国家基础研究实力和水平的重要途径。例如，我国当前正积极推进的"透明海洋"大科学计划，围绕我国海洋环境综合感知与认知、资源开发与权益维护等国家重大需要开展研究，提升我国在海洋环境观测预测、海洋权益维护等方面的科研能力和水平，支撑海洋强国建设，为我国在海洋观测探测领域从跟跑、并跑到领跑的转变提供助力。因此，大力推进海洋科学的发展是提高中国在国际海洋事务中话语权的重要前提。

4. 海洋科学与我国综合国力提升

目前，海洋科学已为人类发展提供了海量数据和资料。其中，海洋生物多样性、海洋生态安全大数据的集成、动态发布与交互式应用，可助力政策管理部门加强涉及海洋生物多样性保护、海洋生态灾害防治等政策的制定与实施。海底各类地质图件的系统绘制及其数据、资料积累，为人类的海洋活动提供了基础的海底环境调查研究保障。为此，需要坚持海洋科学的可持续发展，融合创新技术，广泛吸纳地球物理学及其他地球探测技术研究海洋问题，同时将电子、信息、材料、化学、生物等领域技术应用于海洋观测、探测、信息传输等方面。从时间、空间、技术和人类四个维度，致力于推进空、天、海、地、生及人类活动一体化，使海洋科学的产出及成果得以支撑海洋强国建设，维护国家海洋权益，保障海上活动安全，构建海洋信息网络，培育海洋创新智库，辅助国家海洋事务决策，革新人类海洋资源格局与经济发展模式，领导海洋法规体系和生态文明建设，协调和平利用海洋资源与空间。未来应大力发展海洋科技，围绕海洋工程、海洋资源、海洋环境等领域突破一批关键核心技术，加速积累海洋原创知识和关键先进技术，建设海洋强国，维护国际海洋秩序，提升我国在国际海洋及极地事务中的话语权和影响力，进而领导创建全球海洋治理体系，为人类有能力在海洋获得更大的生存资源与空间做出重要贡献。

总而言之，发展海洋科学是保护海洋环境、监测预报海洋灾害、开发海洋资源、维护海洋权益和保障海上安全的前提与基石。经略海洋，从近海走向深远海是建设海洋强国的关键步骤。在国家"十四五"规划中明确提出要"积极拓展海洋经济发展空间"，协同推进海洋生态保护、海洋经济发展和海洋权益维护，海洋科学和技术发展将在构建海洋产业体系、建设可持续海洋生态环境、参与全球海洋治理等方面发挥关键推动作用，对提升我国综合国力和国际竞争力至关重要。因此，保护海洋环境、和平适度利用海洋空间和资源，多层次、多维度开展海洋科学调查研究，是未来相当长的时期内海洋领域的主旋律。在此基础上，了解海洋地球系统，掌握关键数据和资料，完善、制定海洋法规，不仅可为维护国家的海洋权益、保障海上安全提供科学屏障，也是人类在海洋领域共同发展的必由之路。

本章参考文献

高峰，王辉. 2018. 国际组织与主要国家海洋科技战略. 北京：海洋出版社.

高峰，王辉，王凡，等. 2018. 国际海洋科学技术未来战略部署. 世界科技研究与发展，40(3):113-125.

葛运国 . 1984. "阿特兰蒂斯Ⅱ"号成为"阿尔文"号深潜器的母船 . 海洋技术 , (3):6.

国家自然科学基金委员会 , 中国科学院 . 2012. 未来 10 年中国学科发展战略·海洋科学 . 北京 : 科学出版社 .

韩毅 . 2009. 海洋沉积物研究 : 数据聚焦分析 . 科学观察 , 4(6):32-37.

侯保荣 , 等 . 2017. 中国腐蚀成本 . 北京 : 科学出版社 .

劳伦斯·贝尔格林 . 2022. 海洋征服者与新航路 : 哥伦布的四次航行 . 北京 : 新世界出版社 .

李晓东 . 1999. 信息革命与世界信息化 . 中国社会科学院研究生院学报 , (4):19-25.

梁前进 , 邴杰 , 张根发 . 2009. 达尔文——科学进化论的奠基者 . 遗传 , 31(12):1171-1176.

刘应本 , 冯梁 . 2017. 中国特色海洋强国理论与实践研究 . 南京 : 南京大学出版社 .

刘云 , 周文能 , 邹立尧 , 等 . 2003. 基础科学研究前沿领域的国际大科学研究计划 . 中国基础科学 , (5):40-46.

倪国江 , 韩立民 . 2008. 世界海洋科学研究进展与前景展望 . 太平洋学报 , (12):78-84.

潘云鹤 , 唐启升 . 2014. 中国海洋工程与科技发展战略研究 : 综合研究卷 . 北京 : 海洋出版社 .

沈建忠 . 1998. 大洋钻探计划的最新动态 . 地球科学进展 , 13(6):582-587.

沈锡昌 . 1989. DSDP 与 IPOD 的航次、海区及孔号的分布 . 地质科学译丛 , (3):95-96.

史晓琪 . 2016. 中国海洋强国战略视阈下的海洋科技立法思考 . 世界海运 , 39(3):43-49.

孙洁 . 2011. 麦哲伦的环球之旅 . 海洋世界 , (7):30-31.

汪品先 , 田军 , 黄恩清 , 等 . 2018. 地球系统与演变 . 北京 : 科学出版社 .

王修林 , 王辉 , 范德江 . 2008. 中国海洋科学发展战略研究 . 北京 : 海洋出版社 .

邬满 , 文莉莉 . 2021. 国内外海洋经济发展经验与趋势分析 . 中国国土资源 , 34(10):60-66.

武心尧 , 孙孚 , 高艳 . 1996. 海洋科学的发展与人才培养 . 教学与教材研究 , (4):24-26.

徐胜 , 张宁 . 2018. 世界海洋经济发展分析 . 中国海洋经济 , (2):203-224.

许娟 . 2020. 郑和下西洋与中国海事 . 中国海事 , (10):77-78.

杨昆 , 施平 , 王东晓 , 等 . 2000. 冬季南海北部中尺度涡旋的数值研究 . 海洋学报 (中文版), 22(1):27-34.

殷克东 , 李雪梅 , 关洪军 , 等 . 2020. 海洋经济蓝皮书 : 中国海洋经济发展报告 (2019 ～ 2020). 北京 : 社会科学文献出版社 .

于仁成 , 刘东艳 . 2016. 我国近海藻华灾害现状、演变趋势与应对策略 . 中国科学院院刊 , 31(10):1167-1174.

曾志刚 . 2011. 海底热液地质学 . 北京 : 科学出版社 .

张箭 . 2004.《地理大发现研究》自评与杂说 . 史学理论研究 , (2):152-157.

张志刚, 张磊. 2006. 卫星遥感在海洋调查中的应用. 海军大连舰艇学院学报, 29(3):49-51.

张中伟. 2004. 地球科学文化与文艺复兴. 国土资源, (8):33-35.

赵文津. 2009. 大陆漂移, 板块构造, 地质力学. 地球学报, 30(6):717-731.

赵玉杰. 2013. 我国海水综合利用产业发展战略研究. 海洋开发与管理, 30(9):41-44.

郑苗壮, 刘岩, 李明杰, 等. 2013. 我国海洋资源开发利用现状及趋势. 海洋开发与管理, (12):13-16.

中国科学院海洋领域战略研究组. 2009. 中国至 2050 年海洋科技发展路线图. 北京: 科学出版社.

周友光. 1985. "第二次工业革命"浅论. 武汉大学学报(社会科学版), (5):103-108.

朱伯康, 许建平. 2001. 热带太平洋海域的 Argo 浮标计划. 海洋技术, 20(3):6-8.

Achim K, Angelo C, Miquel C, et al. 2012. The Deep-Sea and Sub-Seafloor Frontier Project. Germany:European Commission.

Anderson R F, Mawji E, Cutter G A, et al. 2014. Geotraces. Oceanography, 27(1):50-61.

Broecker W. 2010. The Great Ocean Conveyor:Discovering the Trigger for Abrupt Climate Change. Oxford:Princeton University Press.

Department for Environment, Food & Rural Affairs, UK. 2010. UK Marine Science Strategy. https://www.gov.uk/government/publications/uk-marine-science-strategy-2010-to-2025〔2022-09-23〕.

Department of Energy and Climate Change, UK. 2010. Marine Energy Aciton Plan 2010. http://www.decc.gov.uk/en/content/cms/meeting_energy/wave_tidal/funding/marine_action/marine_action.aspx[2022-09-23].

ERA-MBT. 2016. The Marine Biotechnology Research and Innovation Roadmap.

European Marine Board. 2013. Navigating the Future IV. https://www.mendeley.com/catalogue/ce21c3b3-6732-346c-8fde-c239a9ae6bca/[2022-09-23].

European Marine Board. 2015. Delving Deeper:Critical Challenges for 21st Century Deep-Sea Research.

European Science Foundation. 2010. Marine Renewable Energy:Research Challenges and Opportunities for a New Energy Era in Europe.

IOC/UNESCO, IMO, FAO, et al. 2011. A Blueprint for Ocean and Coastal Sustainability.

IODP. 2011. The International Ocean Discovery Program Science Plan for 2013-2023.

Kennett J P. 1981. Marine Geology. Upper Saddle River:Prentice Hall.

Koppers A A P, Coggon R. 2020. Exploring Earth by Scientific Ocean Drilling:2050 Science Framework.

Marine Management Organisation, UK. 2013. Draft East Inshore and East Offshore Marine Plans.

National Ocean Council. 2012. Draft National Ocean Policy Implementation Plan.

National Research Council. 2011. Critical Infrastructure for Ocean Research and Societal Needs in 2030.

National Research Council. 2015. Sea Changes:2015-2025 Decadal Survey of Ocean Sciences.

NOAA. 2005. NOAA Undersea Research Program, NURP.

NOAA. 2007. National Centers for Coastal Ocean Science Human Dimensions Stategic Plan FY 2009-2014.

NOAA. 2010. NOAA's Next-Generation Strategic Plan Version 4.0.

NOAA. 2011. NOAA's Arctic Vision & Srategy.

NOC. 2010. Taking the Lead—The Strategic Priorities of the National Oceanography Centre.

ORECCA. 2011. EU offshore Renewable Energy Roadmap. http://www.orecca.eu/roadmap[2022-09-23].

Pi X, Zhao S H, Wang W D, et al. 2019. The pigment-protein network of a diatom photosystem II—light-harvesting antenna supercomplex. Science, 365(6452):463.

Qineti Q, Register L. 2015. Global Marine Technology Trends 2030.

Research Councils UK. 2010. The Draft 2010 RCUK Large Facilities Roadmap.

Rozwadowski H M. 2001. History of ocean sciences. Encyclopedia of Ocean Sciences, 2:1206-1210.

Ryabinin V, Barbiere J, Haugen P, et al. 2019. The UN decade of Ocean Sciences for sustainable development. Frontiers in Marine Science, 6: 470.

Sabine C L, Feely R A, Gruber N, et al. 2004. The oceanic sink for anthropogenic CO_2. Science, 305(5682): 367-371.

Seibold E, Berger W. 2017. The Sea Floor:an Introduction to Marine Geology. Berlin: Springer.

Shepard F P. 1973. Submarine Geology. New York: Harper & Row Press.

Siedler G, Griffies S M, Gould J, et al. 2013. Ocean Circulation and Climate:A 21st Century Perspective. Amsterdam:Elsevier.

Sverdrup H U, Johnson M W, Fleming R H. 1942. The Oceans:Their Physics, Chemistry and General Biology. Upper Saddle River:Prentice-Hall.

Takahashi T, Sutherland S C, Wanninkhof R, et al. 2009. Climatological mean and decadal change in surface ocean pCO_2, and net sea–air CO_2 flux over the global oceans. Deep Sea Research Part II:Topical Studies in Oceanography, 56(8-10):554-577.

UNESCO. 2017. Global Ocean Science Report:The Current Status of Ocean Science around the World. https://aquadocs. org/handle/1834/9719[2022-09-23].

Virdin J, Vegh T, Jouffray J B, et al.2021. The Ocean 100:Transnational corporations in the ocean economy. Science Advances, 7(3):eabc8041.

Williamson P, Smythe-Wright D, Burkill P. 2015. Future of the Ocean and Its Seas:A Non-governmental Scientific Perspective on Seven Marine Research Issues of G7 Interest.

第二章

发展规律与研究特点

海洋科学是研究海洋的自然现象、性质及其变化规律，以及与综合开发利用海洋有关的知识体系。它的研究对象是占地球表面71%的海洋，包括海水、溶解和悬浮于海水中的物质、生活于海洋中的生物、海底沉积和海底岩石圈，以及海面上的大气边界层和河口海岸带等，也包括与海洋管理和海洋技术相关的交叉科学。因此，海洋科学是地球科学的重要组成部分。

海洋科学作为一门学科，其发展历史并不长，尚处于快速发展期，但其内在学科发展动力相当强劲，这不但源于人类认识自然的需求，而且源于当今社会、经济、军事发展对海洋及其空间和环境资源的需求。随着当今社会对全球化需求和全球变化关注的与日俱增，海洋科学研究的重要地位更是上升到前所未有的高度。国家需求是海洋科学发展的重要动力、观测是海洋科学发展的核心基础，是学科向前推进的动力来源。同时，技术的进步推进了海洋科学的迅速发展。

海洋学科发展不是单一研究范式下的单一学科发展，而是涉及多学科、跨行业领域共同支撑的学科发展。海洋科学研究内容和方法趋向多学科交叉、渗透和综合，研究方式趋向全球化和国际化，研究手段趋向高新技术，并向全覆盖、立体化、自动化和信息化方向发展。本章从学科角度，阐述了海洋科学与工程科学、信息科学、空间科学的交叉，介绍了计算机（信息）技术、机器人技术、电子、通信、材料、制造等多个行业领域对海洋科学的影响，阐明了海洋科学与人文、环境、生态、政策制定、管理等方面的关系。同时，围绕经济发展、资源开发、环境健康、国防安全等国家需求，阐述了海洋科学成果转移转化的必要性。通过归类总结，在"海洋科学在海洋安全与权益维护中的应用""海洋科学成果在海上工程、航道安全、渔业生产、资源开发中的应用""海洋科学成果在应对气候变化、防灾减灾中的应用"三个方面展开论述，形成态势评估。

随着研究的深入，海洋科学呈现出综合性、多学科性和交叉性的特点。海洋科学的性质决定了对人才要求的特点，我国必须培养一批具有全球视野和国际竞争力，具有多学科交叉背景以及兼备理论、模拟和观测能力的新型人才。本章介绍了海洋学科特点，参考了来自教育系统、中国科学院和部委的人才培养计划，并纳入了国际主要教育和研究机构调研材料，从科学发展的战略角度，制订海洋科技人才培养体系，对现有培养模式提出改革建议。

第一节　学科定义与内涵

海洋科学是研究海洋的自然现象、性质及其变化规律，以及与综合开发利用海洋有关的知识体系。海洋科学是地球科学的重要组成部分。本节依据国家自然科学基金委员会、科学技术部、中国科学院、教育部等对海洋科学的定义，参考国际主流研究机构，体现海洋科学是地球科学的一支，属于基础科学和应用科学范畴。学科分支条目按照国家自然科学基金委员会项目指南 D6 海洋科学，微调或添加条目。

一、研究对象

海洋科学是研究海洋的状态、性质、结构、过程等自然现象及其变化规律，以及海洋与大气圈、岩石圈、生物圈、冰冻圈、土壤沉积圈等相互作用，或者与海洋综合开发、利用、保护有关的知识体系。它的研究对象是占地球表面 71%、平均深度约 3700m 的海洋，包括海水及其声光电磁物理属性、溶解和悬浮于海水中的物质、生活于海洋中的生物、海底沉积和海底岩石圈，以及海面上的大气边界层、极地冰冻圈海洋和河口、海岸带等，也包括与海洋管理和海洋技术相关的交叉科学。

海洋科学是地球科学的重要组成部分，具有非常强的综合性，属于基础科学和应用科学范畴。海洋科学的发展传统上受自然科学学科规律的约束，当前则受到重大社会需求的牵引，呈现出跨学科、跨领域的交叉态势；以物理、化学、生物、地质等为主导的学科研究属性，受到资源、能源、材料、环境、灾害、气候、信息、经济、国防、交通甚至医药卫生、文化外交等领域强大需求的推动，日益与工程技术、空间遥感、高端设备、新型材料、人工智能等相互结合，从而极大地扩充了海洋科学的范畴，丰富了海洋科学的内涵。

在当今世界，海洋科学的水平已经成为国家科学技术水平和国家综合实力的主要标志之一，属于事关国家安全的战略科学。

二、研究特点

海洋是地球的一部分，是生命的起源地，是人类生存、生活的重要的不可或缺的空间。海洋的自然属性和社会属性是海洋科学研究的主体。海洋水体及其理化属性存在性质、形态、组成及运动等诸多方面的特征、过程及变化，并与各界面圈层耦合在一起发生相互作用，彼此间通过多种形态的物质和能量循环结合在一起，构成一个具有全球规模多圈层多时空尺度的海洋系统，并对人类社会产生诸多影响，从而造成海洋科学研究复杂且意义重大。

海洋科学以海上的现场观测和采样分析为基础，并通过室内的实验、模拟、分析以及理论研究形成系统的学术思想、理论框架和学科构架。现场观测数据的积累依赖于船舶航次的数据采集、海上立体观测和监测网络的长期运行，以及空天遥感的持续信息获取。观测技术的革新是海洋突破性发展的主要因素之一。全球海洋大部分海域水深超过 4000m。在深海，高压、低温、缺氧给直接观测带来巨大的影响，人类无法直接进入深海进行观测，仪器的观测也存在许多困难。在海洋上层，海水运动不息，不同区域差异明显，时刻动态变化的海洋无法通过定点或零散的观测来获得包括多种理化和生地参数的全域信息。在极地海洋，严寒、风暴、巨浪及极夜等严酷的自然条件极大地束缚着对该海域的了解。海洋的自然属性决定了只能通过广泛布设的海洋观测仪器和技术设备进行长期的观测和监测，以此取得所需要的大量海洋资料，以推动海洋科学的发展并满足社会各行业领域的需求。

近 60 年来，新的海洋观测技术、实验观测仪器、海上装备获得了极大的发展，海洋的观察范围、观测精度、观测参数进入了新的阶段，同时超级计算机的发展使得数据处理、分析和应用的能力也获得量级的提升。在物理海洋学和海洋环境方面，浮标观测、空天遥感和计算技术的应用，促成了关于海洋气候变化、海洋环流、中尺度涡旋、锋区、上升流、内波、海洋初级生产力和海洋表面过程，包括污染扩散等理论和数值模型的建立。在海洋地质学和海洋化学方面，回声测深、深海钻探、海底深潜、放射性同位素和古地磁的年龄测定、海底地震和地热测量等新技术的兴起与发展，对海底扩张说和板块构造说、海洋成矿理论、冷泉热液形成理论的建立做出了重要贡献。上述技术还直接或者间接促进了众多新生物种群、物种和活性物质的发现，以及珊瑚礁生态系统、深海生态系统理论的发展。

海洋科学研究要求数据具有长时间、高精度、高分辨率，以及区域甚至全球的空间覆盖率，这使得对海洋进行全面系统的观测需要付出巨大的技术成本、资金成本和人力成本。当前，单一的学术团体和社会经济体都无法支撑海洋科学的发展，国家和大型经济体是推动海洋科学发展的主要力量。自20 世纪 60 年代，早期的海洋科学国际合作通过联合制订并执行各种海洋科学调查研究方案，获得海洋观测数据，了解海洋的自然规律；而最近 20 多年，在联合获得观测能力和观测数据的基础上，国际海洋科学组织已经开始逐步运用科学的成果开发、利用、保护人类共有的海洋资源和海洋空间。作为大科学的海洋科学研究已经离不开国际合作和交流。

三、学科分支

传统上，海洋科学有四个分支学科：物理海洋学、海洋化学、海洋生物学和海洋地质学，这是在传统的数学、物理学、化学、生物学和地质学的基础上发展而来的。近 60 年来，随着人们对海洋的了解及需求日益增多，海洋科学的学科分支已经突破传统的学科框架，涌现出诸多新的学科分支，呈现以社会需求和重大地学问题为引导的新的学科特点。

1. 物理海洋学与海洋数值模式

海水运动是海洋所有过程中最基本的过程。物理海洋学以海洋的温度、盐度、密度三维结构及海水运动为基本研究内容，包括海洋中物质与能量输运，海洋物理过程与生物地球化学过程之间的相互作用，以及与大气及其他地球圈层之间的相互作用。描述性物理海洋学提供了物理海洋学的入门知识，系统性认识海水的物理特性、海水质量、盐度和热量的收支，不同大洋中的海洋水团分布和环流状况，如影响全球天气和气候的厄尔尼诺现象，以及和人类生活最密切相关的近岸海洋（沿岸上升流、海湾环流和潮汐、珊瑚礁等）。区域海洋学主要针对边缘海海盆，以中小尺度的近岸海洋动力学为理论基础，以发生在大陆架及河口地区的海洋动力过程为主要内容。除了基本的海洋波动理论以外，还特别关注沿岸陷波、潮汐理论、调和分析及潮汐预报，潮汐对河口环流、泥沙运动的影响，近海区域的风暴潮，沿岸风生环流如埃克曼输送、离岸流等。

物理海洋学最经典的内容是大尺度海洋动力学。从简单的斯维德鲁普理论到大洋西边界流理论，从大洋环流均质模型到斜压准地转模型，从风生环流到热盐环流理论都是大尺度海洋动力学的重要内容。其中，赤道波动动力学、通风温跃层理论和大洋深水环流理论也是不同时间尺度不同区域海洋–大气相互作用的核心组成。热带海气相互作用目前最重要的是理解 ENSO 的延迟振荡理论，热带外海气相互作用研究包括大气随机强迫与中纬度罗斯贝波海盆模态，高纬度海气相互作用研究包括海冰热力学和动力学以及与热盐环流的相互作用等。

海洋数值模式是根据描述海洋流体运动和物理状态的动力学与热力学方程组，考虑合适的物理过程，依据计算数学对这些方程进行离散化，利用计算机进行大规模计算的数学物理模型。海洋数值模式比较主流的计算方法有中央差分法、有限体积法和有限元法。海洋数值模式通常可分为研究型模式和业务化模式。海洋数值模式是地球系统模式中的一个重要组成部分，它主要控制着地球系统模拟中的慢变过程，对于整个地球系统模式的稳定性、海－陆－气相互作用、能量交换和输运起着重要的调制作用。目前，地球系统模式中耦合海洋数值模式的挑战在于，如何构建海陆气多变量全耦合系统，并保证其能量平衡。由于地球系统模式各模式分量在网格类型、时间和空间尺度、误差控制方法等方面存在差异，计算误差将会随着耦合系统在各子模式中传递，并且误差有可能会受多变量之间的正反馈作用影响，随着时间积分而逐渐增大，导致系统模式崩溃。如何保证各模式分量的能量平衡和控制模式耦合所产生的误差增大，是地球系统模式发展亟待解决的挑战之一。

2. 海洋化学

海洋化学是一门交叉学科，主要研究海水、海洋生物和海底沉积物等海洋环境中化学物质和元素的存在形式、分布特征、来源和迁移转化过程。这些过程与洋流、气候、海洋动植物的存在形式和状态等紧密相关，并且受到与大气圈、冰冻圈、陆地和地幔等圈层之间物质交换的影响。海洋化学目前重要的研究范畴包括海水的化学组成、pH、盐度、海－气界面交换、海水中的溶解气（如溶解氧）、海水和沉积物的氧化还原状态与有机质保存、海洋碳循环、洋中脊热液系统的化学过程、营养元素的生物地球化学循环、海水中有机物和海洋生产力变化，以及海洋微量元素和污染物质的来源、转化、迁移及对海洋生态环境的影响等。随着人类活动对气候变化的影响增加，海洋酸化和海水中的污染物等问题也越来越受到关注。

3. 海洋地质学与地球物理学

海洋地质学是研究被海水所覆盖的地球岩石圈在时间和空间上的变化规律及其与相关地球圈层（水圈、生物圈、大气圈）相互作用的科学。研究内容涵盖海洋地理学、海洋地球物理学、海洋地球化学、海洋沉积学和古海洋学。海洋地理学研究人类和海洋物理环境的社会与经济关系；海洋地球物理学通过重力、磁力及地震等手段研究海底岩石圈的物理性质；海洋地球化学研究海底岩石圈、生物圈和水圈的元素通量、分配和迁移方式；海洋沉积学研究海洋沉积物物理性质和沉积过程；古海洋学研究地质历史时期海洋的动力环境、化学环境、生物和生态以及地质过程的演化历史。

4. 海洋生物学与海洋生物资源

海洋是生命的发源地,具有极其丰富的生物资源。海洋生物学是地球自然过程研究的基础之一,主要研究海洋中生命的起源和演化,包括海洋生物的分类和分布、发育和生理、生化和遗传特征,特别是海洋生态过程与海洋生物的起源与演化。其目的是阐明生命的本质,研究海洋生物的特点、习性及其与海洋环境间的相互关系,探究海洋中发生的各种生物学现象及其变化规律,进而利用这些规律为人类生活和生产服务。随着人类社会的发展,海洋生物资源逐渐减少,如何对其进行正确评估和保护,成为国际关注的热点之一。海洋生物学的研究手段与海洋遥感、海洋生态学、环境科学及海洋工程等多学科存在交叉,这些学科的相互补充将成为海洋生物学研究的重要趋势之一。

5. 海洋生态学与可持续发展

海洋生态学是海洋科学的重要组成部分,它运用现代系统科学的原理和分析方法,研究海洋生物系统与环境系统相互关系、相互作用的各种生态过程,聚焦驱动海洋生态系统结构与功能变化的关键物理和化学过程、生物之间及生物与环境之间的相互作用,揭示海洋生物群落的自然组合特点和规律以及与海洋环境的关系,为海洋生物保护、资源开发利用、生态系统健康安全提供科学依据,是海洋科学体系中一门新兴的综合性前沿学科。

可持续发展是一个生态学概念,是从生态学提出来的一种新的社会经济发展模式。在现今这个科技高度发达的时代,人类已将海洋视为发展的新兴基地,但同时人类也给海洋带来了严重的生态破坏。我国政府已将可持续发展政策落实到社会发展的各个方面,而海洋生态学为人类合理开发利用海洋资源提供了科学依据,我国海洋的可持续开发利用将在海洋生态学的科学支撑下得以成为现实。

6. 河口海岸学

河口海岸学是研究海洋与陆地界面过程的海洋科学分支学科。河口海岸是陆地与海洋之间的最大界面。该区域以海岸线为基线,包括河口、海湾、浅海等近岸海洋水体和滨海湿地、海岛及受海洋显著影响的部分陆地区域。该区域一方面资源丰富,界面过程复杂,物理、化学、生物及地质过程交织耦合，生态环境脆弱，海洋灾害频繁，是全球变化最敏感的区域之一；另一方面沉积记录丰富，蕴涵全球环境变化的信息。因此，研究河口海岸带陆海相互作用及其对环境的影响与调控机制，对于认识全球气候环境变化和人类社会的可持续发展具有十分重要的意义。河口海岸学重点研究内容包括以下四个方面：人类活动过程与全球气候变化共同作用下的海岸系统状态转换，浅水和极浅水环境中的观测监测新技术、新物理模型、动力学与大数据融合的数值模拟技术，流域－河口－海岸－陆架融合的生态系统动力学，大河三角洲、大湾区、极地海岸等区域河口海岸学。

7. 海洋遥感和声学探测技术

海洋遥感（或称遥感海洋学）是利用传感器在航天、航空或海上平台对海洋和海岸带进行的非接触式探测和研究，具有大范围、全天时、全天候、成像观测的独特优势，是全球海洋立体观测系统的重要组成。广义上海洋遥感同时包括以电磁波为载体和以声波为载体的两大遥感技术，狭义上通常仅为前者。根据搭载平台的不同，可分为卫星遥感、航空遥感和地基遥感；根据探测所用的电磁波波长，可分为光学遥感（又称水色遥感）、红外遥感和微波遥感。海洋遥感主要包含遥感机理、算法模型和海洋学应用三大研究领域。遥感机理研究主要是构建完备的海洋－大气介质系统辐射传输模型，发展海洋遥感探测的新理论、新技术、新方法。算法模型研究主要包括发展高精度的海洋水体环境、海岸带地物遥感反演算法或识别模型，如水色遥感中的大气校正、水体物质组分定量化反演、生态灾害（赤潮、溢油等）遥感识别，微波遥感中的海面风、浪、流反演等。海洋学应用研究则是利用遥感观测数据，从遥感宏观、高时空分辨率、长时序观测的独特视角，认识海洋和海岸带的现象、过程和变化规律。

声学海洋学是利用天然或者人工声学信号遥测海洋物理现象、动力过程、生物物种、生物行为等的交叉学科。根据声学信号频带范围可分为高频的传统声学海洋学（>500 Hz）与低频的反射地震海洋学（<150 Hz）。传统声学海洋学通过反推海洋声学信号的传播过程，不仅可识别海洋中诸如气泡悬浮颗粒、海底沉船、海底泄漏等物理现象，以及浮游生物、鱼类、哺乳动物等生物活动的分布特征，还可研究海洋内波、锋面、海流、涡旋、温度变化等物

理海洋过程。反射地震海洋学通过人工声学信号获得水体层结的温盐精细结构与时变过程，对海洋中诸如涡旋、涡丝、锋面、内波、湍流等多种尺度的物理海洋现象进行观测和研究。相对传统物理海洋观测，反射地震海洋学具有高效率、高横向分辨率、全深度探测的优势。

8. 海洋物理学和观测技术

海洋物理学是以物理学的理论、技术和方法研究发生于海洋中的各种物理现象及其变化规律的学科。这门学科主要包括物理海洋学、海洋气象学、海洋声学、海洋光学、海洋电磁学、河口海岸带动力学等，主要研究海水的各种运动（如海流、潮汐、波浪、内波、行星波、湍流和海水层的微结构等），海洋与大气圈和岩石圈的相互作用规律，海洋中声、光、电的现象和过程，以及有关海洋观测的各种物理学方法。海洋物理学是海洋科学的一个重要分支，与大气科学、海洋化学、海洋地质学、海洋生物学有密切的关系，在海洋运输、资源开发、环境保护、军事活动、海岸设施和海底工程等方面有重要的应用。

海洋技术是实现海洋系统和海洋工程的使能技术，其应用面广、具有多学科交叉特性。而海洋科学是一门实验科学，是一门建立在海洋观测基础上的科学。因此，在海洋科学发展这一语境下的海洋技术，事实上就是海洋观测技术。海洋观测技术由三部分组成：海洋传感技术、海洋观测平台技术和海洋观测数据处理技术。传统的海洋物理学（声、光、电、磁等）则是传感技术的基础。海洋观测平台技术包括水面科考船、无人 / 载人潜水器、海洋卫星、浮（潜）标、海底观测网络（站）等。随着观测数据日益增多，以超算、人工智能（artificial intelligence，AI）、大数据等为基础的观测数据处理，成为海洋观测技术日趋重要的组成部分。

9. 海洋数据科学与信息系统

海洋数据科学与信息系统包含海洋信息技术、海洋数据科学、海洋信息系统、海洋大数据、海洋人工智能应用等海洋信息科学，是研究海洋信息运动规律和应用方法的科学，是由海洋信息技术、海洋数据科学、海洋信息系统相互渗透、相互结合而成的一门新兴综合性学科。该学科既包含人类社会用于认识海洋、开发海洋、经略海洋的信息，又包含海洋信息探测与采集、海洋信息传播与组网、海洋信息处理与融合、海洋信息应用服务等方向的内容，并负责海洋科学数据的收集、存储和管理。其主要目标是开展海洋空间基础设施建设，大力推进我国海洋信息化和海洋信息共享进程；建立我国中比例尺海洋基础地理信息系统，提高我国海洋基础信息利用程度和应用水平；应用高科技信息技术，开发出一批科技含量高、应用目标明确且极具推广价值的海洋信息可视化服务产品。

10. 海洋系统与全球变化

海洋系统与全球变化主要是从海洋系统的视角研究全球气候变化的特征、过程和机理，认识海洋在全球气候变化中的整合与主导作用，提升预测全球气候变化的水平。

首先，这门学科从海洋系统的角度出发，通过观测分析海洋的热含量、动量、水和碳等物质含量的变化，认识海洋自身的物理、生物、地球化学过程对外部系统的变化和强迫作用的响应与反馈机制。此处的外部强迫主要指气候系统其他圈层变化形成的对海洋的影响，既包括整个气候系统的外部强迫，也包括气候系统内部的相互作用。核心是明确海洋的容量对气候系统各圈层变化的整合作用，以及海洋的动力过程如何通过对热量、水和碳等物质的存储、输运和分配调制气候变化，并主导气候系统在年代际、百年与千年时间尺度上的变异。

其次，这门学科是从海洋系统与气候系统其他圈层相互作用的视角，认识海洋与大气、陆地、生物圈和冰冻圈等气候系统内其他圈层之间相互作用的动力学机制与演变规律，探索这种相互作用过程在人类活动产生的温室气体和气溶胶排放、火山爆发等自然过程产生的气溶胶排放、太阳活动形成的辐射强迫变化等外部强迫条件下的变异与响应机制。通过观测分析海洋与其他圈层之间的通量与变化过程，研究海洋与气候系统各圈层之间的能量物质交换机制及其对整个气候系统的影响作用，提升全球变化的预测能力。

11. 海洋工程与环境效应及海洋工程设施防护科学

海洋环境具有自己的特点。海洋处于生物圈的最低位置，所容纳的废弃物无法排往他处。海洋之间彼此连成一片，相互沟通，都在以极快的速度蓄积污染物。凡是对人类最重要的水域——表层海水、沿岸海域、江河出口，往往都最先受到污染。海洋污染在某种意义上说，比河流、湖泊和大气污染更具有广泛性和复杂性，因为它具有污染源广、持续性强、危害性大和扩散范围不易控制的特征。

鉴于上述特点，海洋工程与环境效应学科应及海洋工程流体力学（海洋工程水文学）、海洋工程岩土力学、应用海洋学等学科交叉，主要研究：①海洋工程对海洋环境及全球变化的影响规律，如温室效应、臭氧层空洞等对海洋环境的影响，海洋对全球环境变化的调控作用；②海洋工程对海洋净化各种污染物的过程、机制和能力，为合理利用海洋自净能力提供科学依据；③海洋工程与海洋生态系统之间的关系，通过保护海洋生物多样性、保护海洋生态系统的健康，使海洋生物资源得以持续开发利用；④揭示海洋工程对海洋环境变化作用以及对人类本身的影响，保护占地球表面 71% 的海洋是维护生物圈、维持生命系统的重要内容；⑤研究海洋污染的综合工程防治技术和管理措施等。世界海洋彼此相连，因此必须加强环境海洋学研究和海洋环境保护的国际合作。随着沿海地区经济建设的发展，以及开发利用海洋事业的不断深入，海洋工程与环境效应学科的研究领域和内容将不断扩大和深化。

海洋工程设施是保障海上活动的重要硬件支持，海洋工程设施安全是关系国家海洋科学研究与经济发展的重要学科。海洋环境是特殊的腐蚀侵害环境，海洋大气中湿度高、盐度大、紫外辐射强，同时海水环境中盐分高、生物活性高、潮汐洋流冲刷磨蚀显著，造成严重的海洋腐蚀与生物污损问题，威胁海洋工程设施的服役安全。

鉴于以上特点，海洋工程设施防护科学是研究海洋环境对工程材料的侵害特征、过程与机理，并发展针对性防护技术的新兴综合性学科。海洋工程设施防护科学是与材料学、化学、生物学、环境科学高度交叉的学科，旨在为保障人类海洋资源开发和海洋经济建设等活动提供重要基础。海洋工程设施防护科学的主要目标为明确海洋腐蚀环境的物理、化学与生物因子对工程材料的腐蚀劣化规律，研究明确海洋工程设施的生物附着与生物污损规律；发展长效耐蚀材料、绿色环保的防腐防污材料及控制技术，建立海洋环境腐蚀大数据，发展工程设施的腐蚀监测、检测、寿命预测和服役寿命预警技术，搭建海洋腐蚀环境模拟装置，为各类海洋工程设施腐蚀安全提供技术支撑，为海洋经济发展保驾护航。

12. 海洋灾害与防灾减灾

海洋灾害指的是海洋自然环境发生异常或激烈变化，导致在海上或海岸发生的灾害。海洋灾害主要指风暴潮灾害、海浪灾害、海冰灾害、海雾灾害、飓风灾害、地震海啸灾害及赤潮、海水入侵、溢油灾害等突发性的自然灾害。受全球气候转暖、极端气候事件增多以及人类对沿海地区开发加快等因素的影响，各类海洋灾害频发。我国是一个海洋大国，作为世界上遭受海洋灾害最严重的国家之一，我国沿海地区各类海洋灾害发生的频率和灾度呈不断加大的趋势，我国海洋防灾减灾工作面临越来越大的压力和挑战。随着沿海经济发展的需要，抗御潮灾已是保障未来发展的一项重要战略任务。

防灾减灾手段和技术的研究有利于进一步增强国家对海洋灾害风险的防范能力，有利于深入推进各级政府综合减灾能力建设。科研是海洋防灾减灾的科技支撑，只有不断加强海洋科研部门与政府管理部门的紧密联系，促进科研与城市管理的结合，才能使科研单位更好地为地方经济建设服务，以减少海洋灾害造成的人员和经济损失。

13. 海洋能源与资源利用

海洋能源通常指海洋中所蕴藏的可再生的自然能源，主要为潮汐能、波浪能、海流能（潮流能）、海水温差能和海水盐差能。更广义的海洋能源还包括海洋上空的风能、海洋表面的太阳能、海洋生物质能等。按储存形式又可分为机械能、热能和化学能。其中，潮汐能、海流能和波浪能为机械能，海水温差能为热能，海水盐差能为化学能。海洋能是一种具有巨大能量的可再生能源，而且清洁无污染，但地域性强、能量密度低。海洋资源是指赋存于海洋环境中可以被人类利用的物质和能量以及与海洋开发有关的海洋空间。海洋资源按其属性可分为海洋生物资源、海底矿产资源、海水资源、海洋能与海洋空间资源。

海洋资源合理利用有利于加快研究成果向现实生产力转化，促进解决有限生物质资源的高效利用、有机固废的有效治理及资源化利用等关键核心问题，推动海洋高科技产业发展，如海洋渔业、海洋交通运输业、海盐及盐化工业、海洋油气业、滨海旅游业、滨海砂矿、海水直接利用等产业。海洋能源发展目前存在的问题有海洋能源利用效率低，海洋能利用技术不成熟，科技创新投资力度小，科研人员的人才结构不合理；海洋资源利用面临的主要问题有海洋资源不合理开发利用和海洋资源开发能力不足。未来，我们应围绕海洋能源与资源开发利用的关键理论和核心技术问题，开展天然气水合物成藏机制与开采技术、富稀土沉积物成矿机制、海上风能及波浪能的开发与利用等研究，并加快研究成果向现实生产力转化，推动海洋高科技产业发展。海洋资源开发利用的重点方向是绿色、科学、立体开发，以及从浅海到深海、由近海到远海。

14. 极地科学

本书中极地科学主要指极地海洋科学。极地海洋科学是传统海洋学在极区海洋的拓展和应用，包括极区海洋物理、化学、生物、地质等研究领域（Walsh，1991）。与中低纬度海洋相比，极区海洋（包括北冰洋和南大洋）由于气温较低出现了海面结冰这一特殊现象。海冰的存在隔绝了大气与水体之间的物理、化学和生物等交换过程，使得极区海洋存在与中低纬度海洋截然不同的过程和特征（陈焕焕等，2021）。因此，对极地海冰物理性质和变化过程的研究是进行极地海洋物理、化学、生物等其他研究的重要科学基础（韩红卫，2016）。对极地海洋科学研究的深入程度在极大程度上依赖于人类对极地未知领域的探索能力以及卫星遥感技术的发展。每一次类似"北冰洋表面热量平衡计划"（Surface Heat Budget of the Arctic Ocean Experiment，SHEBA）、"北极气候研究多学科漂流冰站计划"（Multidisciplinary drifting Observatory for the Study of Arctic Climate，MOSAiC）等大型国际极地考察项目的实施都能将我们对极地海洋科学的认识提升一个层次（谭继强等，2014），但是这种考察能力需要先进的现场考察设备和重型破冰船的硬件支持。在全球增暖的大背景下，地球南北两极的海洋的响应并不完全一致，北极气温的增加更加明显，而南极海冰的季节性特征则更加显著（陆龙骅，2019）。另外，冰川在两极大量存在，冰川与海冰、海洋的相互作用与全球海平面变化密切相关，也属于极地海洋科学的研究范畴（韩艳飞和杨楚鹏，2020）。

15. 新交叉学科

（1）古海洋学

古海洋学是一门研究过去的海洋物理、化学和生物特征及其演化历史的学科。它利用海洋沉积中的微体古生物、有机质、陆源物质、海底自生结核、结壳、珊瑚、贝壳等材料，通过物理、化学和生物学方法恢复过去的海水温度、盐度、营养的分布特征，重建水团和洋流演变历史，通过古海洋数值模式与古海洋记录的结合，探究海洋与陆地、大气、岩石圈的物质与能量交换特征及其调控机制，为利用现代和未来海洋、预测气候变化提供理论依据。

（2）深部生物圈

深部生物圈是指陆地和海底表面以下、不以光合作用为能量来源的黑暗生物圈，主要由微生物构成，由岩石－水－微生物反应（rock-water-microbe reactions）支持的微生物活动可以影响全球生物地球化学循环。海底火成岩洋壳是地球上最大的潜在生命栖息地之一，地质微生物能通过生命代谢活动将岩石矿物中的金属元素淋滤出来并富集成矿，直接调控海水和岩石中元素的迁移与转化、富集与成矿等地质过程。地质微生物改造了地球环境，使地球区别于任何其他星球。深部生物圈是一个复杂的生态系统，需要利用地质学、地球物理、地球化学、矿物学、水文学、有机化学、生物化学与分子微生物学等综合研究手段，才能对其丰度、分布、多样性、生态功能等进行综合研究。

（3）军事海洋学

军事海洋学又称为应用海洋学、业务海洋学，一般来说是物理海洋学的延伸和应用，是研究和应用海洋环境和变化规律，为海上军事行动提供科学技术支撑并实施海洋环境保障的海洋科学分支，是在海洋科学和军事科学基础上依据国防安全需求而发展起来的研究领域。从潜水艇出现并用于军事活动之后，由于潜艇战和反潜战的需要，海军加强了对海洋环境的研究，开始萌生军事海洋学。其研究范围主要包括：海洋调查研究、军事海洋工程技术、海洋环境保障等。未来，海军活动将被无人水面舰艇和水下舰艇主导，其构成的体系将给海洋军事行动带来重大的变革。军事海洋学的发展需要更全面地考虑海洋环境对军事活动的影响，包括对海洋环境各要素的全方位智能化监测以及对海洋环境特别是水下环境的快速准确预报。

第二节 海洋科学的发展动力

海洋科学作为一门学科，其发展历史并不长，尚处于快速发展期，但其内在学科发展动力相当强劲，这不但源于人类认识自然的需求，而且源于当今社会、经济、军事发展对海洋及其空间和环境资源的需求。随着当今社会对全球化需求和全球变化关注的与日俱增，海洋科学研究的重要地位更是上升到前所未有的高度。本节介绍海洋科学的发展简史，强调国家需求是海洋科学发展的重要动力、观测是海洋科学发展的核心基础，是学科向前推进的动力来源。技术的进步，推进了海洋科学的迅速发展，因而是本节的叙述重点。

一、海洋科学自身发展的需要是海洋科学发展的基本动力

海洋科学不同分支的具体发展过程各不一样。

物理海洋学作为海洋科学的基础学科之一，基本延续了观测—理论—观测—数值模拟—观测—理论的发展过程。整体上，物理海洋学经历了描述性物理海洋学、海洋动力学、海洋环流数值模拟、数据同化、数字海洋与海洋大数据等特征阶段。

观测是带动物理海洋学发展的核心基础。1751 年，英国奴隶交易船"哈利法克斯伯爵"号船长亨利·埃利斯通过斯蒂芬·黑尔斯牧师向英国皇家学会提交了他在西经 25° 12′ 北纬 25° 13′ 处观测到约 1600m 深处的海水温度仅约 11℃，远小于表层海水温度（约 29℃）。1797 年，拉姆福德伯爵根据这一温度观测提出"高纬度海洋表面海水失热下沉后将向低纬度运动，同时很容易并且必须生成表层向相反方向（即由低纬度向高纬度）的海流运动"。这项

工作于 1800 年发表，是关于大洋环流理论的最早描述。此后，海洋学家通过大量的观测和数值试验不断完善理论，逐步形成了当前物理海洋学的大洋环流理论。虽然亨利·埃利斯没有意识到他的观测对于人类认识海洋的贡献，但是他所提供的观测是人类认识海洋环流的基础之一。

海洋是不断变化的。这意味着人类几乎永远无法完成一次对全球海洋的完整观测。但是，随着计算机技术的飞速发展，海洋环流数值模拟、数据同化、数字海洋和海洋大数据等研究方向具备了坚实的技术基础，逐渐形成了突破观测－理论研究瓶颈、推进海洋科学发展的动力。借助高性能计算和经典地球流体动力学理论构建的海洋环流数值模式，为人类提供了全球海洋整体面貌及其变化的图景，极大地推进了海洋科学的发展。20 世纪 60 年代，克里克·布莱恩和迈克·考克斯在美国地球流体力学实验室（Geophysical Fluid Dynamics Laboratary，GFDL）第一次建立了基于纳维－斯托克斯流体动力学方程的全球海洋环流数值模式。在此之后，如何发展和改进模式，让模拟结果更加接近观测现象成为并一直持续到现在都是物理海洋学的主要研究方向之一。海洋模式的分辨率和复杂程度也随着计算能力的不断进步得到了显著提升。

但是，数值模式模拟出的结果无论多么接近海洋，都还不是真实的海洋。由于水平分辨率、次网格参数化等问题，海洋环流模式模拟的海洋仍然与观测到的海洋存在较大差距。海洋学家也一直在寻找和发展能够更多地观测海洋的方法和途径。在这种强烈的认识自然、认识海洋的原动力推动下，海洋学家逐步发展了卫星遥感、漂流浮标、潜标、水下机器人、自适应剖面海洋观测浮标等一系列无人观测平台，极大地丰富了海洋观测体系。其中，基于自适应剖面海洋观测浮标的 Argo 计划初步实现了对 2000m 以浅上层海洋的全球观测，人类也准实时地获得了全球表层以下、2000m 以浅海洋的温度、盐度结构。这些观测将物理海洋学真正推进到数字海洋与海洋大数据的发展阶段。

海洋地质学脱胎于早期的博物学－地理学，主要在千年尺度上对近岸、浅海的地质现象进行描述。最早的记录可以追溯到公元前 300 年的《山海经》，到 15 世纪中叶的《郑和航海图》已经记录和绘制了大量海岛、暗礁、浅海等海洋地貌景观，1562 年的《筹海图编》载有大量海岸地图及海岸特征。中世纪以后，西方国家由于贸易、航海等的需求，有了对地中海和北大西洋的地理记载并绘制了很多的航海图。人类开始涉猎深海和大洋，在时间跨度上已经扩展到百万年尺度。

在第一次工业革命以后，科学技术突飞猛进，造船技术有了长足的发展。在这一时期，蒸汽机被应用到航海，设计制造出先进的海船。西方各国使用科考船先后进行全球大洋考察，海洋地质学开始正式登上历史舞台。在这一阶段，空间上涉足到全球大洋，时间尺度上达到千万年尺度。1872～1876年英国"挑战者"号的环球海洋科学考察揭开了海洋地质学研究史的序幕。在68 890海里航程中，海洋科学家进行了492个站位水深测量，在各大洋尝试用各种采样器采集了362个站位的6200多个地质样品，在大西洋加那利群岛、太平洋夏威夷群岛附近深海底采集了大量锰结核。在这一时期，描述第一幅世界大洋沉积物分布图的《深海沉积》出版，创建了全面的深海洋底形态和陆架沉积物的分类系统，首次描述了深海红黏土、深海软泥、锰结核等深沉积。1888～1927年，美国的"信天翁"号、荷兰的"西博加"号、德国的"埃迪·斯蒂芬"号、"行星"号、"流星"号也对大西洋、东印度洋群岛海区和欧洲海区进行了海洋学及海洋地质学考察。1920年，世界上第一部《海底地质学》著作问世，德国气象学家魏格纳于1912～1915年提出了大陆漂移学说，并出版了《海陆的起源》。新的探测技术也开始应用于海洋科学考察，"流星"号上首次使用电子回声测深仪代替了费时的缆绳测深，该仪器应用于测试大西洋地形，海洋学家由此绘制了大西洋地形图，从而发现了大西洋中脊；在大陆架、大陆坡测深工作中，发现了水下峡谷等地形地貌。

20世纪30～50年代海洋地质学迅速独立成长。30年代以后西方国家先后成立了多个以海洋地质学学科命名的研究单位，开展了大规模的合作调查和合作研究计划。美国伍兹霍尔海洋研究所及斯克里普斯海洋研究所分别设立了海洋地质研究室。苏联则由苏联科学院希尔绍夫海洋研究所及国立海洋研究所设立海洋地质室，拉蒙特地质调查所更是以海洋地质学为其主要研究方向。法国在第二次世界大战以后成立了国家海洋开发中心（CNEXO），英国成立了拥有"发现Ⅲ"（Discovery Ⅲ）号考察船的国立海洋研究所。美国谢帕德的《海底地质学》、苏联克莲诺娃的《海洋地质学》、荷兰奎年的《海洋地质学》等海洋地质学专著，丰富了海洋地质学学科体系，推动了海洋地质学的发展。这期间，西方国家都配备了更为先进的海洋调查船，新技术不断应用于考察；利用爆破式、真空式采样器以及借助海上钻井平台钻取长柱样，通过声学测深和无线电定位技术、人工地震、动力和磁力等技术方法探测海底形貌、海底岩石圈结构、磁异常等。

20世纪60年代开始，地球科学重要理论和一系列重大发现的提出，使海洋地质学进入快速发展阶段。赫斯发现了平顶海山盖奥特，称其为地球的诗篇。1962年，维因在印度洋中脊发现磁异常条带，提出海底扩张学说。板块构造学说也在1968年被提出，以"活动论"对"固定论"的传统地质学理论提出了挑战，引发了一场地球科学革命，从根本上改变了人类对地球活动状态和发展规律的认识，将陆地和海洋作为一个整体进行研究。这一阶段进行了有史以来规模最大、历时最久的以钻透大洋岩石圈为目的的国际地球科学研究计划——"深海钻探计划"（1968～1983年）和"大洋钻探计划"（1985～2003年）。这一重大计划的实施，创立了古海洋学和古气候学，证实了海底扩张和板块构造学说，揭示了初始大西洋与特提斯洋的扩张与演化历史，揭开了墨西拿期地中海干化之谜及地中海板块活动史；钻探太平洋边缘俯冲带为俯冲增生模式提供了直接证据，论证了岩石圈数千千米的水平运动——印度板块的快速向北漂移，揭示了海底扩张过程中洋底数千米幅度的垂向下沉运动，证实了南极与大陆板块分裂，环南极洋流发生并导致南极冰盖形成和新生代全球变冷；钻探天皇海岭，验证了热点假说，钻探洋壳基底火成岩，为大洋壳岩石组成模式提供了有力证据。计划早期的主要目的是验证板块构造学说，随着工作的进展，计划不断调整，将海洋地质学的内涵和成果渗透到地质学和海洋科学的几乎每一个分支学科领域，改变了原有的发展轨迹。

"综合大洋钻探计划"（2003～2013年）的提出代表了海洋地质学正处于地球系统科学发展阶段。这一阶段，地球被看作一个内外紧密互动、环环相扣的复杂系统，属于一个复杂系统的科学主题。这使海洋地质学进入了地球系统科学阶段。在这一阶段，海洋地质学学科将在更高的水平、深度和广度上发展，而传统意义上的海洋地质学学科概念将逐步淡化。地球科学的各学科将相互渗透融合，达到一个更加系统综合的水平，传统意义上的学科将被全新的概念取代。新一阶段的"国际大洋发现计划"（2013～2023年）正在执行，该计划以照亮地球的过去、现在和未来为目标，促进人们对地球过去的理解，从而能够更好地理解和预测地球的未来，并为一些重要决策提供信息，引领着新时代海洋地质学的发展。

中华人民共和国成立后，我国海洋地质学研究开始起步。1956年，国务院科学规划委员会制定了《1956～1967年科学技术发展远景规划》。1957～1959年，中国科学院海洋研究所、山东大学、水产部及海军联合开展了对渤海、东海和南海包括海洋地质在内的"中国近海海洋综合调查"。1957年"金星"号调查船首航，宣告了我国海洋地质学学科正式诞生。1960年，完成全国海岸带调查。1959～1966年，我国相继成立了海洋地质学的研究、教育和资源调查机构，如中国科学院海洋研究所海洋地质室（1959年），南海海洋研究所地质室（1959年），中国科学院、地质部、中国石油总公司联合组建的海洋地震队（1959年），山东海洋学院（现中国海洋大学）海洋地质地貌系（1960年），北京地质学院（现中国地质大学）海洋地球物理教研室（1960年），长春地质学院（现吉林大学）海洋地质教研室（1960年），地质部海洋物理勘探队（1960年），同济大学海洋地质系（1964年），地质部海洋地质研究所（1964年），国家海洋局第一、第二、第三海洋研究所地质室（1964年），石油部和地质部分别建立了海洋地质调查队和海洋物探队（1965年）。这期间，我国建设了10多艘海洋考察船和专业物探船，建立了一批海洋地质队伍。

20世纪七八十年代，中国的海洋地质学快速发展。这期间，我国实施了一系列重大国家和国际合作项目，逐步与国际发展接轨；装备了大量新的调查船和调查设备，对海洋油气及大洋多金属结核和富钴结壳、热液硫化物等固体矿产资源进行了大规模调查、勘查和评价。海洋地质调查研究开始走向大洋、极地，并采用立体调查技术，获得了大量资料和成果。

这期间，我国正式加入了"大洋钻探计划"，由汪品先院士任首席科学家主持了ODP 184航次。"向阳红10号""极地号""雪龙号""海洋四号"考察船进行了多次南极科学考察；1995年3～5月，进行了首次北极科学考察；1999年，开展了北极海洋综合科学考察。2001年，全面启动近海1∶100万海洋区域地质调查计划；2015年，全面实施我国海域1∶100万区域地质调查。2012～2016年，中国科学院海洋研究所主持完成"全球变暖下的海洋响应及其对东亚气候和近海储碳的影响"项目。该项目被列入全球变化研究国家重大科学研究计划和国家重点基础研究发展计划。2011～2018 年，实施国家自然科学基金重大研究计划"南海深部计划"，中国科学家作为首席科学家进行南海 IODP EXP 349、367 和 368 航次。海洋矿产资源调查有了重大突破，截至 2004 年，我国管辖海域又圈定 38 个沉积盆地，经综合评价计算共有油气资源量 351 亿～404 亿 t 石油当量。已探明分布在辽宁、山东、福建、广东、广西和海南等地的沿海砂矿有锆石、金红石、石英砂和砂金等 13 个矿种。2001 年 5 月，我国在太平洋 CC 区获得具有专属勘探权和优先开发权的 7.5 万 km² 多金属结核矿区，可满足年产 300 万 t 干结核，开采 20 年的资源需求。我国海洋地质工作者发现了南海北部陆坡天然气水合物有利区，确定了东沙和神狐两个天然气水合物重点目标区，圈定了南海北部陆坡天然气水合物远景最有利的目标区，为实施水合物钻探验证提供了目标靶区。

二、国家需求是海洋科学发展的重要动力

中国是一个具有漫长海岸线和广阔海域的国家，依托海洋的社会、经济和军事的发展水平与海洋科学的发展状况密切相关。新时期，海洋权益维护、海洋经济绿色可持续发展、海洋资源高效开发与合理利用、海洋生态服务价值的提高与环境保护体系的构建、拓宽人类对深海大洋与极地的理解和认知等国家需求是大力发展海洋科学的重要动力。

1. 促进海岸带经济绿色可持续发展

现阶段，在国家经济整体快速增长的背景下，海岸带作为最发达的经济体之一，其发展方向对于全国经济的发展具有重要的指示意义。依托海岸带地区有利的地理位置，我国海岸带经济总体呈现由沿海城市点优先发展向港口城市群不断过渡，再到大湾区经济体整合的发展趋势。未来，将我国三大湾区（粤港澳、环杭州湾、环渤海湾）打造成世界级大湾区是国家对海岸带经济发展提出的新目标。此外，如何解决海岸带经济的社会发展模式与海岸带资源（土地、生态、食物和水等）承载力之间的矛盾，如何开发新型海岸带保护与发展并存的经济模式，如何在构建超大经济体的同时实现海岸带经济绿色可持续的良性发展等都需要海洋科学研究的支撑。

2. 海洋资源的高效开发与合理利用

海洋具有丰富的生物资源、矿产资源及可再生能源，其可能成为未来潜在的"粮仓"和"能源聚宝盆"。伴随我国人口饮食结构的调整，蛋白质的需求和供给矛盾正日益凸显，而海洋丰富的生物资源可提供持续的蛋白质来源。未来，如何发展新的海洋技术用于开发潜在新型渔场，有效管理已有渔业资源，是维持其高效的可持续供给的有效途径。与此同时，新时期我国人民生活方式的转变导致人们对于能源的需求呈增加趋势，能源供给与需求的矛盾也日益突出。未来，如何提高海洋勘察水平，发展安全高效的矿产资源开采新技术，提升海洋可再生能源利用效率等是解决日益突出的能源供给矛盾的有效措施。

3. 提高国家海岸带地区的生态服务价值，构建环境保护体系

海岸带使海洋系统与陆地系统相连接，其生态系统多样、资源丰富、生存环境适宜、区域位置优越、经济社会发达，与人类生存与发展息息相关。由于受到陆地、海洋和大气复杂的动力机制作用，海岸带极易受气候变化和人类活动影响，生态系统的脆弱性极为突出。我国海岸线漫长，在全球气候变化背景下，伴随着人口的增加与城市化进程的不断加快，我国海岸带面临着海平面上升、海洋灾害频发、海洋污染加剧、海岸资源浪费、区域生态环境恶化、生物多样性减少等巨大压力，国民对生存环境安全、宜居的高要求与经济快速发展导致的资源环境损害之间的矛盾日益突出，严重影响了海岸带的可持续发展。为了更好地提高国家海岸带地区的生态服务价值，构建安全、宜居的海岸带生存环境，如何提升海洋灾害防范能力、实施陆海联动防治污染、完善海洋综合管理、进行生态环境修复保护、满足国民对海岸带生存环境的精神要求等，都需要依靠海洋科学的发展，需要将海洋科学研究和技术开发放在重要地位，发挥科技对海洋事业发展的支撑和保障作用。

4. 捍卫国家海洋权益，制定海洋军事战略

海洋作为国家安全的一道重要防线，无论是在历史上还是在当下，无论是在军事博弈还是在经济竞争中，对国家的生存和发展都具有不可替代的战略地位，民族的兴衰与其息息相关。21 世纪以来，全球资源匮乏现象日益突

出，越来越多沿海国家在海洋权益保护、深海矿产资源开发、生物资源利用等方面展开了日趋激烈的竞争，海洋成为世界各国之间最容易发生争议和冲突的区域焦点。作为海洋大国，我国同样面临着如此严峻而复杂的海洋安全与外交挑战。为了更好地维护国家海洋权益，制定国家海洋战略决策，促进国家海洋事业和海军现代化发展，确保舰船编队与战略物资航运安全，我国迫切需要发展海洋科学，掌握更加充分的海洋科学知识。

5. 拓宽人类对深海大洋与极地的理解和认知

深海大洋与极地不仅可为国家可持续发展提供丰富的潜在资源，而且直接影响着全球气候和环境变化，是全球热点问题和国际地球科学研究的前沿。全球范围内的气候异常深刻影响着众多国家的粮食、水资源和能源供给以及自然灾害问题，是关乎我国社会安定和经济发展的重要基础科学研究领域。长期以来，国家对于海洋的调查与研究的传统优势局限于近海与河口，对于占海洋总面积 90% 以上的深海大洋与极地等的研究仍处于空白或待开展的状态。未来，如何提高我国的深海海底探测水平，探讨深海过程演变的资源环境效应，加强板块俯冲与深部流体循环及动力过程的研究，预测极地海冰融化对全球气候变化和海面上升的影响等，都需要对深海、大洋、极地科学展开深入研究。拓宽深海大洋与极地研究，是促进海洋科学向地球深部圈层延伸发展的动力，也是国家解决深海能源开采技术问题和应对气候变化的重要保障。

未来，依据国家对于经济绿色可持续发展、高效开发利用海洋资源、提高海洋生态服务价值、增强国防安全、拓宽深海大洋与极地的认知等方面的需求，需要从国家层面上制定一个既符合海洋科学发展规律又能满足国家发展战略需求的海洋观测规划，以海洋科学牵引海洋技术、以海洋科技服务社会，在全球海洋事务处理和解决过程中体现作为海洋大国和海洋强国的责任感与担当。

三、人类可持续发展的巨大压力是海洋科学发展的外部动力

20 世纪 80 年代，国际社会开始提出以协调自然、社会、生态、经济关

系为基本准则的可持续发展战略,其宗旨是希望人类社会的发展既能满足当代人的需要,又不对后代人的发展构成危害。然而始于 18 世纪中后期的工业化进程已经对自然生态环境,尤其是对陆地生态环境造成严重的污染和破坏。伴随着 20 世纪中后期世界人口的急剧增长以及新兴经济体的快速发展,陆地能源、矿产、食物等资源的总量限制已经成为制约人类可持续发展的关键因素。

海洋占地球表面积的 70% 以上,蕴含丰富的油气、矿物、生物等资源。目前普遍认为,世界海洋石油资源约占全球石油资源总量的 40%,海洋天然气资源占世界天然气资源总量的 50% 以上,在近岸和深远海的大洋盆地等海底区域存在丰富的矿产资源,包括海滨砂矿、海底自生矿产、海底固结岩矿产等。此外,海洋中丰富的渔业、天然产物等生物化学资源可以缓解人类粮食危机,提供优质的食品、药品资源。

对海洋这一巨大资源宝库的开发利用将为人类经济社会的发展提供新的动力。以我国为例,2018 年海洋生产总值占国内生产总值的比重已经超过 9%,相关产业涉及海洋交通运输业、海洋渔业、海洋工程建筑业、海洋油气业、海洋医药化工业、滨海旅游业等。因此可以预料,世界各国尤其是拥有广阔大陆架的国家,将不断向深远海方向拓展自己的生存和发展空间,以缓解内陆发展模式带来的资源和环境压力。

在可持续发展战略的框架下,各国对海洋资源的开发都提出了更严格、更科学的要求,并且海洋生态系统包含更复杂的自然环境条件,因此更加需要海洋科学的全面发展来提供系统性的基础支撑,其中包括海洋地质学、物理海洋学、海洋生物学以及多学科之间的交叉等。以海洋石油的开发为例,不仅需要通过海洋地质学方法了解海底地下岩石分布、地质构造类型、油气圈闭情况,还需要利用物理海洋学的数值模拟推算风浪、潮汐、海流、海冰、海啸、风暴潮、海岸泥沙运动的影响,同时还要评估海底勘探、油气的开采可能通过海水的流动对相关海域产生的生态环境影响。

此外,海洋科学的全面发展也能够为多个社会经济领域提供重要的基础支撑,如海洋气象学的发展可以进一步提高台风、海啸等灾难性天气预警的精度,为陆地生活和生产活动以及海洋运输、海岸和海底设施建设提供安全保障;海洋化学、海洋生物学的发展可以推动人类不断发掘海洋环境中特殊的生物活性物质、生物种质资源以及揭示和利用海洋中独特的生物代谢途径；海洋地质学和物理海洋学在海洋矿物资源、油气资源的勘探与开发利用过程中起到至关重要的作用。

四、技术革新是支撑海洋科学迅速发展的动力源泉

1. 海洋观测

海洋科学是一门以调查观测为基础的学科，其发展史上每一次重大突破无不依赖于海洋观测手段与探测技术的革新。1770 年，富兰克林以多次横跨大西洋的航行数据为基础绘制出第一幅墨西哥湾流图，对当时欧洲和美洲的航行路线规划有重要的指导意义。1872 ～ 1876 年，英国皇家学会组织"挑战者"号在大西洋、太平洋和印度洋开展了为期 3 年 5 个月的环球海洋考察，进行了近 7 万海里的科学考察和测量。作为首次真正的海洋航行调查，挑战者远征队为现代海洋学研究奠定了基础（Wüst，1964），推动了海洋科学逐渐分化形成物理海洋学、海洋化学、海洋生物学与海洋地质学等学科。1893 ～ 1896 年，挪威航海家弗里德持乔夫·南森乘"弗雷姆"号横跨北冰洋，进行了许多科学观察，提供了来自北极中央的第一批海洋学数据，尤其是观察到冰漂移方向并不平行于风向，为埃克曼漂流理论的发展奠定了基础（Kenneth，1966），该理论可谓海洋环流理论的起点，它给出了定常风驱动下的海洋各层流动的解析解。继"挑战者"号后，20 世纪初许多国家开始了远洋探测，其中德国"流星"号探测船于 1925 ～ 1927 年对南大西洋的海洋调查最具有代表性，这次海洋调查首次使用回声探测仪，揭示了大洋底层地貌的崎岖不平，并发现大西洋中脊不仅局限于北大西洋而且纵贯整个大西洋（Wüst，1964）。

20 世纪 50 ～ 80 年代，海洋观测进入国际合作时代，这期间涌现一批国际观测计划，有力地促进了世界海洋考察、研究的发展，在此期间现代化立体观测技术系统在海洋考察中得到了广泛应用，使海洋观测数据量得到了显著提升。80 年代以后，海洋观测开始进入太空观测时代，一系列诸如 Seasat、TIROS-N/NOAA、NIMBUS、Topex/Poseidon（T/P）等卫星的发射使得人们可以从区域和全球范围全面研究和监测海洋环境，对于大尺度海洋动力过程

研究具有重要意义，尤其是有助于在全球尺度上进一步对海平面上升、海表面温度变化等过程进行研究，完善了人们对海洋在气候系统中作用的认识。海洋卫星作为一种革命性的观测手段从根本上改变了全球海洋研究的方式。进入 21 世纪以后海洋观测技术进一步革新，其中最具有代表性的是 Argo 海洋观测系统（Feder，2000），该观测系统由大量布放在全球海洋中小型、自由漂移的自动探测设备（Argo 剖面浮标）组成，是目前获取海洋气候状态信息的主要来源，且已经成为从海盆尺度到全球尺度物理海洋学研究的主要数据源，被广泛应用于海洋、天气和气候等多个学科领域中，研究内容涉及海气相互作用、大洋环流、ENSO、中尺度涡、湍流、海水热盐储量输送以及大洋海水的特性与水团等。

2. 卫星遥感

20 世纪 50 年代以来，随着空间技术的蓬勃发展，海洋卫星遥感实现了人类从太空观测全球海洋。1960 年，美国成功发射了世界第一颗气象卫星"泰罗斯 1 号"，从太空获得了海表温度场，从而开始了利用卫星资料开展海洋学研究。1978 年，美国发射了"雨云 7 号"和"海洋卫星 1 号"两颗卫星，分别利用光学遥感器和微波遥感器实现了对全球海洋生态环境和动力环境的卫星观测，从而揭开了海洋卫星全球观测的序幕。我国海洋卫星观测计划起步略晚，但发展迅速。2002 年，我国发射了第一颗海洋水色卫星（HY-1A），实现了我国海洋卫星从无到有的跨越；随后，我国陆续发射了 HY-1B（2007 年 4 月）、HY-2A（2011 年 8 月）、GF-4（2015 年 12 月）、GF-3（2016 年 8 月）、HY-1C（2018 年 9 月）、HY-2B（2018 年 10 月）、中法海洋卫星 CFOSAT（2018 年 10 月）、HY-1D（2020 年 6 月）、HY-2C（2020 年 9 月）、HY-2D（2021 年 5 月）等专用海洋卫星，构建了海洋水色、海洋动力环境和海洋监视监测三大系列的海洋卫星，逐步形成了以我国自主卫星为主导的海洋空间监测网。

海洋卫星遥感技术的发展极大地推动了人类对海洋科学的认知能力，并在海洋资源与环境监测、海洋防灾减灾、海洋安全管理等方面发挥了重要作用。海洋卫星遥感的全球尺度、长时序观测能力，促进了海洋对全球变化下的响应与反馈研究，以及海洋动力过程和现象（中尺度涡、内波和锋面）等科学研究。

3. 数值模拟

海洋环流模式（oceanic general circulation model，OGCM）是对海洋运动原始方程组进行离散数值求解的大型电子计算机程序，目前已经成为理解海洋环流时空演变特征和预测未来变化的重要工具。

目前，大部分全球海洋环流模式倾向于采用布西涅斯克近似和静力近似的原始方程组。由于布西涅斯克近似满足体积守恒而非质量守恒，它在模拟海平面变化上存在不足，未来会有更多的海洋模式采用非布西涅斯克近似；而随着海洋模式分辨率逐渐趋向公里尺度以下，非静力效应将逐渐变得重要，因此未来 10 ~ 20 年将可能会出现更多的非静力海洋模式。

水平方向上，目前主流的海洋模式大部分是建立在结构化的四边形网格上。早期的布莱恩模式就是建立在经纬网格上，由于这类型网格存在北极奇异点问题，这促成了广义正交曲线网格被广泛采用。其中，最为流行的三极网格在北极区域设置两个极点，分别放置在欧亚大陆和北美大陆上，从而避免了北极奇异点问题。随着海洋环流精细化模拟和多样化需求的发展，非结构可变分辨率网格海洋环流模式逐渐得到重视。

早期海洋模式在垂直方向上主要采用以下几种坐标：z 高度坐标、地形跟随的 σ 坐标、等密度坐标和混合坐标。近年来，得益于任意拉格朗日 - 欧拉垂直坐标数值算法的发展，许多海洋模式已采用任意拉格朗日 - 欧拉（arbitrary Lagrangian-Eulerian，ALE）垂直离散化方案。ALE 垂直坐标一方面可以增加时间积分步长，另一方面可以有效避免产生虚假的数值跨等密度面混合，因此未来将会成为更多海洋模式垂直坐标的选择。

海洋的中尺度涡旋对海洋动力、热量、碳以及其他示踪物传输具有重要作用。与大气中的天气尺度涡旋类似，海洋中尺度涡旋尺度主要由第一斜压罗斯贝半径决定，这是由于它们与斜压不稳定有关。尽管自 20 世纪 70 年代以来已经取得了很多进步，但海洋中尺度涡旋参数化问题至今仍处于海洋理论和模式研究的前沿。此外，随着海洋模式趋向涡分辨，对次中尺度过程的参数化成为海洋模式参数化研究的重点问题。

海洋在其表面受到风、淡水、加热和冷却以及海冰的影响，而在海底则受固体地球摩擦的影响，这些过程产生的三维湍流混合的水平和垂直尺度具有相同的量级，因此在静力近似的海洋模式中必须对其进行参数化。边界层参数化需要利用表面风应力或海底应力、表面冷却或加热，以及太阳短波对海水的穿透等强迫因子，并建立这些表面强迫和湍流混合的关系。其中，多数方案直接给出湍流混合系数和黏性系数廓线，以便被海洋模式调用。例如，Large 等（1994）回顾了已有海洋边界层参数化方案，借鉴了大气边界层参数化的 K 廓线方法，提出了基于洋流切变和稳定度等海洋状态的 K 剖面参数化（K-profile parameterization，KPP）方案。海洋边界层参数化在近十年的一个重要进展是认识到海浪驱动混合（朗缪尔环流）的重要作用，而不仅仅是之前考虑的波浪破碎导致的混合。

相比于海洋表面的剧烈混合，海洋内部跨等密度面混合较弱，但它仍然是全球海洋环流的重要组成部分。海洋内部跨等密度面混合主要受流的切变不稳定所驱动，这种切变不稳定主要发生在重力内波破碎的区域。早期的混合方案采用常系数或者随深度变化的混合系数，这些方案不依赖于海洋的状况。从 20 世纪 80 年代开始依赖于理查森数的混合方案得到了广泛应用。理查森数依赖于流的垂直切变，因而相较之前的方案更具有物理意义。然而，模式中的理查森数通常根据模式可分辨尺度的流切变来计算，事实上还有很多模式不能分辨的流切变未被考虑。因此，最新的方法倾向于根据全球内部能量收支来参数化。大部分内波的能量来源于潮流、小尺度地形下重力波产生和辐射对地转运动的耗散、表面风和海洋内波的非线性相互作用等。

20 世纪初至 50 年代，海洋生态学的研究开始从定性向定量转变，逐步开展了关于海洋浮游生物种群分布及其与环境关系的研究。1949 年，科学家以竞争及捕食－被捕食作用的生态理论为基础，建立了第一代生态动力学模型（Riley et al.，1949）。模型成功描述了欧洲北海浮游生物的季节变化，虽然该模型非常简单，但这种方法却极大地加深了人们对海洋浮游生物生态动力过程的认识。之后的模型在此基础上，开始进行初级生产力和营养盐循环等生态过程的研究。例如，Fransz 和 Verhagen（1985）开展了营养盐输入对初级生产力和群落组成的影响研究。1995 年，全球海洋生态系统动力学研究计划（Global Ocean Ecosystems Dynamics，GLOBEC）被确定为国际地圈－生物圈计划的核心计划。这一研究计划强调物理－生物过程的耦合作用，认为模式研究应建立在整个生态系统的水平上，海洋生态系统模型也因此有了相应的发展。模型对生态系统结构、功能的表达越来越详细，海洋生态学与海洋生物地球化学循环的耦合研究也陆续开展起来。20 世纪 90 年代以来，海洋生态系统模型的研究更重视海洋生态系统中的动力机制，浮游生物在海洋生态系统中的作用，海洋生物、化学、物理过程的相互影响，以及海洋生态系统与全球变化的关联（王辉，1998；刘桂梅等，2003）。欧美和日本等国家或地区的研究学者和机构，针对大西洋和若干海湾等大洋与近岸海域，提出了具有多营养层次和多化学要素循环的海洋生态动力学模型。21 世纪以来，海洋生态系统动力学模型研究进一步拓展，开始探索海洋生态系统的复杂性，研究全球气候变化与海洋生态系统的相互作用（唐启升等，2005）。未来，随着数值模拟技术的发展和多源观测数据获取技术的提高，海洋生态动力学数值模型作为定量化描述和预测海洋环境的有效工具之一，将海洋各学科研究有机联系起来，对海洋环境中的物理、化学、生物的相互作用过程和机理进行系统描述，这将在海洋要素循环、海洋生态环境状况评估、海洋生态系统演变的预报和预测、公共决策服务等方面提供强有力的科学依据和技术支撑。

第三节　海洋科学学科交叉状况

海洋科学发展不是单一研究范式下的单一学科发展，而是由多学科、跨行业领域共同支撑的学科发展。海洋科学研究内容和方法趋向多学科交叉、渗透和综合，研究方式趋向全球化和国际化，研究手段趋向高新技术，并向全覆盖、立体化、自动化和信息化方向发展。本节将介绍海洋科学学科交叉的意义；从学科角度，阐述海洋科学与工程科学、信息科学、空间科学的交叉，介绍计算机（信息）技术、机器人技术、电子、通信、材料、制造等多个行业领域对海洋科学的影响，阐明海洋科学与人文、环境、生态、政策制定、管理等方面的关系。

一、海洋科学学科交叉的意义

1. 学科交叉的必要性

量子论创始人、世界著名物理学家普朗克曾提出，科学是内在的整体，被分解为单独的部门不是取决于事物的本质，而是取决于人类认识能力的局限性。实际上存在着由物理学到化学、通过生物学和人类学到社会科学的链条，这是一个任何一处都不能被打断的链条。近百年来，交叉学科，包括边缘学科、横断学科等，消除了各学科之间的脱节现象，填补了各学科之间边缘地带的空白，推动了科学的整体化进程。

传统的海洋科学学科严格按物理海洋学、海洋化学、海洋地质学、海洋生物学等方向开展研究、设置人才培养方案，侧重点各有不同。例如，海洋地质学方向侧重于大地科学体系，海洋生物学方向侧重于生物体本身的性质，无法实现海－空、海－化、生－化、海－地等不同方向的交叉，导致学科培养出来的专业人才的知识结构单一，对其他方向的专业知识掌握过少，不利于开展学科交叉研究，大大降低了学科自身的创新发展潜力。2020 年 12 月，教育部决定新增交叉学科作为新的学科门类，交叉学科将成为我国第 14 个学科门类，释放了国家重视交叉学科发展、综合性人才培养的信号。而早在 2018 年教育部就批准设立了"海洋技术与工程"博士学位授权交叉学科（《国务院学位委员会关于下达 2018 年现有学位授权自主审核单位撤销和增列的学位授权点名单的通知》），也充分说明了海洋领域学科交叉的必要性与紧迫性。

2. 学科交叉有利于复合型创新人才培养

海洋科学学科交叉有利于拓展各学科知识体系维度，在实现专业化发展的同时，促进各学科的交流及融合；有利于提升海洋科学专业人才培养的质量及竞争力，丰富知识背景，达到"一专多能"，提高创新性；有利于我国海洋科学经济及产业的发展，在海洋科学综合知识体系大背景下，学科交叉及融合型人才的培养对于海洋科学学科的创新发展意义重大。

3. 学科交叉有利于推动学科创新发展

海洋科学学科交叉可推动传统学科，如海洋生物、海洋化学、物理海洋等研究对象的转移和拓展、研究理论和方法的建立与修正、研究技术的革新和研究水平的提升，从而巩固原有学科的知识基础，使得某一学科的理论和方法为其他学科所借鉴及应用，进一步促进传统学科的发展和进步，在原有学科的基础上达到创新性的提升。另外，学科交叉有助于在各学科综合的基础上形成新型独立、跨越单一学科的新学科理论体系，催生新方法和新领域，继而全面推动海洋科学学科的稳固发展和不断创新。

4. 学科交叉有利于解决重大科学问题

海洋科学学科交叉往往具有综合性、跨学科性、创新性，而人类面临重大复杂科学问题一般涉及多学科，具有较高的复杂性和综合难度。自然界的各种科学现象及问题本身就相互关联，学科交叉集分化和综合于一体，实现了科学的整体化，提升了各学科理论的全面性和技术的成熟度，对于解决重大科学问题具有全面的优势和突破性能力。海洋科学学科以其复杂的综合度和较高的复杂性，与大气、环境、农医等学科无不相关，学科交叉所产生的新型学科、综合的知识体系、新的科学前沿、新的理论技术等能够有效助力于解决其重大科学问题。

二、海洋科学内部分支学科与地球科学的融合交叉

一般认为，海洋科学主要研究海洋中的物理过程、化学过程、生物过程和地质过程及其相互作用，其传统的分支学科主要由物理海洋学、海洋化学、海洋生物学、海洋地质学四大学科组成。由于海洋是一个多因素相互耦合的流动的水体环境，必须学科交叉、综合研究来解决问题，因此开展学科间的交叉研究有着强大的动力。例如，海洋生物学家达格代尔和戈林、埃普利和彼得森对新生产力与再生生产力概念的提出和解释，在海洋生物学与物理海洋学之间建立了密切的联系。海洋生物地球化学是现代海洋化学的主要研究领域，海洋生物地球化学过程与生态系统成为地学领域目前最为庞大、活跃的研究领域，海洋生态系统碳收支已成为全球生源要素物质循环研究的一个焦点。近30年来，基本形成全球性生态环境长期监测网络，提出了新生产力、再生生产力、生物泵和生态系统动力学等新概念。

由于海洋、水文、化学要素及生物分布的相异性和多层次性，海洋具有明显的区域性特征，因此海洋科学研究必须在复杂多变的自然环境下进行长期周密的海洋实践考察。以遥感、遥测、遥控、自动化和电子计算机技术等为基础的海洋探测技术的迅速发展，实现了海洋调查的同步化和立体化，推动了海洋科学的快速发展。随着纳米技术、互联网技术、集成电路及云计算等新科学技术对传统海洋的影响，传统海洋科学的研究手段得到了极大的发展。海洋科学与工学中的一级学科形成了众多的交叉学科，如海洋装备与工程、海洋工程材料技术、水下通信与信息系统等。不过，对于海洋科学与海洋工程的交叉学科，仍然没有学术的科学命名及定义，研究范畴仍然很模糊；相关的研究依旧是以海洋为研究对象，以新科学技术为手段，对海洋领域进行认识和改造。

海洋科学学科包括海洋科学与大气科学、地质学、地理学、地球化学、地球物理学、极地科学等的学科交叉。大气是气候系统中最活跃的分量，与人类活动的联系最为密切，而海洋也是气候系统的重要组成部分，覆盖了地球表面的71%，并吸收了进入地球大气层顶总太阳辐射量的70%左右。海洋主要依靠与大气的相互作用影响气候的变化，通过感热、潜热、长波辐射等热力作用驱动大气，而大气主要通过风应力将动量输送给海洋，以动力作用影响海流。海气边界层湍流运动特征以及海洋与大气之间的物质交换是海气相互作用研究的重要内容，对理解海洋在全球气候变化中的作用非常重要。海洋环流与大气环流之间的耦合关联是影响长期天气与气候的重要因素，ENSO是热带太平洋大尺度海气耦合作用的主要模态，其对全球气候异常有着极其重要的影响。海洋地质学研究海底的地貌景观及其空间分布和成因，海底沉积物的类型、形成作用、时空分布和大洋演化历史。由于洋壳岩石是地幔岩浆活动的主要产物，它们在时空上的变化，记录了洋壳形成和演化的历史，是当前深海钻探中引人注目的一个研究领域。同时，洋壳岩石也是许多海底矿产的物源，与成矿的关系十分密切，海洋地质学的相关研究有助于勘探和开发海底丰富的矿产与油气资源。例如，通过阐明沉积物中水合物微观分布模式与力学参数之间的关系，建立一系列的含水合物沉积物力学参数模型，为天然气水合物钻探与开采工程设计提供理论依据。海洋地理学则通过对海洋要素的特性和时空变化的研究来分析海洋资源和海洋环境效应，由于海洋纬度地带性、环陆地带性、深度和海域之间的地域差异，评估不同区域的自然状况、资源类型和特点、开发利用条件的差异，构成海洋资源经济评价的重要依据。海洋地球化学是研究海洋中化学物质，包括各种溶解离子、溶解气体、微量元素与有机质、各种悬浮物、海底热泉和沉积物间隙水的学科，涵盖元素或化学组分在海洋中的分布、转化、迁移、通量以及在海水中存在形式的变化。海洋地球物理学则研究海底构造和大洋及其边缘的演化方式，对建立现代板块构造理论起到关键作用。由于全球温度持续上升，海洋驱动下冰架的变薄可加剧南极冰架的崩解和退缩，格陵兰冰盖的消融使得海平面升高乃至北冰洋冰盖的退缩，势必会对北极地区的生态系统乃至人类对海洋的开发利用造成极大影响。

目前，海洋交叉学科存在诸多关键性科学难题。例如，深海可能是地球生命的起源地之一，但是截至目前仍没有找到深海生命起源的直接证据。是否能够通过获得更原始的生命形式即更古老的微生物，来揭示生命的起源与演化的过程，同时反演地球环境的演化过程和机制仍是当前的科学难题。深海大洋对热量和 CO_2 的极限吸收能力有多少以及是否存在拐点，对热量与 CO_2 的吸收如何改变海洋的动力和生物地球化学环境，以至于如何进一步影响全球极端气候、海平面、生态系统、深海资源格局尚未有定论。此外，准确、精细地预测海洋与地球气候系统的变化是科学应对和减缓全球变化的关键手段，如何提高海洋与地球系统变化的精细化与精准化预报预测是国际上面临的急迫任务和巨大挑战。地球是唯一有海洋、板块运动的类地行星，目前对海底多圈层相互作用与板块构造之间的内在联系仍不清楚。研究认为，来自地球内部的物质能量经海洋环流和湍流输送到各个海域，形成一个跨海盆、跨尺度、跨圈层的物质能量循环系统。但是，对于海水与岩石圈相互作用的机制以及对大洋环流的影响，进入地球内部的水如何影响板块俯冲运动等科学难题仍待解决。全球变暖和人类活动急剧增加，导致极地海区气候环境发生快速变化，极地海洋作为全球变化的放大器，其增暖速度超出全球平均水平。极地海区由于其特殊性，主要存在的科学难题包括北冰洋海冰快速融化及其气候效应、南大洋环流变化及其全球效应、两极冰盖变化对亚太及全球多尺度气候变化的调控等。因此，要解决上述问题，需提高极地海洋的观测技术，结合雷达、卫星遥感等技术进步支撑未来极区海洋的开发利用。

三、海洋科学与基础科学的交叉

1. 海洋科学与数学的交叉

海洋科学的诞生开始就与数学紧密联系，基础数学给海洋科学提供了许多理论上的解释。数学中的纳维－斯托克斯方程等偏微分方程、随机微分方程、计算方法与非线性最优化等在海洋科学研究中起着重要作用。海洋研究相关要素的数量、结构、属性及运动形式也都离不开数学理论的推导。应用数学也给海洋数值预报、台风预报、渔况预测等提供了理论和技术支撑，在今天这个海洋大数据和人工智能时代更是起着不可替代的作用。

同时，未来海洋科学迈向更精细的三维研究，这就对基础数学和应用数学提出了更高的要求。不管面对的是大尺度还是更小尺度和能量串级等研究的需求，都需要从基础数学分析上找到更准确的解，如纳维－斯托克斯方程求解思路或技术进一步的发展和突破。海洋大数据时代的降临，对数据分析算法提出了更大的挑战。海洋数值模拟更高精度的要求也需要应用数学的进一步发展。

未来，数学和海洋科学需要更多的交叉和相互促进。下面从海洋资料同化和孤立子理论在海洋孤立内波研究中的应用两方面举例解释。在海洋科学的研究中，海洋资料同化是一种能够有效融合多源海洋观测资料的方法。它不仅可以构建海洋预报系统，克服观测站点和网格点时空不重叠的缺点，降低海洋数值模式初值的不确定性以及提高模拟和预报的效果，还可以制作海洋再分析资料场，对深化对物理海洋现象的认识也起着重要作用。以基于最优控制论的四维变分为代表的变分同化和以基于统计估计的集合卡尔曼滤波器为代表的集合同化已经发展成为海洋资料同化的两大主流方向，以集合和变分相结合的思想得到的混合同化方法更是跃于资料同化领域的国际前沿，广泛应用于海洋研究。未来，海洋研究发展需要更高精度的海洋数值模式，更精确的海洋再分析资料，就需要克服现代海洋观测资料种类繁多、数量庞大、均一性差等特点，这离不开资料同化技术的进一步研究和发展。

海洋孤立内波对潜艇等海洋内部航行器，石油钻井平台等海上作业平台及水下生产设施，物质输运造成的渔场分布及生态环境都有着重要影响。对海洋孤立内波的生成、传播、演变、耗散和结构特征的研究都离不开孤立子理论。孤立子理论是描述孤立内波动力学的经典模型，在该模型中，非线性效应与频散效应取得了精确的平衡，从而得到了孤立波解，且形式简单便于分析。孤立子理论及该理论的其他修正和扩展形式，如在其中引入反映海底地形变化、海底摩擦、耗散、背景流及其他效应的形式，在海洋内孤立波研究中得到了广泛的应用。未来，加强物理海洋、海洋化学、海洋生物等研究，提高海洋军事实力和海上工程安全，都需要对海洋孤立内波有更深入的研究，这就需要对孤立内波的理论与计算研究进行深入推进，发展非线性数学模型，追求更精细化和数学化的机理研究。

2. 海洋科学与物理的交叉

海洋科学是一个"超级大科学"，海洋问题的复杂性使其无法通过单一学科的研究得以解决，而是需要多学科领域间深度交叉。海洋科学是一门以观测为基础的学科，其研究范式涵盖现场观测、理论分析、数值和物理实验，其发展史上任何一次革命性的突破都离不开物理学发展的支撑。

近百年来，声学、光学、电磁学的发展，使得人类可以通过声、光、电等技术探测和认识海洋，进而发展了以物理学分支为主要内容的海洋声学、海洋电磁学、海洋光学等分支学科。例如，海洋声学研究声波在海洋水层、沉积层和海底岩层中的传播规律，以及在海洋探测和海洋开发中的应用，其主要研究内容包括海洋中声的传播和声速分布、声吸收和声散射、海洋中的自然噪声、海洋水层中的声学探测，海底声学特性和海底声学勘探等；海洋电磁学主要研究海洋的电磁特性，海洋中的天然电磁场和电磁波的运动形态及传播规律，电磁波在海洋探测和通信及海洋开发中的应用；海洋光学主要涉及海洋辐射传递过程，以及海面光辐射、水中能见度、海水光学传递函数、激光与海水相互作用等方面的研究，在应用研究方面主要涉及遥感、激光、水中照相工程等海洋探测方法和技术。上述基础物理学的发展和应用是提升人类观测探测海洋的首要驱动力。

作为海洋科学的最基本学科，物理海洋学是运用物理学的观点和方法研究海洋中的力场、热盐结构、相关的各种机械运动的时空变化，以及海洋中的物质交换、动量交换、能量交换和转换。物理海洋学的发展离不开经典物理学，特别是流体力学等经典物理学的发展。作为物理海洋学的重要研究手段，计算机模拟离不开高性能计算的突破。其中，量子计算作为一种遵循量子力学规律调控量子信息单元进行计算的新型计算模式，未来将会在地球系统模拟特别是海洋与气候方面提供跨时代的推动。

3. 海洋科学与化学的交叉

（1）化学高新技术手段在海洋科学中的发展和应用

近十几年来，我国海洋化学分析方法取得了非常大的进步。在海洋实验室中出现了能够给海洋科学研究带来很大影响的一批海洋化学分析方法，对于我国未来海洋化学的发展具有极其重要的意义。例如，在进行硝酸盐分析的过程中加入人工海盐，建立了一套全新的锌镉还原法，这套方法不会有盐误差现象出现；在分析总磷和总氮时采用自动分析，同时对水样中的磷酸盐与硝酸盐进行测定，可以有效减少试剂能源的浪费，提高分析速度。

在以前进行有机碳循环的研究过程中，遇到的一个重要问题就是怎样定性、定量分析超痕量的溶解态有机物。我国在该方法上取得了进步。对海水中的二甲基硫进行检测时，将二甲基硫渗透管作为一项标准，这样可以使其准确性得到显著提高。在测定烃类和氨基酸时，建立了一种利用气相色谱 – 质谱法来对水中的苯系化合物和酚类化合物进行全面分析的方法，与此同时该种方法还被广泛应用于海水样品的测定过程中。

在测定深海循环类型与速率时，经常使用的化学示踪物质分为两种，一种是氯氟烃，另外一种是碳 –14（^{14}C）。放射性同位素在一定程度上能够对海洋中化合物的迁移与混合给予指示。根据钍 234 和铀 238 两者的比值，科研人员能够对颗粒物在水中的移动速率进行研究与探讨，对与其相关的颗粒物所带钍元素的量进行测定之后，能够计算出不同元素的去除速率。

大量研究证明，粒径小于 5mm 的微塑料在海洋环境中普遍存在，且被多种海洋生物摄食。傅里叶变换红外光谱法（Fourier transform infrared spectroscopy，FTIR）是当前鉴定微塑料的最佳技术之一，此方法通过测量塑料颗粒的特征光谱获得具体的聚合物信息。粒径 ≥ 300μm 的大颗粒可采用常规 FTIR "衰减全反射"（attenuated total reflection，ATR）模式进行检测，1min 内即可完成分析且精度高；而对于 20 ～ 300μm 范围内的较小颗粒，可采用显微傅里叶变换红外光谱法（μ-FTIR）进行分析，μ-FTIR 是目前最常用的微塑料鉴别仪器方法。此外，塑料聚合物具有特征拉曼光谱，可通过与参比谱库比较鉴别聚合物成分。该法可靠性高，近两年来显微拉曼光谱法已成功应用于不同环境样品中微塑料的鉴别，甚至可用于更小的微塑料碎片鉴别（粒径≤20μm）。

目前，海洋化学分析方法的发展无疑已经成为科学发展的焦点，但是目前还有很多亟待解决的海洋化学分析方法问题。例如，如何进行超痕量元素和有机物的精确检测；如何提高各种检测的准确性和可靠性；一些新型污染物分析的标准化操作程序的缺乏，阻碍了代表性结论的提出。未来，海洋化学分析要更加关注提高化学分析仪器的分析精度，这将有利于超痕量元素和有机物检测，也为我们识别鉴定新的污染物提供了更好的手段。此外，标准化的污染物鉴别和量化方法也将更好地推动海洋化学的发展。

（2）海洋中新兴污染物的识别鉴定及化学行为

近几十年来，随着工业和社会的快速发展，许多化学污染物产生并通过地球表层物质循环进入海洋系统中。它们通过能量特性转换和辐射水平等形式影响海水理化性质，改变海洋生物的分布、丰度和质量，直接或间接破坏海洋环境。由于污染物的有害影响，识别和鉴定海洋中污染物的种类、赋存形式、含量以及明确污染物在均相和非均相界面的化学行为，已经成为海洋科学研究中关注的热点。

海洋中的污染物从形态上分为废水、废渣和废气，传统上大致包括以下几类：石油及其产品、重金属、酸碱、农药、有机物质和营养盐类、放射性核素、固体废物等。相对传统污染物而言，新兴污染物是指由人类活动造成的、目前已明确存在但尚无法律法规和标准予以规定或规定不完善、危害生活和生态环境的，所有在生产建设或者其他活动中产生的污染物。新兴污染物在环境中含量较低（多为 ng/L 或 μg/L）且保守性强，具有抵抗生物降解、吸附及转化的能力。国际上尚未就新型污染物的分类达成共识，但通常包括内分泌干扰物（endocrine disrupting chemicals，EDCs）、药品与个人护理用品（pharmaceuticals and personal care products，PPCPs）、全氟化合物（perfluorinated coumpounds，PFCs）、溴代阻燃剂（brominated flame retardants，BFRs）、饮用水消毒副产物、纳米材料、微塑料等。

内分泌干扰物是指环境中存在的能干扰人类或野生动物内分泌系统诸环

节并导致异常效应的物质，主要包括农药类物质（滴滴涕及其代谢产物、阿特拉津、甲氧氯、拟除虫菊酯类化合物、氯丹等）、添加剂（食品添加剂、双酚A和邻苯二甲酸酯等塑料制品添加剂）、工业化学物质（多氯联苯类、二噁英类、多环芳烃类物质、三丁基锡、壬基酚、辛基酚、酚红、非离子表面活性剂、阻燃剂等）、重金属（铅、镉、汞等）、动植物来源和人工合成激素（雌激素等类固醇激素、拟雌内酯、芒柄花黄素等）。内分泌干扰物对物体内天然激素合成、分泌、运输、结合、反应和代谢等的干扰具有隐蔽性、时段性、延迟性、转代性、复杂性的特征，对海洋腹足类、鱼类、两栖类、爬行类、鸟类、哺乳类等海洋生态系统中的物种产生了潜在危害。

药品与个人护理用品包含药物、诊断剂、麝香、遮光剂等在内的5000多种物质，大多数极性强、易溶于水、挥发性较弱，是一类微妙的、潜在的、有积累影响的环境污染物。其中，抗生素由于能引起微生物的选择性压力和抗药病原菌的选择性存活而受到广泛关注。长期暴露于低浓度抗生素环境下产生选择性压力，导致耐药微生物已广泛出现在海洋环境介质中。同时，耐药微生物可能通过呼吸、食品、饮水、排泄、农业灌溉等途径输入海洋，进而威胁人类健康。

全氟化合物是一类碳原子连接的氢原子全部被氟原子取代的化合物，其代表性化合物全氟辛烷磺酸（PFOS）和全氟辛酸（PFOA）及其盐类应用十分广泛，大量用于化工、纺织、涂料、皮革、合成洗涤剂、炊具制造、纸质食品包装材料等诸多与人们日常生活息息相关的生产和产品消费中。这类化合物普遍具有很高的稳定性，能够经受很强的热、光照、化学作用、微生物作用和高等脊椎动物的代谢作用而不降解，导致其具有很强的环境持久性，会随食物链的传递在海洋生物机体内富集和放大至相当高的浓度。

溴代阻燃剂主要包括四溴双酚A（TBBP-A）、六溴环十二烷（HBCD）、多溴联苯醚（PBDEs，占60%）三大类，被广泛应用于电子、化工、纺织、交通、石油、采矿等领域中，效果好，短期内难以被替代。多溴联苯醚难溶于水、难降解、结构稳定，具有亲脂疏水性，可通过生物富集过程在海洋生物体内聚集，对生态环境的危害极大；同时，其具有半挥发性和强吸附性，通过大气环流远距离迁移至海洋中，进而导致全球海洋范围的污染传播。

微塑料为直径小于5mm的塑料纤维、颗粒或者薄膜，成品分为微塑料粒的初生微塑料和由体积较大的塑料垃圾经物理、化学、生物作用破碎而成的次生微塑料两种，其分布区域已遍及海洋各个区域。微塑料会对生物产生毒性效应，可能通过食物链传递进而威胁人体健康。

新兴污染物一般化学结构稳定，在海洋环境中不易降解，且会借助于食物链不断富集，因此会对生态系统及人体健康造成严重威胁。因此，需要探索这些新兴污染物在海洋系统中的赋存形态及其在均相介质和非均相界面的扩散、迁移和转化机制，创新发展新兴污染物在海洋中的传输理论，构建大洋内部的立体跨圈层实验、观测和数值模拟的研究体系，以期定量评估海洋系统中新兴污染物对人类社会的潜在影响。

（3）痕量元素及非传统稳定同位素示踪海洋环境变化

痕量元素是指地壳中除 O、H、Si、Al、Fe、Ca、Mg、Na、K、Ti 这十种元素（它们的总重量丰度共占 99% 左右）以外的其他元素。海洋中痕量元素主要以有机配合物的形式存在，在海洋生态系统动力学及碳循环中发挥着重要作用，其中很多是浮游植物生长必需的营养元素，与生物体内生化反应的催化、蛋白质的合成及生物毒性的产生和消除等都密不可分。因此，痕量元素行为可以揭示海洋生物地球化学循环过程。另外，随着海水温度和盐度发生变化，痕量元素的溶解度和吸附量在海水中均发生变化，可作为海水温度和盐度等理化性质的指标。例如，方解石中的 Mg、Sr 的富集随温度的增加而增加，惰性气体 Ar、Kr、Xe 的溶解度随温度的增加而减小，黏土矿物吸收 B 的量与盐度成比例，痕量及微量元素丰度差异与盐度相关等。考虑到痕量元素在海洋科学研究方面的重要性，应重点发展痕量元素检测分析方法，阐明海水中痕量元素的迁移、转化和循环过程对海洋动力和生物地球化学环境的影响，为理解未来海洋环境变化提供重要科学支撑。

非传统稳定同位素指的是 Mg、Ca、Cr、Fe、Cu、Zn、Se、Mn、Cl、Hg 等重元素的稳定同位素。它们是功能强大的示踪剂，可用于研究海洋演化、污染物来源以及了解污染物不同组分之间的混合过程。因此，在海洋科学研究领域中，这些非传统稳定同位素的使用正与日俱增。具体应用如下：① Hg 同位素被用于研究甲基汞随食物链的累积放大过程，探讨海洋环境中汞对海洋生态及人群健康的潜在危害；② Cd 同位素被广泛应用于海洋生物地球化学循环（海水、浮游生物、铁锰结核、热液硫化物等）、河流对海洋的输入贡献、大气粉尘对海洋的贡献，重建古海洋环境如对二叠纪－三叠纪之交生物大灭绝事件的研究，同时碳酸盐岩中的镉同位素组成可以反演历史时期古海洋的初级生产力和营养利用率；③ Ba 同位素在海洋系统中得到了广泛的研究，它是海洋碳循环过程中的有效指示参数；④ Zn、Cu 和 Fe 同位素被用于古环境古气候以揭示海洋中的地球化学循环和海洋生产力的变化；⑤ Tl 同位素和 Ni 同位素可以为示踪海洋污染来源和迁移转化过程提供有效信息。目前，非传统稳定同位素在海洋科学研究中的应用正在飞速发展，今后应建立和改进海洋中多种金属同位素高精度的测试方法，构建海洋环境主要污染源的非传统稳定同位素指纹谱，开展多种非传统同位素联合示踪水团的运动、混合、扩散速度和沉积层的地质年龄等研究，加强同位素分馏系数和机理的理论计算工作。

4. 海洋科学与生命学科的交叉

（1）探索生命起源及生物多样性等基础性科学问题

海洋是生命起源的摇篮。海洋微生物产氧作用从根本上改变了地球生态系统；而地球气候变化的主线，则逐帧展示了地球海洋生物多样性和生态系统演替规律。生命进化史中许多重大事件发生在海洋中，是开展生命起源与进化、探讨生命重大问题的理想研究领域。当前，地球系统进入了一个新的地质纪元——人类纪。人类活动导致的气候变化对海洋生态系统影响的印记清晰可见；海洋生态系统正遭受强烈冲击，这无一不与微生物海洋学过程息息相关。海洋中细菌、古菌、病毒、浮游植物和原生动物等微型生物生态过程直接影响着海洋生态系统和海洋生物多样性。海洋环境与陆地环境完全不同，深海、热液、潮间带等特殊生境中存在着丰富多样的生命形式。开展大洋深海极端环境生命科学的研究，将开启生命科学的全新发现，有望回答诸如生命的起源、极端生命过程的物质代谢和能量代谢及其对极端环境适应等基本生物学问题。

（2）海洋生态系统的保护与海洋生物资源开发和利用

在海洋生态系统中，物种丰富度的时空分布与环境特征息息相关。人类活动造成的气候变化影响着全球海洋系统，海洋生态系统往往随着气候变化而发生快速改变，这种突发性、非线性的改变所带来的风险在不断增加的同时，也会反馈性地体现为更加剧烈的全球气候变化并产生灾难性的后果，海洋科学与生命科学的交叉有利于系统认识全球气候变化的生物因素并促使人类与环境更加全面地和谐相处。此外，广袤的海洋环境中蕴含极为丰富的蓝色生物资源，包括基因资源、新型生物材料、新型药物先导化合物等。探索海洋生物特有的生命过程，发现调控这些特殊生命过程的功能基因及其作用的分子机制，系统研究调控生态系统稳定输出的内核，不仅可以拓展、加深人类对生命本质的认识，链接、跨越生态系统与碳汇的鸿沟，而且必将对工业、医药、环保和军事行业方面产生深远的影响。认识浮游生物和海洋微生物在巨大海洋碳库形成中的作用，开发海洋负排放等尖端颠覆性理论和技术，抢占国际海洋生物与生态研究的制高点，也能够使我国海洋生物与生态主要分支学科跻身国际前沿，引领世界海洋生物与生态学科的发展。

（3）海洋生态系统在增汇减排中的巨大潜力

在全球减少碳排放以应对气候变化的大背景下，作为地球上最大碳汇体的海洋和沿海生态系统被寄予厚望，实际上，海洋储存了地球上约 93% 的二氧化碳，并且每年清除 30% 以上排放到大气中的二氧化碳。未来，蓝碳将分担和缓解碳排放压力，是减排的另一条可行路径。海洋表层各种浮游生物、微生物吸收大气中的二氧化碳后成为颗粒有机碳并在重力等作用下沉降到海底，进而在深海厌氧或兼性厌氧微生物的推动下促使大规模的碳酸盐沉积，将有助于增汇减排，助力我国实现碳达峰、碳中和目标。

四、海洋科学与工程技术科学的交叉

（一）海洋科学与工程科学的交叉

1. 海洋科学与机械学科的交叉

（1）海洋连续观测技术和海洋与地球系统变化预测

海洋是地球系统的关键组成部分，准确、精细地预测海洋与地球气候系统的变化是科学应对和减缓全球气候变化的关键手段。经济社会可持续发展不仅要求将所有地球系统分量耦合在一起模拟预测大尺度气候信息，也要求能准确预报预测局地的海洋、大气等信息以及无缝隙地预报预测天气气候现象。这要求地球系统模式的解析度从百公里级精细到公里级，物理过程从大尺度平均近似的参数化描述上升到如对台风、中小尺度涡旋、海浪破碎等细节性过程的显式描述。海洋预报预测可以从全球和区域海洋发展的战略角度，为决策层进行海洋防灾减灾、海洋环境资源管理以及应对全球变化影响等方面提供科学支撑。当前，海洋与地球系统变化的预报预测正向多圈层耦合和高分辨率的方向发展，结合人工智能、大数据、超高性能计算机，以及海洋与地球系统综合观测数据日益增加，如何提高海洋与地球系统变化的精细化与精准化预报预测是国际上面临的急迫任务和巨大挑战。

海洋连续观测与作业系统依托母船开展工作，主要包括解决海洋物质、能量、热量等的输运过程研究急需的诸如 500m 船载拖曳式光纤温深剖面连续测量系统、3000m 深海生态过程长期定点观测系统和 6000m 级深海科考型遥控无人潜水器（remotely operated vehicle，ROV）系统等。

船载拖曳式光纤温深剖面连续测量系统是一种高密度、高效率船载拖曳式测量装备，充分发挥系统在时间上和空间上连续测量的优势，为海洋调查和科学研究提供了全新的观测技术手段，以快速高效地获取高时空密度温深数据。

深海生态过程长期定点观测系统是一种框架式水下固定观测平台，可根据科学需求选择搭载不同的传感器，可长期在海底进行连续定点观测，并且可以通过 ROV 来调整观测的具体位置，可以获得超过一年的多传感器同步定点精确观测数据，研究深海生态系统的形成与演变机制、生物生长周期和代谢节律、种群随季节变化等海洋现象。

深海科考型 ROV 系统将是我国首台自主研发面向科考应用的 6000m 级 ROV 装备，采用全电动推进技术，降低平台噪声，减少对环境的影响；采用光纤通信技术实时传输视频及数据，使用先进照明摄像设备，能够进行水下广播级高清视频拍摄；配有高精度导航和定位系统，实现水下多自由度高精度控制；具有丰富的设备接口，可搭载多种科考仪器设备，安装两台灵巧机械手，可进行近海底采样作业。

（2）人工上升流/下降流系统与海岸带可持续发展科学问题

人工上升流这一概念对应于自然上升流。自然上升流是一种海洋学现象，指从表层以下沿直线上升的海流，其产生原理为由风力、科里奥利力和埃克曼输送等因素共同造成的表层流体的水平辐散。自然上升流可将富含营养盐的深层海水提升至真光层,为表层浮游植物的生长提供充足的养分,从而提升海洋初级生产力并促进鱼类繁殖。据统计,上升流海域仅占海洋总面积的0.1%,却提供了50%左右的初级生产力和40%以上的鱼类捕获量。然而在自然界中,海洋上升流过程随着动力因素的变化,季节性明显、时空分布不均匀,无法在所有鱼类繁殖和生长期形成,以提供鱼类充足的营养成分。另外,自然上升流海域占世界海洋面积的比例很小,即使在夏季强盛期,海洋上升流也存在区域性,无法覆盖整个渔场。因此,在没有自然上升流的寡营养盐海区,通过放置人工系统,形成自海底到海面的海水涌升,可以模拟自然上升流过程,以达到增殖渔业资源、增加渔业碳汇、改善海洋生态环境的目的,并有望对气候变暖和抑制海洋自然灾害产生影响。

自 20 世纪 50 年代以来,在人类活动和气候变化的双重压力下,近海海洋牧场的低氧现象愈发严重,低氧的频率在提高、面积在扩大、程度在加重。当水体溶解氧浓度低于 2mg/L 即为低氧。低氧会对海洋生物的生存造成严重威胁,导致牧场区域生物量减少,生态结构失衡,甚至对生态系统造成整体性破坏。治理水体低氧的关键是控制人类活动造成的陆源营养盐输入量,降低水体富营养化程度。增加水生植物种植也是近海水体增氧的有效手段之一。然而,当海洋牧场因水体层化、上下水体交换困难而低氧致灾时,亦亟须辅之以相应的应急措施,增加底层水体的溶解氧含量。例如,通过人工下降流技术手段增加水体垂直交换,促进溶解氧向底层水体的扩散,增加底层水体溶解氧浓度。人工下降流是指科学地投放海底结构物,引发海洋中自上向下的水体流动,将上层富氧海水带入底层,增加底层水体的溶解氧含量,以保护底栖生物,诱集和增殖各类海洋生物。

(3)深海海水采样技术与海洋科学研究

海水采样是海洋科学研究中所依赖的一项重要技术。高通量深海海水采样及分级过滤系统采用原位过滤获取样本的深海取样方法,为深海悬浮颗粒物研究提供了一种简约有效的取样技术手段,改变了传统使用采水器采水,提升到船上实验室进行过滤后取得样本的工作模式。

(4)海洋环境安全保障技术

大力发展海洋环境安全保障技术可形成以我国自主发展的海洋模式为基

础的海洋环境安全保障系统，增强我国海洋动力环境和生态环境预报的精确性，有效保障海洋重要通道的使用和海洋重大工程的建设。实现对海洋重大突发事件以及海洋灾害的风险管控和影响评估的快速精准保障。有效增强岛礁生态系统的人工修复、重构与自然恢复，推动岛礁生态系统的资源保护与生态安全保障。

2. 海洋科学与电气、控制、通信等学科的交叉

（1）深海探测技术与海洋科学问题

深海探测技术指的是利用各种物理、化学方法，对深海的环境、目标、物理/化学/生物量进行原位探测、测量、分析的技术。例如，使用光学方法分析水下物质成分，使用电磁波探测水下目标、进行水下地形地貌的分析，使用化学方法测量海水 pH、盐度等。水下探测技术以探测对象为根本出发点，综合运用水下声学技术、水下光学技术、电磁波等基础技术达到探测目的，为进行海洋研究、海洋资源开发与利用提供必要的保障。与传统的"水下采样＋陆上分析"方法相比，对水下对象进行直接探测的优点在于信息获取更直接、更可靠。特别是在化学和生物量的测量方面，水下原位探测最大限度地减少了环境变化所引起的样品成分改变，使得深海环境的实时、原位探测和长期自动观测成为可能，并大大降低了海上作业的时间和费用。

（2）海底热液原位观测技术与地球生命起源

地球已有45.5亿年的历史，地球在宇宙中形成以后，最初是没有生命的。生命起源的第一个重要过程是化学演化。大气中的有机元素氢、碳、氮、氧、硫、磷等在自然界各种能源（如闪电、紫外线、宇宙线、火山喷发等）的作用下，合成有机分子（如甲烷、二氧化碳、一氧化碳、水、硫化氢、氨、磷酸等）；在此基础上，这些有机分子进一步合成，演化成组成生物体的单体化合物（如氨基酸、单糖、腺苷和核苷酸等）；这些生物单体进一步聚合，演化成高分子量生物聚合物，如蛋白质、多糖、核酸等；核酸、蛋白质等生物高分子聚合物出现，最简单的生命也随之诞生了，从此地球上就开始有生命了。根据地质历史记录，地球上最早的生命形式可能出现于38亿年前。无论是实验室还是自然环境中，高温高压的化学催化是从无机物合成有机物的基本条件，而海洋深部是具有化学催化能力的理想场所。因此，深海可能是地球生命的起源地之一。但是截至目前，我们还没有找到深海生命起源的直接证据。近些年来，深海热液区极端环境下不依赖于光能的生命现象和运转良好的黑暗生态系统的发现，提出了一系列新的生命科学的前沿科学问题，如深部生物圈生命的起源、生命耐受的极限、生命－环境互作过程以及生物如何与地球系统共进化。

海底热液原位观测技术是将观测设备放在海底热液观测对象附近，对观测对象进行不间断的观测与记录，同时将数据存放在自容式存储器中。间隔一段时间后取回实验室进行数据分析，这种方式尽管实时性稍差，但非常实用。在海底放置海底观测设备，进行长期观测，并将数据采入数据采集系统。系统回收后，在实验室中将数据导入计算机中再进行分析。这样的系统，就是一种海底观测站，是间接观测技术的一种重要形式。海底热液原位观测技术对是否能够通过获得更原始的生命形式即更古老的微生物，来揭示生命的起源与演化的过程和机制至关重要。

（3）电化学传感器技术与深海战略性矿产资源成矿机理认识

深海海洋中蕴藏着丰富的多金属结核、富钴结壳、多金属硫化物、稀土等矿产资源，主要集中在太平洋、印度洋和大西洋的海底，资源量巨大，含有重要战略性资源和稀有的贵金属，这些矿产尚处于资源勘探和开发技术前期准备阶段。当今，世界各国正在加紧争夺深海矿产资源勘探开发的主导权和优先权，推动深海矿产资源勘探开发的理论、技术、工程创新，破解多圈层相互作用、深部过程与成矿等重大基础科学问题，攻克勘查开采技术装备体系，是保障国家能源资源安全重大战略的急迫需求。目前，深海多金属结核、富钴结壳、多金属硫化物、稀土等矿产勘探程度低、成矿规律认识不清，深海矿产的采矿、集矿、扬矿、选矿、水下作业系统等技术装备需要尽快突破，深海矿产勘探开发的环境影响评价和开采安全保障还需要持续攻关。深海战略性矿产资源的成矿机理认识、资源精细勘查、资源量精确评估、绿色高效开发技术等问题是未来重要的科技方向。

电化学传感器是基于待测物的电化学性质并将待测物化学量转变成电学量进行检测的一种装置，它具有操作简单、携带方便、对分析物可以进行连续快速检测等优越性能，在深海战略性矿产资源领域得到广泛应用。按所转换成的电学量类型，电化学传感器常可分为电流、电位、电容及阻抗型传感器。开发和研究适用于深海战略性矿产资源勘探的电化学传感器系统，实现环境多参数定点、在线、连续长时间监测已成为海洋技术发展的重点。电位型 pH 电极、电流型溶解氧电极在海洋环境监测中的广泛应用及其原位、现场快速监测设备的研发凸显了电化学传感器在海洋环境监测应用中的优势。由于电化学传感器在原位、实时、快速检测以及小型化、智能化等方面具有较突出的优势，电化学传感器技术在深海战略性矿产资源勘探中的实际应用正受到越来越多的关注。

（4）水下高光谱成像技术与海洋目标识别

与传统的遥感数据源相比，高光谱数据具有光谱范围宽、谱段多、光谱分辨率高的特点。高光谱成像仪的工作波长覆盖太阳反射光谱区，波段宽度达到纳米量级，波段数急剧增多，从可见光到近红外光谱区间的波段数可达几十个乃至几百个。如今其波段宽度越来越窄，波段数目越来越多，在多项应用中都提供了更加丰富的数据和研究方法。近年来，随着光谱成像技术的发展，机载成像光谱仪在海域军事目标的侦察中得到了新的应用。用于水下目标探测的高光谱成像仪在光谱分辨率、谱段范围、空间分辨率等方面的指标不断提升，并且在搭载于无人机平台的目标探测中表现优异。在基于高光谱数据的海面目标及水下目标探测中，研究人员提出了多种数据处理算法，处理后的图像目标与背景之间的差别显著增强。

（5）海洋自适应光学、海产品成像检测技术

水下成像是水下光学和海洋光学学科的重要研究方向，是人类认识海洋、开发利用海洋和保护海洋的重要手段与工具，具有探测目标直观、成像分辨率高、信息含量高等优点。该技术已经被广泛地应用于水中目标侦察/探测/识别、水下考古、海底资源勘探、生物研究、水下工程安装/检修、水下环境监测、救生打捞等领域。

水下主动照明成像主要是为了解决水下环境对成像光束的高损耗问题，一般使用 532nm 左右波长的激光对成像空间进行人工主动照明，在高损耗的情况下保证成像回波信号的绝对能量。主动照明在增强成像光束能量的同时，也会产生大量的后向散射光，影响成像质量。因此，一般水下照明系统采用成像与照明分离布局，以减少后向散射对成像的影响。

水下距离选通成像技术主要以解决后向散射等杂散光对成像的影响为目

的。对于主动脉冲照明，后向散射光和目标反射光到达成像接收器件具有时间差。距离选通成像技术通过控制成像快门的开闭，将非目标反射光束到达时间段的光束隔离在接收器件之外，只接收目标反射光束到达时间段的光信号，以达到排除杂散光干扰、提高接收数据信噪比的目的，进而增加成像距离和提高成像质量。

水下激光扫描成像技术主要解决的是水下光学成像距离近的问题。通过线扫描或点扫描的方式对目标进行采样，然后将采样信号按位置拼接得到目标的灰度图像。由于照明激光能量更为集中，单位面积的目标反射能量更高，使用该方法成像能有效地增加回波信号的强度，从而增加成像距离。水下激光扫描成像技术一般由高重频和高峰值功率脉冲激光器、激光整形或准直光学系统、扫描机构、光学系统、高精度时序控制系统和接收系统构成。激光器发射的激光脉冲经过光学系统的整形成为准直激光或线激光束；扫描机构控制整形后激光脉冲的方向，使其按顺序在空间上排列成阵列来扫描目标区域；通过接收回波信号组成目标的灰度图。理论上，点激光扫描成像技术的最大作用距离能达到十倍衰减长度。但是，由于水体对准直光束的扩散作用和系统硬件的限制，其成像分辨率较水下距离选通成像技术低。同时，由于其多次采样的原因，采样时间较长。

（6）海洋极地探测技术与极地科学问题

进入 21 世纪以来，随着全球变暖和人类活动急剧增加，极地海区气候环境发生快速变化：极地海洋的增暖超出全球平均水平，是全球变化的放大器；北极海冰的厚度与范围快速减小，南极冰架的持续崩解，是对气候变化最敏感的指示器。极地海洋的快速变暖和酸化，使得极地海区生态系统正受到严重威胁，并对全球环境和气候产生影响。一方面，极地海洋的快速变化将导致全球水循环格局的改变，引发水资源分布变化、海平面上升等一系列重大问题；另一方面，极地海洋环境与气候的变化改变了全球能量和质量分布格局，导致全球天气、气候不稳定性增加，引发区域和全球天气、气候灾害风险加剧。因此，极地海洋快速变化已经引起国际政治家、经济圈、科学界和社会公众的高度关注，并成为国际政治和科学的核心议题之一。但是相比其他大洋，极地海区是目前我们了解最少的海区，且由于其特殊的环境，主要存在的科学问题包括：极地冰盖不稳定性和海平面变化、北冰洋海冰快速融合及其气候效应、南大洋环流变化及其全球效应、极地生态系统的敏感性与脆弱性、两极冰盖变化对亚太及全球多尺度气候变化的调控、气候变化影响下的极地新兴生态环境问题。要想解决上述科学问题，需要加强极地海洋的探测技术，结合新能源、新材料、无人智能冰下航行器、卫星遥感等技术，保障对极区的考察和其他海上活动，支撑未来极区海洋开发利用。

（7）海洋立体观测网技术与海底科学问题

海洋立体观测网建设是未来海洋科技发展的关键之一。目前，海洋监测领域关注的热点和前沿问题包括：卫星遥感海洋环境观测的多参数、宽范围、实时化、立体化；传感器及探测装备的小型化、智能化、标准化、产业化；海洋组网观测的全球化、层次化、综合化与智慧化。各国纷纷研发海洋观测技术集成和服务系统，以"星－空－海、水面－水中－海底智能组网"为代表的海洋环境立体观测网络得到广泛关注。美国的综合海洋观测系统（Integrated Ocean Observation System，IOOS）、欧洲的海洋观测与预报服务系统（MyOcean）、全球海洋观测系统（Global Ocean Observation System，GOOS）、全球综合地球观测系统（Global Earth Observation System of Systems，GEOSS）等的实施，为全球和区域尺度的长期观测、监测与信息网络的建设提供了可能。长远来看，面向海洋活动需求，以海洋信息服务为中心，多平台组成的自适应海洋环境立体观测网络仍然是海洋环境立体监测的主要发展方向。

我国下阶段应初步建成全球海洋观测体系并实现有效运行，形成全球海面及水下重点海区多要素立体观测能力。构建星－空－海、水面－水中－海底智能组网立体观测系统，形成具备全球 6h、中国近海 1h、关键海区连续观测的立体监测能力，建设海洋环境信息综合服务平台以及基于预测预报和专家知识的智慧海洋系统，为海洋认知、海洋经济与军事活动提供实况信息保障。

3. 海洋科学与材料学科的交叉

据统计，2017～2019 年海洋科学与材料科学领域的交叉度高达 72%。目前，海洋工程材料常用的钢铁等金属材料、钢筋混凝土等工程材料正在面临严重的海洋腐蚀与生物污损侵害。海洋材料的附着腐蚀与防护，即针对海洋环境下工程装备材料面临的腐蚀损伤、磨蚀失效和生物污损等严重问题，而现有研究基础和技术水平无法满足我国重大海洋工程和装备的应用需求，对海洋环境下所需的耐蚀、耐磨和防污新材料的制备难以提供技术支撑的现状，通过对海洋环境腐蚀、磨蚀和污损的最本质原因及耐蚀、防护材料构效关系中存在的核心科学问题进行研究，以期明确深海、高湿热等典型海洋环境下，工程装备材料在力学、化学、生物与电化学交互作用下的腐蚀机理与规律，并在此基础上发展出具有自主知识产权的有工程应用价值的新型耐蚀耐磨新材料和防污涂层体系，为从根本上解决海洋环境下材料的腐蚀、磨蚀和生物污损问题提供理论和技术支持。

由于海洋环境的特殊性与复杂性，人类对海洋腐蚀环境的认识还不够深入，海洋环境对工程材料造成的腐蚀与生物污损的过程、特征与规律尚不明确，同时针对海洋腐蚀与污损的防护技术仍不成熟。因此，结合海洋工程材料的特征和特性，从材料学、环境学与海洋科学等多角度阐述海洋环境与工程材料之间的相互作用机制，对认识海洋腐蚀与生物污损具有极其重要的意义。此外，海洋腐蚀与生物污损防护技术的开发高度依赖于新材料的发展，如新型耐蚀金属材料与钢筋混凝土材料、重防腐材料、绿色高效防污剂材料、基于光和电的绿色催化材料、防腐防污涂层材料等。新材料的设计与发展为海洋腐蚀与污损防护学科发展提供了强有力的支撑。

4. 海洋科学与能源学科的交叉

在海洋能开发方面，潮汐能和近海风电已实现商业化应用，潮流能、波浪能、深远海风电已开始尝试规模化应用，温差能、盐差能等正从实验室走向海洋实况测试。总体来说，国际海洋能工程科技仍需解决高效率、高可靠性、高稳定性、易维护和低成本等技术问题。我国现阶段应攻克海洋能发电装置产品化关键技术，以达到国际先进水平。海洋能产业初具规模，为实现海洋能规模化的开发利用及发展海洋能高端装备制造产业奠定坚实的基础，尽早为国家能源结构调整提供备选能源，并逐步进军国际海洋能市场。

（1）波浪能利用技术与海洋水动力环境资源和海洋生物

波浪能利用是指波浪能经过变换装置或设备，转换为机械能，然后把机械能转换为电能，用电缆输送到陆地上与大电网连接供用户使用；也可把机械能转换为氢、碳氢化合物等化学能进行利用。波浪能发电已经实用化，其转换方式有气动式、液动式和水库式三类。气动式是波浪能发电最常用的转换方式，波能接收体均匀地把波浪能转换为气流能，推动空气涡轮机，带动发电机发电；液动式是波能接收体均匀地把波浪能转换为液压能，然后通过液压电机发电；水库式是把波浪能转换为水的势能，然后采用常规水力发电方式发电。

波浪能对海洋生物资源的影响。海洋生物不仅指海水中的鱼群，还包括海岸上的鸟类。对于海洋生物，首先需要考虑取能装置在安装时对其的影响。波浪能提取需要铺设电缆线，需要将一些平台的支柱打进海底，这些工程措施都会加大海水的浑浊度，引起泥沙的沉降，使得海水透光性下降，降低光合作用的效率，导致海表浮游植物和浮游动物受到影响，出现不同程度的产量下降，从而影响当地的海产产量。但是这种影响会随着建筑物和装置工程的完成而减弱，即便如此，如果在建设初期充分研究了海域的海底泥沙情况和海域的生物资源分布，可以减少由此带来的不利影响。

波浪能对海洋水动力环境资源的影响。从已有的波能装置来看，其对海洋水动力环境资源的影响还是很大的。例如，发电装置"巨鲸"在转化波浪能后，造成了当地海域波面的变化，使波面变得更加平滑，这在很大程度上减缓了表层海水的运动，虽然这种变化对港口的防护有益，但对海洋生物的生产造成了很大的影响。因此，需研究波浪能对海洋水动力环境资源和海洋生物的影响。

（2）潮流能利用技术与海洋环境问题

潮流能是月球和太阳的引潮力使海水产生周期性往复水平运动时形成的动能，主要集中在岸边、岛屿之间的水道或湾口。潮流通常可以分为往复式和旋转式两种。往复式是在近海出现的一种潮流形式，在近岸、海峡、港湾及江河入海口等处，潮流受地形及海岸线结构的限制，只能做往复运动。涨潮时，海水由外海向大陆方向流动，这种潮流称为涨潮流，反之称为落潮流。在外海或广阔海域，潮水的流向不是直线式往复运动，而是旋转运动，形成旋转流，这种旋转式潮流的产生是地形条件及科里奥利力（地转偏向力）综合作用的结果。

潮流能发电的主要环境影响源主要来自提取动能、设备的轮叶和支撑结构、设备的安装/报废、噪声以及突发污染事故等各个阶段。潮流能转换装置的环境影响也分为一般环境影响，对景观、水力环境和生物的影响，噪声产生的影响，产生的化学影响等。大量研究结果表明，虽然潮流能是可再生的清洁资源，但是它也可能对环境造成一定的负面影响。

（3）海上风能利用技术及其对生态环境的影响

风力发电是世界上发展最快的绿色能源技术，在陆地风电场建设快速发展的同时，人们已经注意到陆地风能利用所受到的一些限制，如占地面积大、噪声污染等问题。由于海上丰富的风能资源和当今技术的可行性，海洋将成为一个迅速发展的风电市场。

海上风能对鸟类的影响：风电场对鸟类的影响主要体现在碰撞致死、干扰和觅食栖息地的丧失。鸟类自身对风电场有规避行为，鸟类宏观规避会改变其飞行路线以远离风力发电场以降低碰撞事件的发生；微观规避指鸟类进入风力发电场后会采取规避动作以避免与风电机发生碰撞。但如果选择宏观规避而改变飞行路线避开风电场，鸟类除了要花费额外的时间和精力外，还会丧失原有的觅食栖息地。风电场的噪声和电磁场对鸟类的干扰相对较弱，噪声和电磁场会对鸟类的迁徙路线产生一定的影响，但这种影响并不显著。风电场在建设和运行期间对鸟类的影响为很小或可以自我恢复的中等程度。

海上风能对海洋鱼类的影响：风电场对海洋鱼类的影响主要体现在噪声和电磁场。风电场噪声对鱼类的影响也分为建设期间和运营期间，由于声音在水体和沉积物中传播方式不同，噪声对底栖鱼类和中层水体中鱼类的影响也会不同。除了噪声之外，施工期间在海底打桩固定、铺设海底电缆需要深挖海沟，这些工程会导致海底泥沙和沉积物悬浮，致使水体浑浊，另外还有可能会有含油废水的泄漏，对海域水质造成污染，影响海洋生物的正常生活，但总体来说施工期间的影响较为局部、暂时。此外，风电场的施工会阻止当地的拖网作业，从而缩小破坏性捕鱼的范围。

海上风能对海洋哺乳动物的影响：风电场对海洋哺乳动物的影响主要来自噪声，也分为风电场建设阶段和运营阶段。打桩期间，港海豚的声学信号明显下降，觅食行为变少，打桩点附近的哺乳动物数量明显降低。相比打桩噪声，风电场运营阶段的噪声对海洋哺乳动物的影响微弱，海洋哺乳动物能很好地适应风电场运营期间噪声。然而，目前涉及哺乳动物电感知能力的研究非常有限，一些海洋哺乳动物，如港海豚，可能不依赖于地磁场信号来导航。

5. 海洋科学与机械控制学科的交叉

海洋科学研究需要水下观测与作业平台，海洋科学与机械控制学科交叉融合带来了一系列突破，出现了一批无人和载人潜水器，有力地推动了海洋科学的发展与进步。

（1）遥控式无人潜水器

遥控式无人潜水器又称为水下有缆遥控机器人。它是一种由水面控制，可以在水下三维空间自由航行的高科技水下工作平台。其基本工作方式是，由水面母船上的工作人员通过连接潜水器的脐带提供动力，操纵或控制潜水器，进而通过水下摄像机、成像声呐等专用设备进行水下观察，或者通过机械手等工具进行水下作业。

（2）自主式无人潜水器

自主式无人潜水器（autonomous unmanned vehicle，AUV）是一种综合了人工智能和其他先进计算技术的任务控制器，集成了深潜器、传感器、环境效应、计算机软件、新材料与新工艺、水下智能武器，以及能量储存、转换与推进等高科技，军事上用于反潜战、水雷战、侦察与监视、后勤支援等领域，可执行大范围探测任务，但作业时间、数据实时性、作业能力有限。

（3）载人潜水器

载人潜水器可运载科学家和工程技术人员进入深海，在海山、洋脊、盆地和热液喷口等复杂海底进行机动、悬停、正确就位和定点坐坡，有效执行海洋地质、海洋地球物理、海洋地球化学、海洋地球环境和海洋生物等科学考察任务。

载人潜水器具备深海探矿、海底高精度地形测量、可疑物探测与捕获、深海生物考察等功能，可对多金属结核资源进行勘查，可对海区地形地貌进行精细测量，可定点获取结核样品、水样、沉积物样、生物样，可通过摄像、照相对多金属结核覆盖率、丰度进行评价等；对多金属硫化物热液喷口进行温度测量，采集热液喷口周围的水样，并能保真储存热液水样等；对钻结壳资源的勘查，利用潜钻进行钻芯取样作业，测量钻结壳矿床的覆盖率和厚度等；可执行水下设备定点布放、海底电缆和管道的检测，完成其他深海探询及打捞等各种复杂作业。

（4）水下滑翔机

水下滑翔机通过浮力与重心的调节，实现在海洋中的滑翔功能，可以在有限的电能支持下，进行数千公里以上的长距离、数月以上的长时间滑翔作业，以解决海洋中长期大范围的观测需求，深受海洋科学家的喜爱。水下滑翔机可用于南海内波、中尺度涡、台风、藻华、缺氧等海洋现象的观测，也可用于移动目标的发现等。

（5）新概念无人潜水器

随着科学技术的发展，特别是材料科学、人工智能等学科的发展，出现了一批新概念无人潜水器技术。水下直升机就是一个代表性的例子。由于自主式无人潜水器、水下滑翔机等无人移动式平台主要工作在海洋上层水体，在海洋底部区域缺少一种海底观测与作业的潜水器技术。因此，水下直升机应运而生。水下直升机是自主式无人潜水器的一个分支，一般采用碟形结构，它可以在海底自由起落、在海洋各处任意悬停，满足了海洋科学研究、海洋安全等诸多需求。水下直升机一般由海底观测网络支撑，可以实现电能的持续供给和信号的传输。

仿生水下机器人也是新概念无人潜水器的一种。它是指利用机械控制技术、微电子技术、材料科学、人工智能技术等仿照水下生物的外部形态及游动步态而实现水下推进的一种运动装置。目前，仿生水下机器人以电机驱动为主，这决定了其刚性的身体机构，因此如何采用柔性材料如用离子聚合物金属复合材料、形状记忆合金和人工肌肉等构造软体机器人以达到外形、游动方式与真正的水生生物相似，并且能满足应用需求是该方向研究的重点与难点。仿生水下机器人利用机器鱼群的协调配合增大水质监测的范围，通过改变重心来调整仿生水下机器人的俯仰角实现上浮下潜运动，其前端还可安装摄像头，通过神经网络学习算法处理获取的图像信息，实现避障功能。

（二）海洋科学与信息科学的交叉

1. 海洋科学与信息科学交叉的必然性

随着海洋观测、模拟手段的快速提升和数据科学的重大突破，现代海洋科学经历了理论牵引、技术驱动与数据主导三大范式变革，海洋大数据已成为人类从认识海洋到经略海洋的必经之路。从 2008 年开始，*Nature*、*Science*、*Economist* 等杂志及美国计算社区联盟（Computing Community Consortium）等组织将"大数据"引入各个领域。"大数据"被定义为数据量增长速度快，用常规的数据工具无法在一定时间内进行采集、处理、存储和计算的数据集合，拥有数据量（volume）大、类型（variety）繁多、价值（value）密度低、速度（velocity）快时效高和在线式（online）五大特征。由于海洋数据的来源广泛、种类繁多，数据量已增至 PB 量级，时间分辨率跨越不同尺度，同时需要及时处理分析用于各类决策支撑，因此海洋数据已然成为"大数据"的典范。

因此，大数据时代下的海洋学研究应适应大数据特点的海洋科学和信息科学发展趋势。针对海洋科学的综合与交叉学科特性，分析海洋大数据在物理、化学、生物、地质等主要海洋学学科发展过程中的作用和影响，探索海洋大数据与各学科交叉融合过程中的关键技术瓶颈，以及云存储、物联网、人工智能、泛在计算、交互可视、混合现实等前沿信息技术在海洋中的应用前景，为构建面向现代海洋科学的大数据分析学理论与大数据海洋学知识发现体系提供指导。

海洋大数据的加工处理主要取决于"软"和"硬"两个方面，"软"是指"算法"，即数据科学与大数据技术；"硬"是指装备，即超级计算机，两者之和便是大家耳熟能详的"超算"。拥有海洋大数据可以更好地认识海洋，掌控大数据才能更好地经略海洋，超算便是掌控海洋大数据的关键。在世界范围内，可以说海洋科研与超算相伴而生，且有历代超算皆率先应用于以海洋为核心的地球科学的先例。

近年来，随着大数据的汇集、理论算法的革新和计算能力的跨越式提升，以及脑科学和人工智能技术的进一步发展，以类脑智能为代表的新一代人工智能技术逐渐绽放光芒。这也给以人工智能和大数据技术为基础打造的"深蓝大脑"提供了跃升的机会。未来的"深蓝大脑"将面向浩瀚海洋，实现从机器智能向类脑智能的转化，实现从机器学习到深度学习再到自主学习的跨越，从而在信息处理机制上"类脑"、认知行为和智能水平上"类人"，使机器拥有人类认知能力及协同机制，实现对未来海洋系统的智能自驱动、自发现和自演进。

同时，海洋大数据的独特性质，也反过来对传统的计算及人工智能理论基础、分析技术手段提出了新的要求。海洋大数据有两个区别于其他数据的典型特征——时空耦合和地理关联。时空耦合强：海洋大数据为同时拥有时间与空间属性的数据，即多维度数据。尤其随着观测技术的进一步发展，数据维度的采集分辨率与频率都越来越高。因此，数据分析过程需要同时从时间轴和空间轴两个维度进行分析，而在时间轴和空间轴上分析的因素又是多样的、高维的，这给大数据的分析带来了更大的挑战。地理关联强：海洋大数据不同于其他大数据的随机性与偶然性，由于其地理属性有着近邻效应，相邻区域空间位置关系存在线性或非线性的关联，从而组成了不同时空尺度的模态特征。

2. 数字海洋可视化

数字海洋可视化技术是对海洋数据进行数据感知、数据探索和数据分析的重要技术手段，在海洋大数据时代具有重要的应用价值。随着计算机图形学的发展，可视化方式越发多样和复杂，在传统可视化基础之上发展出了数字可视化技术。目前，Google Earth、World Wind、Skyline、i4Ocean等数字可视化平台以及基于这些平台经过二次开发而来的众多海洋水文数据可视化系统被应用于数字海洋可视化，为海洋研究提供了便利。数字海洋可视化工作从数据类型上划分，主要包括矢量场可视化与标量场可视化。

（1）海洋标量场可视化

同海洋流场等矢量场数据可视化一样，海洋标量场数据可视化也是海洋可视化的重要组成部分。目前，海洋标量场数据以温盐场模式数据为主，温盐标量场所蕴含的信息描述了海洋中的一些显著现象，如暖池、温盐跃层、温盐异常等，分析、挖掘海洋标量场数据，提取出能反映现象的特征信息并进行可视化表达，对辅助分析研究海洋现象具有重要意义。

海洋温盐标量场数据可视化中，二维海表面温盐场主要以彩色剖面的形式进行可视化；三维温盐场数据主要基于光线投射算法进行数据体绘制。刘师等（2020）基于图形处理单元（graphics processing unit，GPU）技术利用长时间序列的海表温度数据生成彩色剖面动画，以此进行时空连续的海温可视化，为发现海表温度场的时空规律提供了一种工具。

（2）海洋矢量场可视化

矢量场可视化是一种研究和理解矢量场复杂特征与时空结构的有效手段，其采用的方法主要有图表法、几何法、纹理法、拓扑法。海洋流场常用基于几何的可视化方法将抽象数据以几何形状的方式显示出来以描绘流场。例如，NASA 下属的科学可视化工作室利用流线技术完成"Perpetual Ocean"视频，引起了海洋学家的广泛关注。何珏等（2015）利用时空连续框架配合概率密度函数生成流线对海洋二维流场进行可视化。为了呈现出更好的可视化效果，突出海洋流场的特征，可以在可视化方法中引入传输函数。使用可交互的传输函数可以让用户根据数据在某种属性上的分布直方图来设定传输函数的阈值，以突出显示感兴趣区域或者解决视觉杂乱的问题。

（3）标矢量场联合可视化

多个效果的联合显示可以研究不同海洋现象中的相互作用机制，尤其是标矢量场联合可视化对于研究海洋流场运动与温盐异常现象间的关系具有重要意义。通过构建场景树，多个可视化效果叠加，进行三维标矢量联合可视化可以更加立体深入地对海洋三维温盐场和中尺度涡旋进行探究。

3. 海洋大数据挖掘与分析

随着探测及计算技术的不断发展，海洋领域内的数据体量、增长量和复杂性正在以前所未有的速度发展，这些丰富的数据资源对原有研究方法提出了挑战，也使得利用数据挖掘、机器学习等知识发现方法解决领域内的具体科学问题成为可能，科学研究范式从仿真模拟逐步转换为数据驱动。

未来，海洋大数据将广泛应用于海洋环境监测、防灾减灾、海洋资源开发、经济建设等领域，通过海洋大数据的挖掘分析，推动海洋行业应用的发展。例如，在风暴潮监测中，利用海洋大数据结合沿海城市信息，通过大数据分析和挖掘，提升风暴潮预警报、防灾减灾、灾害评估水平；在远洋渔业中，利用海洋大数据结合船舶位置信息、作业信息、渔情预报，做到未卜先知，挖掘远洋渔业的规律和潜力；在海洋资源开发中，利用海洋大数据，对油气开发的勘探、开发、维护提供全方位的支撑，提高油气田的生产效率等。

相较于其他大数据领域，海洋大数据应用起步较晚，存在巨大挑战，并有待进一步推广及产业化。但同时针对海洋大数据的研究亦是巨大的机遇，既可影响到国家战略安全决策的宏观方面，也可影响到社会经济生活的微观层面。大数据时代的到来孕育着海洋科学的新使命，海洋学理论指导下的大数据挖掘将成为海洋科学新的生长点，也预示着透明海洋及智慧海洋时代的到来。

（三）海洋科学与空间科学的交叉

在海洋系统科学研究中，是以观测监测采集数据、分析评价和解释判断、概念化并建立数值模型进行验证、改善模型并提供预报这样的循环方式进行的，这也就是提供数据、评价整理数据、建立模型、验证模型，提供分析结果的数据信息流动、处理、加工过程，每一环节都与数据信息系统密不可分。可以说，海洋科学的基础是观测数据的获取。考虑到海洋占全球表面积的71%，传统的基于采样、断面走航观测的研究主要用于揭示大中尺度的海洋科学问题的变化过程。受限于时空分辨率，估算结果具有较大的不确定性。同时，在与人类生产、生活密切相关的滨海、边缘海海区，由于其水动力环境相对大洋海区强，其时空变化频率快，传统观测方式无法完整观测一些海洋过程（赤潮、溢油等）。

20世纪80年代以来，以卫星遥感为代表的空间观测技术的快速发展，极大地推动了海洋科学研究。与常规的海洋调查手段相比，卫星遥感技术具有许多独特的优点：①它不受地理位置、天气和人为条件的限制，可以覆盖地理位置偏远、环境条件恶劣的海区及由于政治原因不能直接进行常规调查的海区；②卫星遥感能提供大面积的海面图像，每个像幅的覆盖面积达上千平方公里，对海洋资源普查、大面积测绘制图及污染监测都极为有利；③卫星遥感能周期性地监视大洋环流、海面温度场的变化、鱼群的迁移、污染物的运移等；④卫星遥感获取的海洋信息量非常大，能同步观测多要素，如风、流、污染、海气相互作用和能量收支情况。观测方式的改进使海洋科学研究进入综合模型时代。

同时，海洋科学的发展，也对空间观测提出了更高的要求，主要表现为观测新技术和提高时空分辨率两方面。未来海洋遥感卫星的发展趋势，一是对以前尚未实现卫星遥感观测的海洋环境要素探测技术的发展，如多普勒雷达散射计观测技术和海水盐度卫星探测技术，弱光照下的水色遥感机理及应用，基于太阳耀斑的大型浮游藻类、溢油观测，海洋偏振遥感机理及应用等；二是对上一代卫星在宽范围、实时化等方向的发展，如可实现小时级时间观测频次的静止轨道海洋卫星遥感探测技术、可极大地提高海面高度观测刈幅的宽刈幅成像雷达高度计技术，以及可获取水下海洋光学参数的激光雷达探测技术等。多参数、宽范围、实时化、立体化，将是下一代遥感海洋环境观测技术的发展方向。

五、海洋科学与社会科学的交叉

自然科学与社会科学的学科交融已成为推动当今社会发展的主要驱动力。2018 年，诺贝尔经济学奖授予耶鲁大学终身教授威廉·诺德豪斯（William D. Nordhaus）和纽约大学教授保罗·罗默（Paul M. Romer），分别表彰前后者在将气候变化、技术创新长期融入宏观经济分析中所做出的贡献，提出了人类活动、气候变化、政策制定三者之间的经济学响应模型。研究涉及大气科学、海洋科学、经济学、管理学等多学科，极大地推动了对气候变化问题的理解和有效解决方案的构建。事实上，海洋环境的复杂性和人类对海洋资源与空间日益增加的需求，都要求通过自然－社会－经济一体化跨学科综合方法来索解海洋人文社科的发展，梳理海洋人文、社会现象的条理和秩序，逐步建立海洋人文社会学科体系，包括海洋政治学、海洋经济学、海洋管理学、海洋历史学等交叉分支学科（图 2-1）。但由于海洋研究总体起步较晚，海洋社科类学科仍属于新兴学科范畴，发展体量较小且分散（表 2-1），学科交叉融通的土壤形成，科学体系亟待进一步完善。

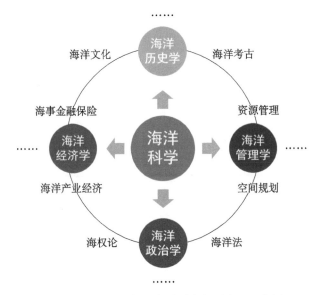

图 2-1 海洋科学与人文社科类学科交叉示意图

表 2-1 我国部分高校和研究所下设海洋社科类研究机构目录

省份	机构	学科
辽宁	大连海洋大学大连海洋经济与文化研究中心	经济、历史
	大连海洋大学海洋法律与人文学院	法律
北京	北京大学海洋研究院	政治、法律、管理
山东	中国海洋大学海洋发展人文社会科学研究基地	管理、经济、历史
	山东社会科学院海洋经济研究所	经济
江苏	淮海工学院徐福文化研究所	历史
浙江	浙江海洋大学浙江舟山群岛新区研究中心	经济、管理、历史
	宁波大学浙江省海洋文化与经济研究中心	历史、经济
	浙江大学海洋法律与治理研究中心	法律
	浙江大学港航物流与自由贸易岛研究中心	经济、管理
福建	厦门大学海洋文明与战略发展研究中心	政治、法律、管理
	厦门大学海洋考古学研究中心	历史、考古
	厦门大学海洋与海岸带发展研究院	管理
	厦门大学海洋政策与法律中心	政治、法律
	自然资源部第三海洋研究所海洋资源环境管理与可持续发展研究中心	管理

省份	机构	学科
广东	广东海洋大学海洋经济与管理研究中心	经济、管理
	海洋文化产业研究中心、人文社科重点研究基地	历史、经济
海南	海南热带海洋学院人文社会科学学院	管理、经济、历史
	海南大学国际旅游岛开发研究院、绿色智慧岛协同创新中心	旅游
	海南省南海法律研究中心	法律
澳门	澳门海洋发展研究中心	管理

1. 海洋科学与历史学交叉

海洋历史文化的研究涉及社会的方方面面，从海洋文明、信仰、语言、民俗到海洋文化理念，从舟楫渔盐、海洋贸易到利用海上资源发展海洋经济，从渔村到沿海城市的社会历史变迁等，可以从人文社会科学中的哲学、史学、经济学、管理学、民俗学和考古学等方面着手，也可从海洋科技和海洋军事入手。由于学科分野，海洋历史文化的研究长期被肢解为海洋考古、航海史、海外贸易、中外关系等而散列在不同学科中，加之多学科交叉的匮乏，因此在整体论的框架下研究海洋文化的思路方法亟待形成。实际上，海洋科学技术的发展推动了海洋历史文化的研究实证，尤其是海洋考古学，作为历史学的分支学科，无论是研究方法还是所需的考古技术，都极大地依赖于海洋地质学、海洋化学和物理海洋学的发展。随着海洋强国战略和"海上丝绸之路"建设的推进，国民海洋意识也逐渐增强，中国海洋大学、浙江大学、广东海洋大学、上海海事大学、厦门大学等相继开设了相关的海洋文化研究中心；自然资源部及沿海城市地方政府连同各地的海洋文化研究机构组织各种形式的学术研讨会推进了海洋历史文化各领域的学术研究，为进一步形成文理工交融的海洋历史文化学科体系奠定了一定基础。

2. 海洋科学与经济学交叉

海洋经济与海洋生态环境、资源、管理等密不可分，海洋经济的发展不仅依赖于健康良好的海洋环境和丰富的海洋资源，同时也受其制约并影响着环境的状况和资源的利用。加强海洋科学、生态学、经济学、管理学各基础学科之间的交叉融合，有助于提高海洋经济的区域协调性及维持其可持续发展,反过来又维护了资源可持续利用和生态环境平衡等。良好的海洋管理政策及措施是引导及实现各领域互补性、协调性的主体,有利于实现社会－经济－环境的共生联动。海洋经济学的主要分支包括海洋生态经济、海洋产业经济、海事金融等方向,其中前两个方向均是以平衡经济－环境－社会、实现经济的可持续发展为最终目的,理解一个海岸带社区中海洋生物、化学、物理和地质的基本规律是研究海洋生态经济和产业经济的关键支撑,也是制定系列海洋产业规划的重要基础。而海事金融的研究也涉及生物入侵、海洋生物多样性保护等海洋科学问题,需进一步开展学科交叉研究。

3. 海洋科学与管理学交叉

管理学自身就是一个学科交叉研究的产物,对物理学、数学等自然科学的借鉴是管理学研究的普遍现象,通过多学科的视角探寻社会现象、社会问题、管理问题的规律性,从而提出决策依据。海洋管理学理论的提出与发展相对较早,体系发展相对完善,与海洋科学的交叉融通也相对完善,这也是管理决策须依托科学数据、方法、预测的支撑内在要求所决定的。当前,海洋管理学的分支方向主要包括海岸带综合管理、海洋空间规划和海事管理。海岸带综合管理和海洋空间规划在理论定义中都提出了以科学为基础的原则,无论是生态系统管理、陆海统筹管理、国土空间规划体系构建都需要深入了解海洋生态系统物质循环和能量流动过程,理解海洋生态环境承载力。同时,当前海洋管理的核心虽然是政府部门,但公众的参与仍是海洋管理的基础和重要保证,公民个人及社会力量对于管理政策的实施和监督至关重要,其实际行动也影响着如保护海洋环境的公益活动、污染的监测及监督等。而公众的海洋意识也需要基础学科的发展,完善海洋科学基础知识的普及教育。

4. 海洋科学与政治学交叉

随着信息化时代的来临,法学与自然科学的交叉融通已成为必然趋势。一方面海洋法与海洋政治的发展需要依靠自然科学技术改善机制,另一方面自然科学的发展亟须新的法律、政策保障引导其发展。而政治学属于法学门类的一级学科,海洋政治学在全球一体化的大背景下,显得尤为重要。海洋法制度的制定及相关海洋政策的结合运用,是解决我国海洋争议问题,保护我国海洋权益及实现海洋强国的基础,而其与不同学科相互关联,影响深远。

例如，海洋环境保护方面，设有《中华人民共和国海洋环境保护法》；海洋资源利用方面，在与邻国的资源合作开采管理方面有《中国对外合作开采海洋石油资源条例》；海洋航运方面，设有《中华人民共和国海上交通安全法》等。这些法规的制定和实施，对于我国海洋事业的发展起到了巨大的促进作用，并且与海洋环境、资源、航运等学科息息相关，各类法规的制定依赖于基础学科的发展，同时又为各类海洋学学科的发展提供了保障。同时，构建新时代中国特色海洋政治学有着深刻的时代背景。当前，海洋已成为全球政治力量角逐的主要领域，世界各国都更加重视海洋资源的开发利用，海洋争端成为影响国际关系的重要问题，我国将面临更加复杂的各种海洋问题。其中，海底划界问题、《联合国海洋法公约》的补充协定——"国家管辖海域外生物多样性（BBNJ）养护和可持续利用协定"等问题都涉及十分复杂的海洋生物、物理、化学等科学问题，亟须海洋科学的支撑。在我国提出海洋强国战略、"一带一路"倡议，将海洋发展上升到国家战略高度的当前，构建一个系统而完整的海洋政治学交叉学科体系与理论体系显得尤为迫切。

第四节　海洋科学知识溢出与成果应用

　　本节将围绕经济发展、资源开发、环境健康、国防安全等国家需求，阐述海洋科学成果转移转化的必要性。通过归类总结，从"海洋科学在海洋安全与权益维护中的应用""海洋科学成果在海上工程、航道安全、渔业生产、资源开发中的应用""海洋科学成果在应对气候变化、防灾减灾中的应用"三个方面展开论述，形成态势评估。

一、海洋科学在海洋安全与权益维护中的应用

　　建设海洋强国，是中国特色社会主义事业的重要组成部分。党的十八大报告中提出"提高海洋资源开发能力，发展海洋经济，保护海洋生态环境，

坚决维护国家海洋权益，建设海洋强国"；党的十九大报告中又指出"坚持陆海统筹，加快建设海洋强国"。海洋强国是指在开发海洋、利用海洋、保护海洋和管控海洋方面拥有强大综合实力的国家，其内涵主要包括以下几个方面：认知海洋、利用海洋、生态海洋、管控海洋、和谐海洋等。根据我国国情，海洋强国战略在不同海区面临着不同的挑战。

自冷战以来，世界大国尤其是美国从未间断对全球海洋和深海声学的研究。美国早前便提出要把全球海洋变为透明的海洋，研制各种海洋民用和军用高新技术产品，从空间、空中、水面、水下、海底到沿岸，力求对全球海域进行全覆盖的监测和探测，海洋声学和海洋环境及其技术就是其中的重要组成部分。对我国而言，目前美国已能够在南海做到一些关键海域海洋动力过程实时快速监测和预报，未来将通过天基卫星、反潜飞机、水面舰船、潜艇和水下监视系统的综合运用，可实现从源头到近海、远海的长时间与全过程反潜跟踪监视，对我国潜艇生存构成严重威胁。因此，在南海方向上，我们面临着岛礁防御、水下攻防的巨大挑战，相关工作的开展与实施，离不开海洋环境实时信息获取技术装备的研发与应用，以及观测组网技术、高效预报技术、海洋环境信息释用等领域发展。

二、海洋科学成果在海上工程、航道安全、渔业生产、资源开发中的应用

海洋是人类生存和经济发展的重要战略空间，在矿产资源开发中具有无可估量的潜力。按矿物资源形成的海洋环境和分布特征，可分为海底油气、海底热液多金属硫化物、锰结核和富钴结壳、天然气水合物等资源类型。海洋石油储备占地球总储量的30%～50%，稀有金属元素、多金属结核与富钴结壳、滨海砂矿、天然气水合物等资源的储量远大于陆地。海洋能源与资源的开发对我国矿产资源的可持续发展具有重要的战略性意义，利用和开发海洋资源的能力很大程度上取决于海洋科学技术成果的积累和资源开发装备技术的发展。我国蕴含丰富的海底矿产资源，浅海油气和天然气水合物具有极大的勘采前景，多金属结核与富钴结壳、热液多金属硫化物资源研究和开发较晚。在国家综合海洋地质资源调查研究工作的基础上，海洋资源调查的工

作逐步开展，取得了一系列科技成果，大大促进了海底资源的开发利用。

海底热液多金属硫化物富含铁、锰、铅、锌、金、银等多种金属元素，主要产于海底扩张中心地带。近30年来，科研人员围绕现代海底热液成矿作用取得了一系列科学成果，也发现了中国东海冲绳海槽轴部的7处喷出地。对海底热液活动的海上调查、连续监测和室内模拟，从海底热液硫化物的空间分布、产出特征、矿质来源、堆积机制、矿物学特征、成矿地球化学等多方面对海底热液成矿作用有了更深入全面的了解，有望建立具有普遍意义的现代海底热液活动及其成矿模式，为未来海底多金属硫化物矿产资源的开发利用提供理论指导。

天然气水合物又称为可燃冰，被称为21世纪海洋新能源，是由天然气与水分子在高压、低温条件下合成的一种固态结晶物质。全球范围内，天然气水合物所含甲烷气量约为世界石油、天然气及煤等燃料资源埋藏量的2倍以上。我国政府高度重视天然气水合物资源勘查与开发，在国家综合海洋地质资源调查研究工作的基础上，开展了我国海陆域天然气水合物勘查与试开采工作，积累了海量的调查数据，初步形成了海陆域勘查技术方法体系，不断丰富和完善了海陆域水合物成藏地质理论。天然气水合物资源调查与评价、水合物地质理论研究和勘查技术研发工作取得了丰硕成果。目前，天然气水合物资源开发利用优化技术逐步成熟，我国东海陆坡、南海北部陆坡、台湾地区东北和东南海域、冲绳海槽、东沙陆坡和南沙海槽等地均具备水合物产出的良好地质条件。2017年，我国南海神狐海域天然气水合物试采成功，意味着我国海域天然气水合物试开采取得了历史性突破，为实现天然气水合物商业性开发利用提供了技术储备，取得了理论、技术、工程和装备的完全自主创新。

随着不断发展的资源开发技术及装备的进步，深水油气资源勘探、开发水深纪录不断被刷新。海洋石油产量不断增加，作业深度逐步加深，开采成本大大降低。我国海洋石油勘探所需的关键设备和技术大量依赖进口，并且我国所研发的海上石油钻采装备产品有限，与发达国家相比，仍然存在较大差距。

富钴结壳，又称铁锰结壳，因为富含铁、钴、镍、锰、铜等而得名，主要是由铁锰氧化物和氢氧化物组成的黑色"球状"沉积团块。富钴结壳不仅是记录古海洋环境信息的重要载体，还是具有开采价值和经济效益的海底矿产资源，具有重要的科研和经济价值。自 20 世纪以来，世界各国纷纷投巨资进行勘查研究富钴结壳。目前，西方发达国家已经基本实现多金属结核开采的技术储备。我国需要抓住时机，积极研究富钴结壳的开采技术，实现跨越式发展，取得 21 世纪开发利用海洋资源的主动权。

三、海洋科学成果在应对气候变化、防灾减灾中的应用

1. 海平面变化

海平面上升是全球气候变暖对人类生存环境产生的最严重的影响之一。全球有近 2 亿人生活在沿海地区，大约 200 万 km² 的土地、近 1 万亿美元的资产位于平均海拔不超过 1m 的地区。未来 30 年内，将有约 60 亿人生活在沿海地区。海平面上升造成台风、风暴潮和洪涝灾害加剧，导致部分地区咸水扩侵和海岸侵蚀，造成严重的人员伤亡和财产损失，对自然环境、生态系统和人类社会产生持续而深远的影响。探索海平面变化的物理机制，分析评估在人类活动持续导致全球变暖背景下全球海平面的变化趋势，将为制定应对海平面变化的政策提供强有力的科学支撑，也是海洋科学研究在全球气候变化与防灾减灾中的典型应用成果。

影响 20 世纪以来全球海平面变化的主要过程是海洋持续受热膨胀和格陵兰岛冰盖融化导致淡水注入海洋。研究指出，20 世纪以来，全球海平面上升速率为（1.7±0.2）mm/a，平均上升幅度超过过去 2800 年间的任何一个百年。而 1993 年以来，平均海平面上升速度为 2.8 ～ 3.2mm/a，表明叠加在长期上升趋势上的海洋年代际变异将导致全球平均海平面出现加速上升趋势。而这种海洋与气候的内部变异有着显著的区域效应，其中 1993 年以来，热带西太平洋海平面上升速度是全球平均海平面上升速度的 3 ～ 4 倍，极端海平面的灾害性时间出现概率远超过全球其他区域。

2. 全球气候变暖"减缓"

1998 ～ 2012 年，尽管人为温室气体排放及其所导致的热辐射强迫仍然持续加强，大气层顶的净热辐射通量为正，全球气候系统一直在吸收热量，但

是全球平均表面温度却呈现上升速度减缓甚至停滞（即全球变暖"减缓"），与人为温室气体排放导致全球变暖的基本认识相矛盾，大多数气候模式也没能模拟出 1998 ~ 2012 年全球气候变暖"减缓"的现象。为什么在人为温室气体加速排放背景下会出现全球变暖"减缓"？气候系统所吸收的热量到了何处？未来气候是否还会出现变暖"减缓"现象？这些问题成为深入了解人类活动和气候系统自然变率对全球气候影响作用的关键科学问题，是当前全球气候变化研究的重点之一。

海洋科学研究成果为回答上述重点热点问题提供了科学依据。海洋吸收了气候系统中 90% 以上的热量，是维持气候系统热量收支平衡的主要组成部分。研究表明，1998 ~ 2012 年，大西洋和南大洋上层海洋（混合层以深、1500m 以浅）持续变暖，所吸收的热量占全球上层海洋总吸收热量的一半以上，维持了表面温度上升速度减缓期间全球气候系统的热量收支平衡。同时，赤道东太平洋 ENSO 变异，导致赤道东太平洋海表面温度持续下降。这些研究成果强调了海洋年代际变异在全球气候变化中的重要作用，并且为改进气候模式模拟海洋年代际变异的能力提供了理论基础。

3. 碳中和

工业革命以来，人类活动排放的二氧化碳导致全球气候变化加剧，成为人类社会可持续发展面临的严峻挑战。2020 年 9 月 22 日，国家主席习近平在第七十五届联合国大会一般性辩论上提出中国将力争 2030 年前二氧化碳排放达到峰值，努力争取 2060 年前实现碳中和。这一宏伟目标体现了中国主动承担应对气候变化国际责任的决心和担当，提升了我国的国际影响力。碳中和就是人为排放的二氧化碳，被人为努力和自然过程所吸收。对于碳中和，减排和增汇是两条根本途径。海洋是地球上最大的活跃碳库，是陆地碳库的 20 倍、大气碳库的 50 倍。海洋每年吸收约 30% 的人类活动排放到大气中的二氧化碳，对缓解全球气候变暖起到至关重要的作用。我国有约 300 万 km^2 的领海面积，因此研发海洋碳汇潜力极为必要。近年来，我国科学家陆续开展了有关海洋碳汇的大量调查和科研工作，对于中国海的碳源汇格局已经有了基本的认识。这些科研成果表明，以红树林、盐沼湿地、海草床为代表的滨海生态系统蓝碳总量有限，仅仅依靠自然海洋碳汇难以满足碳中和需求，必须开发其他负排放途径。

海洋吸收大气中二氧化碳的已知机制有溶解度泵、碳酸盐泵、生物泵和微型生物碳泵。其中，微型生物碳泵是指微型生物把活性溶解有机碳和半活性溶解有机碳转换为惰性溶解有机碳，从而实现海洋储碳的机制。该科学理论由我国科学家焦念志教授在国际上率先提出，为实施海洋增汇的生态工程提供了理论基础。基于该理论，在陆海统筹理念的指导下，减少河流营养盐排放量，有望提高惰性有机碳转化效率，使得总储碳量达到最大化。除此之外，负排放途径还包括发展碳汇渔业和海洋牧场建设；进行海岸带修复；向海水中投放碱性矿物；实施人工上升（下降）流；进行海洋上层铁施肥；进行海洋碳封存等措施。尽管对于海洋碳汇的研究已经取得了一些进展，但我们对其演变和过程机制等仍缺乏深入的了解，尚未建立专门的观测和评估体系。特别是对于一些基于增汇的海洋生态工程，其生态影响和不确定性以及对大气二氧化碳吸收和储存的效率，需进行进一步的科学研究，以期能够形成系统的理论和方法，为碳中和服务。

4. 沿海重大工程适应气候变化

（1）滨海核电厂

受全球气候变化影响，海平面上升、降雨强度改变、滨海地区海水酸化和盐度变化、气温和海水温度升高，引发我国滨海核电厂的设计水位、排水和防洪等设计标准不足、海水冷却设备被腐蚀、发电效率降低、生态环境安全破坏等问题。

为提高核电厂整体安全性，世界各国加大了核电安全科研力度，2021年12月20日，全球首个第四代高温气冷堆核电站——石岛湾高温气冷堆核电站示范工程首次并网发电，具备安全性好、发电效率高、环境适应性强等特点。我国自主研发的非能动堆芯冷却系统实验装置（advanced core cooling mechanism experiment，ACME）和数字化仪控系统（digital instrument&control system，DCS），能够在事故发生时及时反应，保证反应堆安全。英国萨福克海岸新建核电站通过垒砌混凝土隔离墙防范海水侵入问题。

（2）滨海石油化工厂

在全球气候变暖的背景下，沿海自然灾害对滨海石油化工厂的影响表现为：海平面上升、风暴潮及极端波浪频发、气温和海水温度升高，导致石油化工厂在极端气候影响下出现泄漏、爆炸等事故，甚至污染临近海域，危及海洋生物。

为应对海平面上升的风险，世界各国在建设滨海石油化工厂时均需考虑海平面上升风险，以此为依据评估选址。同时，加快新工艺和新设备的研发，使用新型结构和新型材料的储油罐具有良好的承水力、内外部抗压力、防泄漏性能，能够保证化工生产的安全性。

（3）滨海机场

在全球气候变化背景下，滨海机场容易受到台风、风暴潮、大浪、强降雨、热浪等极端海洋灾害带来的负面影响，易出现海水漫过海堤淹没机场、高温情况下飞机飞行困难、机场地面沉降等情况，影响滨海机场运营甚至造成机场瘫痪。

为应对沿海地区地面沉降，中国对已出现地下水漏斗和地面沉降区进行人工回灌，采取陆地河流与水库调水、以淡压咸等措施；新加坡樟宜机场扩建中将填海工程标准提高 100cm，对机场进行整体垫高。为解决高温导致的机场跑道变形问题，已有一些滨海机场采用沥青玛蹄脂碎石材料（stone matrix asphalt，SMA）跑道，增强抗高温、抗低温、抗油污腐蚀性能。

（4）重大港口工程

气候变化导致海平面上升，江河湖泊水位下降，风暴潮出现的次数增多，极端高温出现的频率增加，同时海港高程设计标准未考虑气候变化因素，导致港口适航性下降、港区洪水概率升高、航道淤塞等问题。

为应对气候变化产生的问题，中国在 2013 年出台的《海港水文规范》（JTS 145—2—2013）中首次增加了考虑海平面上升相关要求的内容。新加坡在 2019 年表示，未来 100 年斥资至少 1000 亿新加坡元建造海岸线防御措施，采用填海造地技术来保护海岸线，并要求未来所有的新开发案都要在离海平面至少 4m 的平台上进行。

（5）岛礁工程

受全球气候变化影响，海水表层水温增加，海洋存在酸化趋势，对活珊瑚的生长产生重大威胁，对波浪的消耗防护能力减弱，诱发珊瑚礁钙质砂结构地基沉降、结构开裂等问题，影响工程及设施的使用寿命和可靠性。

为了应对岛礁破坏问题,中国开展岛礁试点示范工程,积极开展海岛生态修复,着力于保护和修复红树林、珊瑚礁、海草床等生态系统;针对海岛开展防御风暴潮设施系统建设,完善海洋灾害观测系统,健全海岛防风、防浪、防潮工程,加强避风港、渔港、锚地、防波堤、海堤、护岸等设施建设。图瓦卢通过人工添附手段拓展 11 个岛屿的面积。基里巴斯宣布从日本购买人工建造的"移动岛屿",用于安置居民。

(6)海洋油气平台

全球气候变化使得现行的海洋平台疲劳设计偏离了实际的海洋环境条件。海水盐、酸化在平台表面产生电化学腐蚀,腐蚀、海洋生物附着、材料老化、构件缺陷和机械损伤以及疲劳和裂纹扩展的损伤累积等问题引起平台及其设备损坏,影响海洋平台安全生产。

对此,世界各国积极加强海洋减灾体系构建,开展沿海大型工程海洋灾害风险评估工作。在预防平台腐蚀方面,目前有阴极保护与防腐涂层、海洋平台热喷涂防腐技术、海洋平台桩腿防腐套包缚等先进技术,污染少,可实现长效防腐。

5. 海洋产业适应气候变化

近 20 年来,随着我国社会经济的迅猛发展,海洋经济在我国国民经济中的地位日益凸显,各种海洋产业蓬勃发展,已经深入到我国社会经济的方方面面,涉及交通运输业、生物医药产业、旅游业、油气业、渔业、盐业、矿业、化工业和海水利用产业等。这些产业具有开发风险高和开发难度大,以及多行业、多学科和国际合作性等特点,受到自然环境、科学技术、国际社会环境等多因素的综合调控,特别是近年来全球气候变化产生的效应,如海水暖化酸化、海平面上升、风暴潮频发、区域极端天气等,正深刻地影响着海洋系统的固有结构、生态功能和服务产出,威胁到我国海洋产业的可持续健康发展,因此如何应对全球气候变化对我国海洋产业的影响是我们当前面临的一个重大科学问题和技术挑战。未来,应采取对应措施以保证我国海洋产业的有序健康发展:①加大科技投入,加强与海洋产业相关的若干基础科学问题和创新技术研究,全面评估全球气候变化对我国海洋产业的影响及趋势发展,提高应对全球气候变化的技术能力和储备;②发展我国近海区域气候和地球系统模式,提高模拟和预测全球气候变化引起的海洋环境变异的能力,建立灾害预警预防技术体系和应急响应处理系统;③构建海洋立体监测系统,加强透明海洋和数字孪生虚拟海洋建设,发展海陆统筹智能决策支持系统,支撑海洋产业的健康发展;④优化海洋产业结构,促进产业转型,淘汰高风险、高污染海洋产业模式,大力发展智能化、自动化、低碳化产业;⑤大力发展与碳捕集和碳中和相关的海洋新兴产业,探索减碳、储碳地球系统工程及其产业链,提高海洋产业在全球气候变化调节中的作用。

第五节　海洋科学人才培养特点

随着研究的深入,海洋科学呈现出综合性、多学科性和交叉性的特点。海洋科学的性质决定了对人才要求的特点,我国必须培养一批具有全球视野和国际竞争力,具有多学科交叉背景,兼备理论、模拟和观测能力的新型人才。本节将介绍海洋科学特点,参考来自教育系统、中国科学院和部委的人才培养计划,从科学发展的战略角度,制订海洋科技人才培养体系,对现有培养模式提出改革建议。

一、人才培养基本要求

海洋科学属于理学学科门类,为一级学科,主要包括物理海洋学、海洋化学、海洋生物学和海洋地质学等二级学科及其相关的交叉学科。海洋科学是研究地球上海洋的自然现象、性质及其时空变化规律,海床、底土、水体、大气和生物等各界面之间的物质交换、能量流动以及人类活动对海洋的影响的一门学科(许仪,2017)。

1. 培养目标

1)目标定位。以立德树人为目标,培养面向国家未来发展需要、面向全球化趋势，德智体美全面发展，知识、能力、人格协调统一，知识面宽、基础厚、能力强，具有宽广的国际视野、创新思维与社会责任感等综合特质的海洋科学专业精英和社会栋梁。

2）基本素质要求。具有较强的数理基础、扎实的海洋科学基本理论、娴熟的基本实验技能和较强的工程技术能力；实事求是、勇于探索、创新的科学精神和意识；开阔前瞻的国际视野；未来海洋科学领域领导者的综合素质和责任感。

3）人才培养标准。①知识方面：主要包括海洋科学基础知识、专业知识和专业分析方法，为专业服务的其他知识，数学或物理、化学、生物学的基础知识，自然科学与工程技术的基础知识，社会科学的基本知识，有关当代的其他知识等。②能力方面：主要包括独立从事海洋科学相关领域的研究能力，对海洋科学知识的应用和实践能力，工程技术能力，终身学习的能力，发现、分析和解决问题的能力，批判和独立思考的能力，逻辑思维的能力，具体工作的能力，与人合作共事的能力，清晰思考和用各种方法准确表达的能力，至少一种外语的应用能力，组织、管理与领导能力等。③人格方面：主要包括身心健康、志存高远、道德修养、爱国精神、意志坚强、刻苦务实、精勤进取、视野开阔、思维敏捷、乐于创新、团队合作等。

4）硕博阶段具体要求。硕士阶段培养适应社会主义现代化建设需要、德智体美全面发展，具备海洋科学的基本理论知识和基本技能，能在海洋科学及相关领域从事科研、教学、管理及技术工作的高级专门人才。博士阶段培养适应社会主义现代化建设需要、德智体美全面发展，掌握广博的海洋科学各分支学科和相关学科理论知识，具有海洋科学的学科研究能力，能在海洋科学及相关领域从事科研、教学、管理及技术工作的高级专门人才。

2. 学分要求

培养过程实行学分制管理，研究生课程体系包括学位课和非学位课，学位课是为达到培养目标要求，保证研究生培养质量而必须学习的课程，分为公共学位课和专业学位课两类。其中，公共学位课包括政治理论课程、外国语类课程和学术道德课程；专业学位课包括专业核心课、专业普及课、专业研讨课。非学位课是为拓宽研究生知识面、完善知识结构或加深某方面知识而开设的课程，包括公共选修课和专业选修课（从专业核心课、专业普及课、专业研讨课、科学前沿讲座中选修）。

1）硕士阶段：硕士研究生申请硕士学位前，须完成不少于30学分的课程学习，其中学位课学分不低于18学分，包括公共学位课6学分、专业学位课不低于12学分。

2）博士阶段：博士研究生的学位课程内容要根据本学科的基础要求和研究方向确定，使学生掌握扎实的基础理论和系统的专业知识，适应培养高质量博士生的"博""精""深"的要求。公开招考博士研究生在申请博士学位前，必须取得课程学习总学分不低于9学分，其中公共学位课5学分，2～3门专业学位课4学分。硕博连读研究生、直接攻博研究生在申请博士学位前，课程学习总学分不低于38学分，其中学位课学分不低于27学分，包括公共学位课11学分、专业学位课不低于16学分。

3. 课程学习要求及考核

1）课程设置：硕士研究生课程包括学位公共课、学位基础课、学位专业课（必修）、学位专业课（选修）、跨学科或跨专业选修课、公共选修课。研究生需修读至少30学分。培养单位在培养方案中可以提出高于30学分的修读要求，导师和导师小组在硕士研究生培养计划中可以提出高于培养方案的修读要求。

2）考核：基本文献阅读能力训练、学术活动、实践环节和科研训练的考核结果为通过和不通过。考核通过方能进入毕业论文答辩程序，但不计算学分。①基本文献阅读能力考核：硕士研究生在读期间需要完成培养方案中所列基本文献的阅读并参加由培养单位组织的考核。考核要求由各培养单位确定。②学术活动：包括各类学术讲座、论坛和竞赛等。硕士研究生在读期间参加各类学术活动的次数不少于30次，同时需认真填写《研究生学术活动登记表》，并送交导师审核评定。③实践环节和科研训练：包括教学实习和科研实践。教学实习或科研实践需完成至少40学时的工作量。硕士研究生一般在二年级进行各项实践活动。教学实习和科研实践的具体考核内容、考核方式由培养单位和导师根据培养单位情况安排，并列入培养方案。硕士研究生在完成教学实习和科研实践后由导师和培养单位进行评定，评定结果记入《研究生教学实习/科研实践考核表》。所有硕士研究生均需参加教学实习和科研实践。④研究伦理与学术规范测试：硕士研究生在读期间需通过"研究伦理与学术规范"网上测试。测试需在中期考核前完成。考核不通过者，中期考核无法通过。

4. 必修环节及要求

研究生培养的必修环节包括开题报告、中期考核、学术报告和社会实践等，必修环节的总学分不低于 5 学分。博士研究生应始终参加科研工作，寓学于研，不断提升独立进行科学研究的能力，培育良好的科研道德和作风。

开题报告：开题报告内容包括论文选题的研究意义、国内外研究动态及发展趋势、主要研究目标和内容、拟解决的关键科学问题、拟采取的技术路线及研究方法、选题的特色与创新之处、论文工作时间安排及预期成果、已有的研究基础和工作条件、主要参考文献等。开题报告距离申请学位论文答辩的时间一般不少于一年。

中期考核：中期考核内容包括论文工作是否取得实质性进展、取得了哪些阶段性成果或结果、对研究意义或项目背景是否有更深入的理解、研究的创新性、拟解决的关键问题及存在的主要问题、今后工作的计划安排等。中期考核距离申请学位论文答辩的时间一般不少于半年。

学术报告与社会实践：每名研究生每年应至少参加两次学术报告或社会实践活动。

5. 科研能力与水平及学位论文的基本要求

1）硕士研究生要求：硕士学位论文是作者对所研究课题取得的新成果（或新见解）的全面总结，应在导师或导师组的指导下，由硕士研究生本人独立完成，并对本学科或实际业务工作发展工作具有一定意义，应能表明作者具有良好的专业理论基础和系统的学科知识，以及从事学术研究或担负专门技术工作的能力。

2）博士研究生要求：博士研究生应该具有提出有价值的科学问题的能力和解决问题的能力，具有在一定的海洋科学领域组织课题和相关学术交流活动的能力，以及学术创新能力，包括发现新的海洋观测事实、探索新的海洋观测方法或观测仪器和新的实验室实验方法或实验仪器、提出解释海洋现象的新机制、建立新的海洋模型以及对已有模型进行改进、建立新的理论以及对已有理论进行修正、将以往认为没有联系的观测现象建立联系桥梁、与其他学科的交叉研究、在海洋环境和资源方面做出具有价值的应用研究等。博士学位论文是作者从事科学研究取得的创造性成果的系统总结，应在导师或导师组的指导下，由博士研究生本人独立完成，应具有较强的科学性、创新性，研究内容应体现所在领域国内外的较先进水平，是一篇系统、完整、学术水平较高的学术论著，应针对未解决的研究问题，能在观测、方法、观点、理论等方面取得创新性成果，能反映作者具有坚实宽广的理论基础和系统深厚的专门知识，能表明其具有独立从事和组织科研工作的能力，即在海洋科学的理论、方法和技术等方面做出创新，推动本学科的理论发展，或对解决重大海洋工程技术问题、推动技术进步等有重要的指导意义。博士学位论文答辩前，应在国际或国内重要学术刊物上发表一定数量的与其学位论文相关的高水平学术论文或获得发明专利的授权。

二、人才培养特点

20 世纪 90 年代以前，由于海洋资源开发难度大、成本高、回报少以及受传统陆地大国观念影响等原因，我国对海洋的重视不够，与国外沿海发达国家相比，海洋科学的发展缓慢，开设海洋科学方向教学和科研的院校与研究所较少，有国际影响力的成果不足（虞佳茜等，2020）。从 90 年代后期至今，随着我国经济社会对海洋的依赖性越来越强，海洋形势越来越复杂，我国海洋科学专业教育得到加快发展，特别是海洋科学方面的研究生培养规模迅速扩大，培养一支规模宏大、结构合理的海洋人才队伍，是保证海洋事业与产业持续、快速发展的基础，也是实现我国海洋强国战略目标的根本保证（苏勇军，2015）。海洋科学人才培养的任务就是要面向海洋科学的基本特点，培养能够认识海洋、利用海洋和改造海洋的专门人才，这就要求海洋科学人才应该具有丰富的基础理论知识、良好的学科专业素养及较强的实践动手能力（刘祖爱和肖学祥，2015）。

1. 学科特色

海洋科学首先要注重海洋调查和原位观测（陈鹰等，2018）。尽管全球大洋是一个整体，但海洋科学的区域性特征较显著，即使是同一区域，海洋、水文、化学要素及生物分布也是多层次性的。因此，采用直接观测的研究方法既可以为实验室研究和数学研究的模式提供确切的数据，又可以验证实验室和数学方法研究结论的正确性。其次，信息论、控制论、系统论等方法在海洋科学研究中起到越来越重要的作用，借助于各种方法对已有的资料信息进行加工，通过系统功能模拟模型进行研究也取得了较好的结果（冯士筰等，1999）。再次，在海洋科学研究中，海洋观测仪器和设备起着重要作用，有时甚至是决定性作用。海水深而广，其大密度和高流动性都给人们的直接观测带来极大的困难。只有大力发展海洋观测仪器和技术设备才能取得所需要的大量海洋资料，以推动海洋科学的发展（陈鹰，2019）。最后，海洋科学的多学科性和交叉性的特点日益显著。海洋资源开发、利用及相关军事活动与力学、物理学、化学、生物学、地质学、大气科学、水文科学等均有密切关系，而海洋环境保护及污染检测与治理，还涉及环境科学、管理科学和法学等，这些都促使海洋科学发展形成为一个综合性很强的科学体系（虞佳茜等，2020）。

2. 研究方法

海洋科学注重海洋调查和原位观测，早期主要依赖船舶，应用物理学、化学、生物学和地质学等基础学科的理论和方法，研究水团、洋流和海洋沉积的特征。最近几十年，海洋科学的发展非常迅速，空间尺度上的观测趋向全球化和系统化，时间尺度上趋向于同步化，对水体的观测更多地依赖海洋卫星和布设在从海表到海底的海洋实时阵列观测网，对海洋沉积物的取心也从近岸向深海大洋和极地发展。这一特点注定了海洋科学的发展必须依靠国际合作，具体体现在一系列重大国际海洋科学研究计划的实施，如对水体的观测有GEOSECS、JGOFS、WOCE、GOOS、Argo和GEOTRACES，对深海沉积取心则有国际大洋发现计划。

现代海洋科学不再纯粹依赖观测寻找规律，而是借助计算机技术发展各种海洋数值模型，通过数值模拟和观测数据的相互融合探索机制并做数值预报，在多时空尺度上的定量研究特点越来越明显。数据与模式融合发展的特点不仅表现在现代海洋学的研究过程中，古海洋研究也越来越重视深海沉积中重建的古海洋学记录与古气候模拟的相互融合。

3. 多学科交叉

海洋科学研究的多学科综合与交叉的特征明显。海洋是一个开放的、具有多样性和特殊性的复杂系统。在这个系统中有多种不同时空尺度和不同层次的复杂的物质存在和运动形态。海洋的这一基本属性客观地注定了海洋研究的多学科综合与交叉的特征。近十几年海洋学界提出的一些问题，如厄尔尼诺现象、海平面变化和海洋生态系统等无一不具有多学科综合与交叉的性质。海洋生态系统问题，就是一个生动的实例。这个问题的初步研究表明，它不仅涉及物理的、化学的、地质的、生物的诸多基础学科，而且这些方面之间又是彼此耦合的。至于人－地系统中人与海洋的相互作用问题研究，不仅涉及自然科学，还不可避免地涉及社会科学。由此可见，随着海洋科学的迅速发展，多学科综合与交叉愈加突出（吴立新等，2022）。

4. 高校海洋科学人才培养

通过对国内涉海专业院校和研究机构的调研和咨询统计，截至 2018 年，我国涉及海洋科学学科研究生培养的单位有 46 个（不含港澳台地区，下同）。全国共有教育部直属高校 75 所，开设海洋科学专业的有 14 所（中国海洋大学、厦门大学、同济大学、南京大学、中山大学、浙江大学、大连理工大学等），占总数的 18.7%。地方所属高校中开设海洋科学专业的有 14 个（浙江海洋大学、上海海洋大学、大连海洋大学、南京信息工程大学、广东海洋大学等）。开设海洋科学专业的军队院校主要有 3 个，包括中国人民解放军理工大学气象海洋学院、中国人民解放军海军大连舰艇学院和中国人民解放军海军潜艇学院。其他部属高校中开设海洋科学专业的有 2 个，包括哈尔滨工业大学（威海）海洋科学与技术学院（工业和信息化部）、大连海事大学环境科学与工程学院（交通运输部）。国家海洋局开设海洋科学专业的有 4 个，包括国家海洋局第一海洋研究所、国家海洋局第二海洋研究所、国家海洋局第三海洋研究所[①]和国家海洋环境预报中心。中国气象局开设海洋科学专业的主要

[①]　2018年国家海洋局并入自然资源部，国家海洋局第一海洋研究所、国家海洋局第二海洋研究所、国家海洋局第三海洋研究所分别更名为自然资源部第一海洋研究所、自然资源部第二海洋研究所、自然资源部第三海洋研究所。

有 1 个，即中国气象科学研究院。以上高校和研究所中，985 院校 10 所，211 院校（不含 985 院校）7 所，涉及海洋科学研究的国家级重点实验室 17 个，省部级重点实验室 94 个。

海洋科学学科发展具有交叉性和综合性。近年来，在国家和教育主管部门相关激励政策及科学有效的管理制度的推动下，海洋科学研究生教育更加注重学科专业相互融合，学科门类已不再局限于海洋地质学、海洋化学、海洋生物学、物理海洋学 4 个传统二级学科，正在向其他学科延伸融合。多学科交叉对海洋科学研究生改善知识结构、增强实践技能、提高教育质量起到良好的促进作用，更加适应经济社会发展需求和学科发展需要，同时学科的交叉融合也成为研究生教育机构追求特色、形成优势、打造品牌的自觉行动。海洋科学学科在 21 世纪将更紧密地与其他科学交叉、融合，在全球重大综合海洋科学研究、军事活动、海洋环境保护、全球气候变化、海洋资源开发、深远海探测、海洋权益维护、海洋综合管理和海洋经济发展等方面发挥重要的作用。随着人类对海洋科学认识的不断深化，海洋科学学科与其他专业学科的交叉和融合将会进一步加强（高东宝等，2018）。

5. 中国科学院海洋科学人才培养

中国科学院拥有海洋科学建设与设置的培养单位有中国科学院海洋研究所、中国科学院南海海洋研究所、中国科学院烟台海岸带研究所、中国科学院三亚深海科学与工程研究所、中国科学院广州地球化学研究所、中国科学院地质与地球物理研究所、中国科学院大气物理研究所、中国科学院广州能源研究所和中国科学院大学地球科学学院本部等。中国科学院海洋科技教育工作者始终坚持"教育与科研并举、出成果出人才并重"方针开展研究生教育工作（中国科学院大学和中国科学院文献情报中心，2015）。

研究生主要集中在中国科学院大学完成为期一年的课程教学，其后进入研究所跟随导师在科研实践中开展课题研究并完成学位论文的"两段式"培养模式。"在高水平科研实践中培养高层次创新人才"是中国科学院大学的育人品格，也是中国科学院大学的育人优势。研究生教育的精髓是与导师一道参与科技创新，在实践中获得发现问题、分析问题和解决问题的能力。以海洋科学为主的研究所同时也是研究生培养单位，以优越的科研条件承担了中国科学院大学完成集中教学阶段后研究生的科研实践培养。近年来，中国科学院不断深化科教融合工作，认真履行出成果、出人才、出思想"三位一体"的战略使命，形成了以中国科学院大学为核心和平台、以研究所为基础和延伸的完整教育体系，为国家输送了大批优秀的海洋科学科研和教育人才（中国科学院大学和中国科学院文献情报中心，2015）。

研究生在读期间参与重大国家项目和国家自然科学基金项目。导师申请科研项目，一对一为研究生确定研究方向，研究生在探索过程中培养了创新思维和创新能力。中国科学院恪守国家战略科技力量的定位，坚持面向世界科技前沿，面向国家重大需求，面向国民经济主战场，积极部署和组织开展科学技术创新活动，积极建议和承担国家重大科技任务，研究生亦在其中承担了重要角色。

国际合作研究频繁。中国科学院大学拥有一批国外优秀教师担任兼职导师，能将较先进的理论与技术、研究经验传授给研究生。同时，中国科学院大学积极资助研究生出国联培，利用国外先进的软硬件条件提升研究生科研实力；主动承办协办国内外海洋学术会议，定期邀请国内外高水平专家作报告，资助研究生参加国际学生论坛和学术报告会。通过这些方式，扩大研究生的国际视野，激励其学习积极性。

研究生具备丰富的科研实践经验。海洋科学是一门以观测为基础的自然科学，实践性是它的一个基本而显著的特点。因此，实践能力培养贯穿于海洋科学类学生培养的全过程。实践教学是学生理解海洋科学知识、培养自主创新意识、发挥团队协作精神、提高驾驭海洋能力的重要手段（杨斌等，2018）。中国科学院主要涉海研究所拥有自己的科考船队和精良的仪器设备，为研究生科研实践提供了优良平台，提高了研究生的实践能力，研究生在出海期间承担采集样品、处理数据、安装操作及维护仪器设备等重要任务，获得了第一手科研资料。

6. 部委海洋科学人才培养

目前，我国海洋人才遍及全国 20 多个涉海行业部门及 260 多家科研院所和高校。2018 年机构改制后，部委涉海科研部门集中分布于自然资源部、生态环境部和农业农村部，涵盖综合研究机构、公益行业部门和业务化监测部门。其中，综合研究机构包括分布于青岛、杭州、厦门和北海的四个自然资源部海洋研究所。公益行业部门包括：国家海洋环境预报中心（北京）、国家海洋技术中心（天津）、国家海洋信息中心（天津）、自然资源部海洋发展战略研究所（北京）、国家卫星海洋应用中心（北京）、天津海水淡化与综合利用研究所（天津）、国家海洋环境监测中心（大连）及中国极地研究中心（上海）；农业农村部下属中国水产科学研究院、中国水产科学研究院黄海水产研究所、中国水产科学研究院东海水产研究所、中国水产科学研究院南海水产研究所。业务化监测部门主要包括分布于青岛、上海、广州的自然资源部北海局、东海局、南海局及其下属的海洋环境预报和海洋环境监测站，以及各省市海洋与渔业局下属的水产研究机构等。

除了直属单位，自然资源部同教育部及其他部委19所涉海高校〔北京大学、清华大学、北京师范大学、中国地质大学（北京）、天津大学、大连理工大学、上海交通大学、同济大学、南京大学、河海大学、浙江大学、厦门大学、中国海洋大学、武汉大学、中国地质大学（武汉）、武汉理工大学、中山大学、哈尔滨工业大学（威海）、大连海事大学〕和8所地方高校（大连海洋大学、广东海洋大学、上海海洋大学、宁波大学、北部湾大学、南京信息工程大学、集美大学、海南热带海洋学院）开展共建，推动海洋科学的建设。

近年来，随着国家人才强国战略的实施，各涉海机构从基础教育、体制创新、科学研究、公共服务等多方面营造良好的人才培养环境，设立涉海人才专项工程，培养了大批海洋人才。与此同时，相对于教育系统，根据工作内容，部委涉海单位及科研机构人才培养拥有自身的特点。一是注重业务能力培养：与教育系统不同，业务化单位是部委涉海单位的重要组成部分。其主要职能是管理国家或地区海洋资源，指导、协调全国或地区海洋业务工作，为海洋经济、海洋管理、公益服务和海洋安全提供业务保障、技术支撑与服务。因此，其人才培养主要是针对业务化工作开展。同时，部委各涉海单位还大量承担与国家海洋战略需求相关的重大涉海项目。因此，人才培养具有显著的专业性，表现为小而精的特点。二是业务培训和项目研究是培养人才的主要途径：与教育系统偏重基础科学问题、更加注重通识教育相比，专业性的业务培训和项目研究是部委涉海单位普遍的人才培养方式。

三、人才培养形式和体系

海洋科学的人才培养注重科教融合、服务国家和地方。海洋科学是研究海洋水体和海底，以及海洋与大气、海水与养殖等各种过程的科学。本一级学科设有以下四个二级学科博士点和硕士点：物理海洋学（070701）、海洋化学（070702）、海洋生物学（070703）和海洋地质学（070704）。

1. 学科设置

根据国务院学位委员会、教育部规定印发的《学位授予和人才培养学科目录（2018年）》，我国与海洋领域直接相关的一级学科分别是海洋科学、船舶与海洋工程和水产（张际标等，2019）。海洋科学是研究海洋的自然现象、性质及其变化规律，以及与开发利用海洋有关的知识体系，下设物理海洋学、海洋地质学、海洋生物学和海洋化学4个二级学科，以此为基础，形成了许多新学科，如环境海洋学、海洋工程学、空间海洋学等。总体来说，海洋科学是学科建设的重要基础（王云飞等，2013）。船舶与海洋工程主要包括船舶与海洋结构物设计制造、轮机工程、水声工程3个二级学科。水产包括水产养殖、捕捞学、渔业资源等二级学科。从应用的层次来说，海洋科学包括以下三个层次：海洋基础科学研究海洋现象和过程的基本原理；海洋技术是指在海洋开发活动中积累起来的经验、技巧和使用的设备等；海洋开发与管理是指通过掌握的科学与技术有效地利用海洋（王辉赞等，2016）。总之，海洋科学是人类在社会发展过程中，出于自身生存和发展的需要，对海洋开发利用的研究不断深入，是人类长期对海洋进行理论认识和实践所总结形成的知识体系，是研究海洋的自然现象、性质及其变化规律的科学，是开展海洋经济、海洋事业的窗口。

2. 招生选拔

招生选拔是人才培养的重要环节。可以成立研究生招生宣传工作领导小组，采用多种方式开展研究生招生宣传，如开通专门网站设立研究生招生信息专栏、举办全国优秀大学生暑期学校、举办学术会议及学术交流活动、通过研究生导师的对外学术交流活动开展学科专业介绍。

对硕士研究生选拔采取两种方式：全国统考和推荐免试。对博士研究生选拔采取四种方式：推荐免试、硕博连读、资格审核、普通招考。

3. 课程体系建设

课程体系是学科中的重要组成部分，其建设实现了人才培养的系统化、专业化和高效化。优化课程体系是在经历了框架设计与课程设计之后的必然过程。优化设计是一个去繁就简、去糟存精、去伪存真的过程，决定了人才培养的最终效果，在课程体系设计中的重要性越发显著。

课程体系设计必须以单位人才培养目标为基础，结合自身独特的人才培养模式，符合人才培养规律。根据实际需求，所设计课程体系包含四个层次，分别为公共基础课、学科基础课、学科专业课和前沿研讨课（张际标等，2019）。

四类课程在研究生知识体系和能力培养方面呈现金字塔形。公共基础课是全校性质的公共课程，旨在打牢研究生的基本能力，是所有学科的基础，在设计上应由全校性的专家委员会来规定。学科基础课是为了满足本学科研究生继续学习需要而开设的课程，不区分具体研究方向。这一层次的课程须由本学科的学术委员会在培养方案中做出明确规定。学科专业课根据本学科的不同科研方向和实际需要而开设，可以满足研究生对本领域进行深入学习和开展科学研究的需要，由各学科方向负责人提出，由相关学术委员会确认。前沿研讨课属于开放性较大的课程，以研讨、讨论及报告等形式开展，以培养研究生紧跟学术前沿、激发研究热情为目的。

不同层级课程之间具有相互支撑的作用，而同一层级课程之间则存在既独立又相互补充的关系。其中，学科专业课和前沿研讨课往往以课程群的形式存在，是根据相应的学科方向而设立的相互联系的多门课程的集合。不同课程群之间相对独立，也可能存在交叉。在研究生培养方面，当然也会鼓励其选择更多交叉学科课程进行学习。

海洋科学学科研究生课程体系的设计首先要把握强化基础、体现交叉、注重实践的特点。因此，课程体系中会有较多的设计实验类课程，在学科基础课程中会有学科基础实验课程，在学科专业课程中，针对不同学科方向的课程群均须安排相应的实验类课程，以培养研究生实践探索的动手能力。

与单一学科相比，多学科之间交融互动带来的交叉培养更适用于多元化的社会需求。在此培养过程或研究内容中，涉及包括海洋科学在内的两个及两个以上学科背景。在此学科背景下的研究生，通常专业课程设置较为灵活，不拘泥于单一的学科体系，培养模式的自主性较强，研究方向和科研成果创新多样，有利于复合型人才的培养。

构建突出基础和实践、引领学科前沿的课程体系。以创新能力培养为核心，注重前沿引领和方法传授，加强理论学习和实践技能训练，开设学术前沿类、研究方法类和应用实践类课程；注重学科交叉和融合，设置跨学科课程，博士研究生和硕士研究生至少跨学科选修一门课程，以提高学科交叉人才培养水平；由学术水平高、教学效果好的教师领衔组成授课团队，并聘请国际知名学者、教授进行短期授课和讲学，着重加强研究生基础理论学习与科学研究能力的培养及国际学术交流水平的提高。注重研究生课程教学改革和教材建设，由有海外留学／工作经历的教师开设多门全英文博士研究生课程。每年进行培养方案修订，根据学科发展和教学效果及时调整课程设置和教学大纲；每年召开有关教学会议，听取任课教师对课程教学和人才培养方面的意见，及时改进提高；每学期根据教学督导听课评价意见改进教学方法；通过研究生教学满意度测评意见改进课程体系设置、改革教学方式方法。

4. 培养方式及学习年限

（1）培养方式

1）导师合作型交叉培养：导师的主要工作是引导学生熟悉本学科或相关领域的基础理论知识和方法，并且引导学生进行创造性学习，提高其研究能力。导师合作型交叉培养是指以理工交叉、工信结合、文理渗透的导师组形式培养研究生，通过理工并兼、相互支撑、协同发展，围绕某一学科基础，开展海洋科学研究。

2）研究机构型交叉培养：研究机构型交叉培养是指学校和研究机构进行联合培养。在校学习期间由学校内的导师负责，完成学业后再进入研究所等机构，与联合培养的主导师完成实验和科研方面的学习任务。与传统学科的研究生培养模式相比，依托研究机构联合培养研究生的这种模式，更具有灵活性和可操作性。

3）项目依托型交叉培养：不同于导师合作型交叉培养和研究机构型交叉

培养，项目依托型交叉培养作为一种新的重组方式，以合作的科研项目形式存在，即研究生在导师的指导下参与某些科研项目，而这些科研项目多为涉及海洋科学的交叉学科项目，是科教融合的重要表现形式之一。这种项目依托型交叉培养的研究生往往在招生过程中就有了明确的研究方向，能第一时间进入科研项目研究状态。项目依托型交叉培养会让研究生广泛接触到除海洋人才之外的，不同学科背景的学术人才，进而获取跨学科、多元化的知识，利于搭建依托科研项目的系统化知识框架（陈鹰，2019）。

（2）学习年限

1）硕士阶段：硕士研究生培养工作采取研究生指导教师（以下简称导师）负责制，简称导师负责制。必要时可设副导师，亦可根据实际情况成立导师小组，共同指导研究生。副导师应具有副研究员及以上等同职称，由导师提名并报备。导师小组至少由三名成员组成，其中组长须由导师担任，组员必须具有博士学位。导师小组成员名单须报备。根据本培养方案的要求，导师或导师小组负责拟订培养计划。导师或导师小组除负责指导研究生科研工作外，还应关心研究生思想品德，在严谨治学、科研道德和团结协作等方面严格要求，并配合、协助研究生教育管理部门做好硕士研究生的各项管理工作。硕士研究生培养采取"两段式"培养模式，包括课程学习和科研实践两个阶段。

课程学习阶段是指硕士研究生通过集中授课等方式，遵循《中国科学院大学研究生课程集中教学管理规定》，完成基础理论和专门知识的学习。硕士研究生应尽量在第一学年课程学习阶段完成列入培养方案的学位课和非学位课学习，对因中国科学院大学集中教学（或合作高校）课程开设未能满足的，可由各培养单位自行开设课程并在学生毕业之前完成。科研实践阶段是指硕士研究生在各个研究生培养单位中，依托导师所在单位的科研项目、科研条件和科研设施，进行科研实践和开展学位论文工作，培养硕士研究生科学研究能力或独立承担专门技术工作的能力。硕士研究生学制 3 年，最长不超过4 年。

2）博士阶段：博士研究生按照招考方式，分为普通招考、硕博连读和直接攻博三种培养方式。培养方式采取博士研究生导师单独指导或导师组合作指导，充分发挥培养单位学位评定委员会的作用，为博士研究生培养创造良好的科研环境。普通招考博士研究生学制为 3 年，最长不超过 6 年；硕博连读研究生最长修读年限不超过 8 年；直接攻博研究生学制为 5 年，最长不超过 8 年。

5. 培养过程

学位点研究生培养的主要方式为导师责任制。培养过程中学生根据导师指导制订培养计划完成学业，海洋科学学科专业委员会及教学管理人员在过程中严格把控培养质量及培养过程的规范性，在课程、论文选题、中期考核等各个培养环节均有不同级别的教学督导进行抽检。

1）学术训练：构建多层次的研究生学术训练机制，营造良好的科研环境，激发创新的兴趣和能力，突出培养学术问题意识、方法意识、创新意识和实践能力，积极推动研究生全面参与导师处于本学科发展前沿的高水平科研项目，这些科研工作使研究生受到严格的学术训练。学位点注重研究生的国际化培养，鼓励并支持研究生参加国外学术交流。

2）培养环节及支撑：全面实施研究生教育质量保证体系，对研究生教育的各个方面和全过程实行有效地监控、分析与改进。制定"两级教学督导工作实施办法"，设立两级研究生教学督导组，对研究生教学、研究生学位论文开题进行督导，通过听课 / 报告会、查阅教案 / 开题报告、与师生现场交流、撰写督导报告和反馈意见，对研究生课堂教学和学位论文开题进行全方位督察。建立学生评教制度，每门课程考试结束以后，学生通过研究生教育管理系统和一体化教务系统对教师上课满意度进行评价。

重视研究生培养的制度保障，把"研究生论文选题学术汇报会""博士生中期阶段的成果学术讨论会""研究生学术行为规范""学术与职业素养讲堂"等纳入培养方案必修环节，对培养过程中出现的学术不端等行为，依据"研究生学术行为规范"进行处理。

在培养过程中由研究生本人自愿申请并经其导师、所属学科专业委员会和培养单位认定不再适合继续攻读博士学位，但尚具备攻读硕士学位基本条件的硕博连读生和直博生，可转为攻读硕士学位研究生。

不符合研究生延期申请要求同时已超过最长学制的研究生，按照"研究生学籍管理规定"，给予相应的退学、毕业、结业或肄业淘汰处理。

3）奖助体系：设立各级研究生奖学金制度，并指定相应章程。

4）育人措施：策划和打造第二课堂育人平台，通过主题班会、支部活动、课堂教育、专题讲座、研究生论坛、社团活动、网上交流、科普宣传、志愿服务、个别咨询、团体辅导、心理健康普查等多种形式，提升学生的思想品德、科技创新能力、文化素养、实践动手能力、社会适应能力五个方面的能力和素质，推进学生党团工作、社团活动、学生工作建设和学生心理健康教育。

5）国际合作办学：可与世界著名涉海高校及科研机构签订战略合作协议，积极推进包括联合培养、短期访学等形式的研究生国际化培养。

6）研究生培养质量评估体系建设：完善的质量监控和质量标准体系、优越的教学设施、良好的师资队伍是培养应用型海洋科学人才的重要保障（陈鹰，2019），也是培养综合型海洋科学人才的重要保障。建立研究生培养质量评估体系，动态评估阶段性的培养成效，及时参照反馈结果改进培养过程，以期进一步提高研究生培养质量。

6. 支撑条件

建立完善的研究生培养管理制度和管理队伍，构建包括招生、人才培养、课程教学、论文答辩、学位授予、奖助贷、导师管理、质量保障、学术道德及规范管理等管理制度文件，建立完善的行政管理岗位和人员配备，组建包括教学主管、督导教学、教务管理、学生管理、科研管理、外事管理和人事管理等不同级别，以及学位评定分委员会、学科委员会、学科组等不同层次的管理体系队伍。

四、人才培养改革

1）加强课程建设：应聘请理论知识系统、实践经验丰富、了解前沿动态、熟悉教育规律的校内外专家，组成高水平的教学指导委员会，认真制定、及时修订人才培养方案，充分体现其创新性、前瞻性、针对性和操作性。在课程设置上，不仅要体现课程结构的系统性、核心课程的专业性，而且要保持基础课程的融通性、通识课程的先进性（吴明忠，2013）。构建海洋意识教育体系，加强学生海洋战略意识、海洋安全意识、海洋历史文化意识、海洋生态资源意识、海洋科技意识、海洋法治意识等方面的教育和培养，让学生学海、知海、爱海（王自力，2020）。

2）加强导师培训：研究生导师作为研究生培养的第一责任人，导师的科研创新思维和能力，教书育人、为人师表的人格魅力，严谨的科学道德与学风等对研究生的全面成长至关重要。根据《教育部关于全面落实研究生导师立德树人职责的意见》（教研〔2018〕1号），全面落实研究生导师立德树人职责，增强研究生导师教书育人的责任感与使命感，应定期开展导师培训，发挥导师言传身教的作用，探索将教育贡献作为导师晋升的重要考核因素。

3）推进海洋高等教育多学科融合发展：进入21世纪，海洋高等教育正发生着革命性的变化，海洋科学越来越显现出多学科融合的特点，海洋高等教育既需要生物学、化学、地理学、工学、医学、数学等学科的交叉和融合，还需要社会学、人类学、经济学、管理学、历史学、文化学、法学等相关人文社会学科的共同参与。因此，海洋高等教育应该从传统的"自然科学"学科人才培养模式转变到"自然科学—人文科学"学科人才培养模式，建立"大海洋科学"的教育教学理念。基于这种"大海洋科学"的教育教学理念培养出来的人才，既可以从事海洋科学的教学与研究工作，又可以从事与海洋有关的基础研究、应用基础研究、海洋资源调查和开发、海洋技术开发、海洋环境保护、海洋综合管理等海洋事务以及各部门生产、技术、管理等方面的工作，有效推动海洋强国战略实施（苏勇军，2015）。

本章参考文献

陈焕焕，王云涛，齐义泉，等．2021.北太平洋大气沉降的时空特征及其对副极区海洋生态系统的影响．热带海洋学报，40(1):21-30.

陈鹰．2019.海洋观测方法之研究．海洋学报，41(10):182-188.

陈鹰，连琏，黄豪彩，等．2018.海洋技术基础．北京：海洋出版社.

冯士筰, 李凤岐, 李少菁. 1999. 海洋科学导论. 北京: 高等教育出版社.

高东宝, 韩开锋, 赵云, 等. 2018. 新设海洋科学学科研究生课程体系的初步设计. 大学教育, (4):187-189.

韩红卫. 2016. 极区航道海冰时空分布及其物理力学性质研究. 大连: 大连理工大学.

韩艳飞, 杨楚鹏. 2020. 北极的海冰变化和影响. 科技风, (19):126.

何珏, 田丰林, 张昉, 等. 2015. 基于实时几何流线生成的二维海流数据交互可视化方法. 海洋技术学报, 34(3):91-96.

刘桂梅, 孙松, 王辉. 2003. 海洋生态系统动力学模型及其研究进展. 地球科学进展, 18(3):427-432.

刘帅, 陈戈, 刘颖洁, 等. 2020. 海洋大数据应用技术分析与趋势研究. 中国海洋大学学报(自然科学版), 50(1):154-164.

刘祖爱, 肖学祥. 2015. 课程体系: 大学教育创新的关键——以军事理论课程体系的构建与内容创新为例. 湖南师范大学教育科学学报, (5):125-128.

陆龙骅. 2019. 地球三极与全球气候变化. 知识就是力量, (3):26-29.

苏勇军. 2015. 国家海洋强国战略背景下海洋高等教育发展的问题与对策. 中国高教研究, (2):42-45.

谭继强, 詹庆明, 殷福忠, 等. 2014. 面向极地海冰变化监测的卫星遥感技术研究进展. 测绘与空间地理信息, 37(4):23-31.

唐启升, 苏纪兰, 孙松, 等. 2005. 中国近海生态系统动力学研究进展. 地球科学进展, 20(12):1288-1299.

王辉. 1998. 海洋生态系统模型研究的几个基本问题. 海洋与湖沼, 29(4):341-346.

王辉赞, 张韧, 冯芒, 等. 2016. 我国海洋学科研究生培养专业开设现状分析与展望. 海洋开发与管理, 33(4):90-93.

王云飞, 王淑玲, 厉娜. 2013. 沿海城市海洋科技创新能力评价研究初探. 中国科技信息, (16):165-166.

王自力. 2020-02-04. 海洋高等教育是海洋强国战略的重要支撑. 光明日报, 第13版: 教育周刊·思想.

吴立新, 荆钊, 陈显尧, 等. 2022. 我国海洋科学发展现状与未来展望. 地学前缘, 29(5):1-12.

吴明忠. 2013. 发挥沿海地方高校作用 培养强海圆梦所需人才. 中国高等教育, (Z2):71-72.

许仪. 2017. 关于广东省构建海洋学科体系的思考. 大学教育, (10):15-18.

杨斌, 鲁栋梁, 林美芳, 等. 2018. 高校转型背景下海洋科学人才培养定位与发展. 课程教育

研究 , (24):4-5.

虞佳茜 , 许秀利 , 王晓萍 .2020. 基于海洋学科交叉培养研究生的探索与思考 . 教育教学论坛 ,
(6):286-287.

张际标 , 赵利容 , 赵辉 , 等 .2019. 海洋大数据背景下涉海专业教学的挑战与革新——以广东
海洋大学为例 . 大学教育 , (1):20-22, 26.

中国科学院大学 , 中国科学院文献情报中心 . 2015. 中国科学院大学海洋科学一级学科研究
生培养方案 (2015).

Feder T. 2000. Argo begins systematic global probing of the upper oceans. Phys Today,
53(7):50-51.

Fransz H G, Verhagen J H G. 1985. Modelling research on the production cycle of phytoplankton
in the Southern Bight of the North Sea in relation to riverborne nutrient loads. Netherlands
Journal of Sea Research, 19(3-4):241-250.

Kenneth H. 1966. Ekman drift currents in the Arctic Ocean. Deep Sea Research and
Oceanographic Abstracts, 13(4):607-620.

Large W G, McWilliams J C, Doney S C. 1994. Oceanic vertical mixing:A review and a model
with a nonlocal boundary layer parameterization. Reviews of Geophysics, 32(4):363-403.

Riley G A, Stommel H, Bumpus D F. 1949. Quantitative ecology of the plankton of the western
North Atlantic. Bulletin Bingham Oceanography Collection, 17:66-82.

Walsh J E. 1991. Polar oceanography, part a, physical science. American Association for the
Advancement of Science, 251(4994):685.

Wüst G. 1964. The major deep-sea expeditions and research vessels 1873-1960:A contribution to
the history of oceanography. Progress Oceanography, 2:19-52.

第三章

发展现状与发展态势

　　我国海洋科学与世界优势国家相比起步较晚、基础较弱，但经过几十年的快速发展，在最近十余年开始进入国际前沿。因此，了解国际海洋科学的态势与方向以及我国的现状与优势，对于我国海洋科学未来的发展尤为重要。本章首先简要阐述国际海洋科学发展方向和趋势，继而分析我国海洋科学发展现状，重点梳理我国海洋科学的优势学科、薄弱学科和交叉学科的发展状况，基于这些现状分析，尝试探讨推动我国海洋科学发展的关键举措。

　　当前的国际海洋科学已经进入一个崭新阶段，主要体现在两个发展方向和三个发展趋势。两个方向指：海洋科学的研究对象已经从仅仅关注陆地周边的近岸、近海拓展到包括深海大洋、极地的全海域范围，研究手段也已经从局地、间歇性的考察扩展到大区域、全天候的持续观测。与之相应，海洋科学的三大发展趋势体现在：从各单一学科的"单打独斗"转向强调多学科、跨尺度的系统性研究；从"科学受限于技术、技术单纯服务于科学"转向科学与技术紧密合作、协同发展；从科考平台的专用化、科研数据的孤岛性转向平台公用化和数据网络化。

　　进入 21 世纪，随着综合国力增强及科技创新发展，我国海洋科研经费投入总量持续增长，涉海高校及院系和科研院所迅猛增加，涉海高层次人才和学生培养数量稳步提升；但是，当前我国海洋科学的总体经费投入、平台建设和从业人员仍有不足，相较其他科技强国仍有较大差距。

近十年来，我国海洋领域科研成果的数量快速增长、影响力稳步提升，至 2019 年我国发表海洋科学论文数量为世界第一位、篇均被引用频次为世界第三位，切实体现了国家科技研发投入对科学研究的促进作用。海洋领域各学科均取得了一系列重要的研究成果：①物理海洋专业，主要体现在海洋环流理论、海洋变率及其气候效应、海洋中小尺度过程等方面；②海洋化学专业，主要体现在近海生源要素循环过程、营养盐沉降过程、海洋生源活性气体、颗粒物中的生物标志物及其示踪应用、海洋酸化和海洋低氧等方面；③海洋生物专业，主要体现在生物泵和微型生物碳泵机理、极端海洋环境中的生命、深海生态系统、生态系统与全球变化、生物多样性与生命演化、海洋渔业资源等方面；④海洋地质和地球物理专业，主要体现在南海构造和古地理演变历史、气候变化的低纬驱动假说、亚洲大陆边缘的源 - 汇过程等方面；⑤极地海洋科学专业，主要体现在南极冰盖冰川动力学、极地冰川与海洋的相互作用、极地海洋与全球变化等方面；⑥海洋观测探测技术，主要体现在海洋环境监测卫星系统组网、海底观测网系统、载人和无人潜水器等方面。

未来我国海洋科学的继续发展，需重视优势学科、补强薄弱环节、推进交叉学科的创新发展，力求攻克一系列具有深远现实意义和理论价值的重大科学问题与技术瓶颈。其一，穿凿时空地全面理解海洋与气候系统的规律和机制，认知全球变暖的海洋动力和响应，健全对海洋变异和气候变化的极端事件（如台风）的预测能力，开发具有中国特色和优势的多源全球海洋气候基础数据产品。其二，理解海洋碳循环过程和机制，突破对陆架海、边缘海和远海大洋中物质能量循环的机制性认识，应用海洋碳封存服务国家碳中和目标。其三，阐明大陆 - 海洋 - 大气之间的跨圈层相互作用，明确大陆边缘海盆生成、发育、演变的过程和动力，剖析大陆 - 海洋界面的元素循环和关键过程。其四，开拓极地海洋与冰冻圈相互作用的新认识，理解两极 - 热带之间的海洋气候联动机制，突破极地冰盖与气候演变的新理论。其五，自主设计建造谱系化的深海观测探测设备，建造长期连续的海底观测系统，建立海洋大数据平台并稳定服务运行，突破海洋和航运核心技术的限制。

面向 2035 年，我国海洋科学的发展正处于历史级的重大机遇期，因此需从顶层设计出发，构建合理有效的机构配置体系、人才阶梯队伍及投入资助体制，大力推进深海远洋研究、拓展我国海洋科学的视野范围，更加紧密地将科学与技术相互结合、推动科学与技术的协同发展。

第一节　国际海洋科学发展趋势

一、国际海洋科学总体趋势

1. 跨尺度的系统性研究

海洋包含覆盖多种时间、空间尺度的物理、化学、生物、地质等各种过程，这些过程还会相互作用，因此海洋是一个多尺度的复杂动力系统。从海洋动力过程来讲，既包含小到毫米量级的快速湍流、表面及内部重力波等过程，又包含几公里到上千公里量级的潮汐、波、涡和环流系统等。这些不同空间尺度的运动将能量相互串接，维持海洋的热盐结构。同样复杂的是海洋的时间尺度：表层海水的更新时间以几天计，深层水以千年计，而在俯冲带和洋中脊海洋与地球内部的物质能量循环至少以百万年计。海洋过程驱动因素的多样性和相互关联，也会使得多尺度系统更加复杂。例如，海洋中的物质和能量流通是双向的，不仅有自上而下的运动，即从海面向海底的输运；也有自下而上的过程，如深海热液等海底能源和物质向上运移。因此，只有建立跨尺度综合的系统性研究理念，进行多学科研究手段的整合运作，才能理解海洋。以探索机理为目标的研究，需要跨越时间和空间的尺度。

2. 科学与技术协同发展

海洋科学本身是观测科学。西方文明的繁盛正是依赖地中海沿岸埃及、希腊和罗马等海洋性文明的辉煌成就，以及大航海时代建立的政治、经济和宗教的全球影响力。人类对海洋的探索，必然需要依赖技术的进步。从早期最基本的造船技术、航海技术、导航技术，到人类开始探索海洋所需的考察手段、测试方法，再到最近数十年开展的卫星遥感、海水原位测量、海底观测系统，以及最近人工智能技术的突进使得打造"智慧海洋"成为可能，技术革新不断推动着海洋科学的发展。当然，科学的进步也在指导着技术的发展。因此，科学和技术的协同发展对海洋科学至关重要。许多国际海洋科学计划，也是由科技双方共同讨论，与技术开放计划协同制定的。2006年底，美国发布的《为美国海洋科学导航：今后十年研究的优先领域》中提出了三大任务：加强海洋过程的理解与预报能力、实施以生态系统为基础的海洋管理、建设海洋观测系统，前两项的科学研究目标和第三项的技术开发目标紧密地联合在一起。

3. 平台公用化和数据网络化

海洋科学发展到今天，研究工作的开展方式已经从分散的课题任务，成长为多学科交叉、多手段综合的大型系统性研究计划。与此相应，观测平台的共享和成果数据的综合利用，已经成为主流。公用化的共享观测平台，可以更好地集合不同学科背景、不同学术思想和不同层次的研究力量，也有利于科学和技术团队的协作，因此可以实现学科交叉、解决重大科学问题。观测平台的共享也能大大提高平台的利用效率，有利于平台的快速更新。以科考船舶的公用制度为例，海外已经长期习用，近年来我国也在有组织地逐步开展极地、大洋、近海的联合考察和共享航次。与公用化平台相对应，海洋科学研究所获得的数据也需要开展网络化的共享。国际上，科学研究所得的数据一般都实现了基于网络的开放共享制度，大大促进了数据的利用率并推进了科学发展。随着海洋观测的全方位大力开展以及从考察到观测的"改朝换代"，海量的海洋科学数据不断涌现，数据的管理、集成、呈现和取用成为迫切任务。最近几年人类进入了"大数据"时代，应用最新的信息技术手段来存储、管理和共享海洋科技数据是大势所趋，也势必能够推进海洋科学研究和技术开发突飞猛进地发展。

二、国际海洋科学发展方向

1. 从近海到全海域

全球海洋海水平均厚度约3800m，但限于视野范围和科技发展，传统上海洋科学研究更加关注近岸的海洋。在当前地球系统科学的框架下，以前所谓的区域性课题也需要从海盆乃至全球的尺度来看待。研究深海是当前海洋科学界最迫切的任务，深海远洋是地球表面最大的"处女地"，等待着人类去取得科学新发现，利用新技术进行有效、可持续地开发。

近几十年来的深海发现不断突破地球科学的认知：海底扩张证实了板块学说；深海沉积揭示了气候周期；而深海热液及其生物群的发现，证明地球上存在着另一种生命运作形式——暗能量生物圈。未来的能源和矿产资源很大程度上也要依赖深海：当前油气总储量的 40% 来自深海区，而陆坡的天然气水合物有可能成为一种主要的替代性能源；深海丰富的铁锰结核结壳等资源区可能可以提供巨量的矿产，但是需要新的技术手段进行合理开采。深海存在着强大的深部洋流系统，大洋传送带维系着全球水循环、热平衡和全球气候变化；海底与水体之间存在能量与物质交换，在全球能量与物质循环中起着重要作用；深海底层存在无须光合作用的特殊生命系统，对于研究生命起源和新生命形式具有十分重要的意义。这一系列来自深海远洋的重大未解之谜是当前海洋科学的最重要前沿课题。因此，21 世纪伊始，深海研究成为地球系统科学研究的关键环节。

建设海洋强国，发展海洋科技，必须要向深海远洋进军。16 世纪的地理大发现，欧洲人跨越远洋，从而积攒了迄今数百年蓬勃发展的基础；21 世纪我们开始真正三维地进入深海这一未来世界新的必争之地。我国已经初步具备进入深海、探索深海、认识深海的能力和手段，继续推进深海远洋科学观测、考察、研究和开发，是未来海洋科学发展和国家利益扩展的必由之路。

2. 从考察到观测

传统上，对海洋的认识依赖于船上或者岸上进行的"考察"，但"考察"只能取得短暂或者瞬时的海洋信息。海洋这个"动力系统"包含多种时空尺度的复杂过程，而且不同时空尺度过程之间存在相互作用，使得这个多尺度系统更加复杂。因此，以探索机理为目标的海洋科学研究，需要跨越时间和空间尺度，还要同时涉及地质、物理、化学和生物等诸多学科。为了记录海洋变化过程、揭示海洋变化机理，进行海上大范围、长尺度的多学科连续观测是必由之路。20 世纪 80 年代的连续观测，为海洋学做出了划时代的贡献。例如，赤道太平洋近 70 个锚系的多年连续观测，揭示了厄尔尼诺现象的根源在于东西太平洋次表层水的反差。

现代海洋科学的历史不过百余年，直到最近几十年才开始进行深海研究，海洋探测技术的进步为科学研究不断向更深、更远的大洋挺进提供了手段。没有回声声呐，无从知晓海底地形；没有深海钻探，无法直接采集海底样品；没有深潜器，海底热液喷口的发现无从谈起。20 世纪 60 年代遥感技术的发展，使人类得以从空间观测海洋，可以获取大空间范围内的地表或海表信息，打开了海洋科学的视野，提供了海洋观测的第二个平台。然而，海洋观测不以海面为限，隔了千百米厚的水层，遥感技术难以达到大洋海底。锚系和浮标技术的发展，使得进入海洋内部进行连续、实时观测成为可能。

新一代的海底观测系统、"透明海洋"和"智慧海洋"等，将观测仪器直接长期布放到海底，通过大功率电池和光电缆联网供应能量、通过卫星和光电缆传输数据，从而实现全天候、综合性、长期连续的实时观测；观测范围从海底地壳深部、海底界面到海水水体及海面；观测内容涉及物理、化学、地质、生物等各种过程及其相互关系；可应用于基础科学研究、资源与能源勘探开发利用、灾害预防与环境保护、航海与军事等诸多方面。海底观测系统标志着海洋开发和研究的新阶段，是继海面观测和遥测遥感之后，人类在海底建立的第三个地球科学观测平台。

第二节　我国海洋科学发展现状

我国海洋科技发展起自计划经济时代，改革开放以来，又进入了一个不断探索前进、深化改革并逐步取得长足进步的新时代。党的十六大、十七大、十八大和十九大，接连对我国海洋科技发展吹响了新时代的奋斗号角，依次提出"实施海洋开发""发展海洋产业""建设海洋强国"等战略目标。党的十九大报告中强调的"坚持陆海统筹，加快建设海洋强国"，更体现了我国对海洋战略发展的高度重视，对海洋科技发展的速度和质量提出了更高的要求。近年来，中国海洋科技取得了一系列突出成果，为建设海洋强国奠定了基础，但也面临一系列的艰巨挑战。未来发展不仅需要海洋科技工作者继续奋进，突破"卡脖子"的壁垒和限制；更需要从顶层设计出发，建立海洋科技良性发展的制度保障体系。本节分析和总结我国海洋科学的发展现状，以重要科技研发成果为主题，基于实际数据的研讨和分析，以点带面，框架性地反映中国海洋科学研究和技术发展的现状。

一、我国海洋科学研究发展态势

近十几年来，我国海洋科学研究进入快速发展的历史机遇期，科研成果增长迅猛，积极体现了国家科技研发投入对科学研究的切实促进作用。根据国际科研论文数据库（Web of Science）收录的 80 种专业期刊和 28 种综合期刊中 2005 ~ 2019 年的海洋科学类论文统计数据，采用国际通用的全作者统计方式，对我国海洋科学的发展态势进行分析总结的结果显示如下文献计量学结果。

1. 论文产出规模

中国海洋科学 SCI 论文从 2005 年的 259 篇上升至 2019 年的 2538 篇，增长了 8.8 倍；同期，世界海洋科学 SCI 论文由 5246 篇上升至 9753 篇，年均增长 4.5%（图 3-1）。统计 5 年期世界各国海洋科学 SCI 论文的份额显示：2005 ~ 2009 年，中国海洋科学 SCI 论文世界份额仅为 6.0%，到 2010 ~ 2014 年，上升到 11.9%，2015 ~ 2019 年，则达到了 21.1%。同期美国 SCI 论文世界份额分别是 34.2%、30.4% 和 26.8%，其他国家变化幅度不大。至 2019 年，我国海洋科学 SCI 论文数量世界排名第一，超越美国（图 3-1）。

2. 学术影响力

2005 ~ 2019 年，中国海洋科学 SCI 论文的整体学术影响力大幅提升，三个五年期相比，被引频次的世界份额分别是 3.5%、7.8% 和 15.1%，世界排名分别是第 12 名、第 7 名和第 3 名。美国的学术影响力以较大的优势领先于其他国家（地区），中国的学术影响力逐年提升，2015 ~ 2019 年被引频次的世界份额仅与英国相差 0.3 个百分点。三个五年期，中国海洋科学 SCI 论文的相对篇均引文均小于 1（世界基线），但总体呈现增长趋势（图 3-2）。

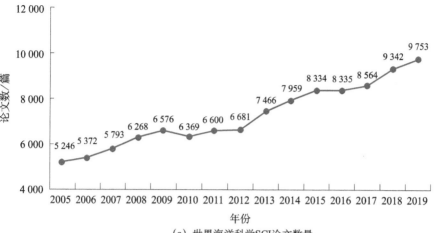

（a）世界海洋科学SCI论文数量

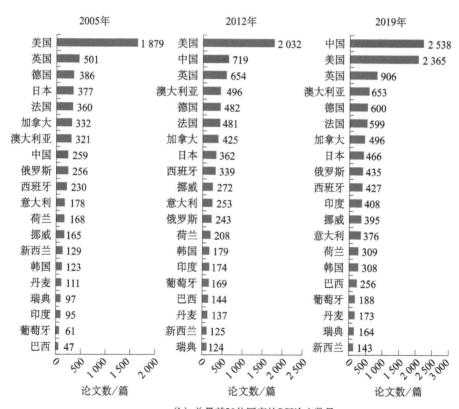

（b）总量前20位国家的SCI论文数量

图 3-1　2005～2019 年世界海洋科学 SCI 论文数量
及总量前 20 位国家的 SCI 论文数量

资料来源：中国科学院文献情报中心（2020）

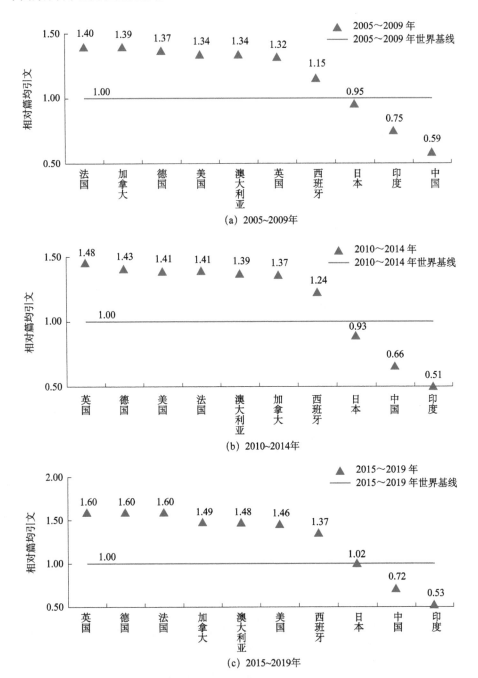

图 3-2　2005 ～ 2019 年三个五年期内排名前十国家论文相对篇均引文

资料来源：中国科学院文献情报中心（2020）

3. 高被引论文

高被引论文的本国份额是指高被引论文数量占本国全部论文数量的比例。这一指标可以揭示高被引论文产出的效率。指标"得分"越高，说明用相对较少的论文产出了相对较多的高被引论文，产出效率越高。图 3-3 展示了中国及世界前五国家海洋科学高被引论文数量及占本国论文份额。本书中高被引论文的遴选基线是 5%。可以看到，美国、英国、澳大利亚、法国、德国高被引论文的本国份额基本都在 5% 以上，而中国未达到 5% 的基线。

三个五年期相比，中国海洋科学的高被引论文数量从 2005 ~ 2009 年的 53 篇增加到 2015 ~ 2019 年的 316 篇，占世界份额从 3.6% 上升到 14.4%，世界排名从第 12 位进步到第 4 位，与世界第 3 名澳大利亚差距微乎其微。

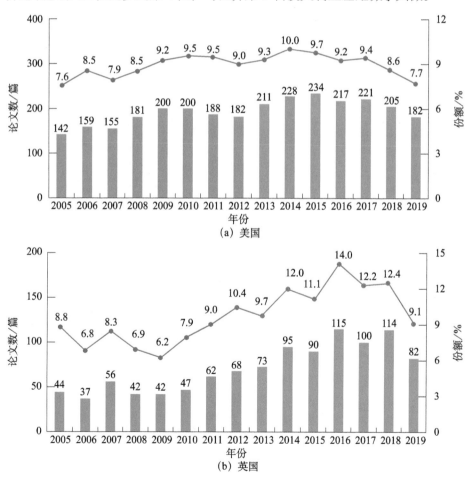

图 3-3 2005 ~ 2019 年中国及世界前五国家海洋科学高被引论文数量及占本国论文份额

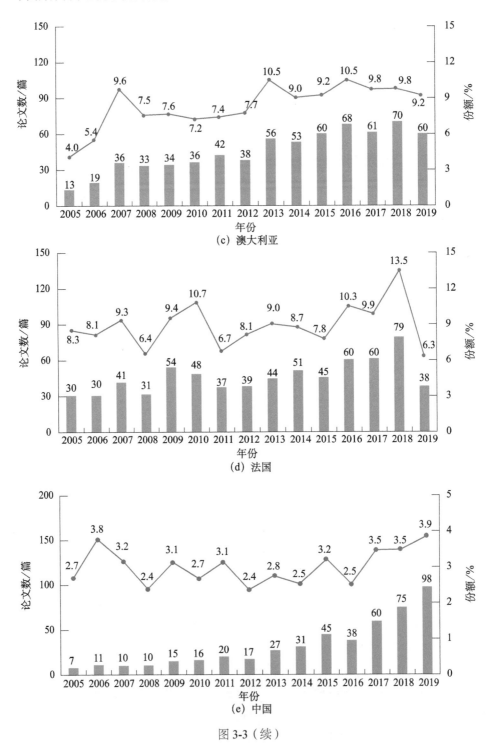

图 3-3（续）

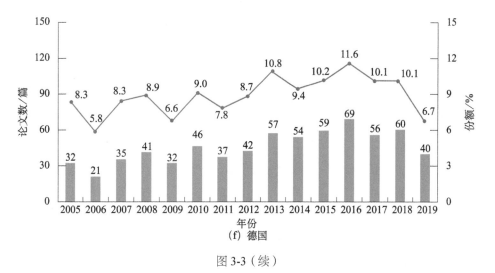

图 3-3（续）

资料来源：中国科学院文献情报中心（2020）

2005 ～ 2019 年，美国海洋科学的高被引论文一直保持绝对优势，产出了 48.3% 的世界高被引论文。2019 年，英国高被引论文占世界份额为 22.8%；澳大利亚和中国的高被引论文占世界份额分别为 14.5% 和 14.4%，位居排名榜的第 3 位和第 4 位；德国和法国均贡献了 12.9% 的高被引论文。

二、近十几年重要成果

回顾近十几年来，我国海洋科学研究的发展，在物理海洋学、海洋化学、海洋生物学、海洋地质学、地球物理、极地海洋科学等学科中，均取得了一系列重要的成果。以下分别展开简要描述。

1. 海洋多尺度动力过程及其气候效应

我国海洋学家积极发展海洋观测技术和数值模拟技术，在海洋环流理论、海洋变率及其气候效应、海洋中小尺度过程等方面取得了一系列重要的创新性成果，主要成果举例如下。

（1）海洋监测与研究平台体系的完善和建设

该成果完成了我国新一代科学考察船、从近海到深海的装备体系和观测技术体系建设，建成了国际一流水平的海洋监测与研究综合平台，突破了我国海洋监测和研究领域技术与装备瓶颈，使得我国深海探测与研究能力跨入世界先进国家行列，引领我国新一代科学考察船建设，带动了我国海洋装备技术体系发展。其主要科学发现在于：2013～2017 年利用"科学"号海上科考执行深远海航次 35 个、近海航次 113 个，总航程超 33 万海里，"发现"号 ROV 下潜 210 余次，取得了大量宝贵的多学科调查数据资料和高精度深海极端环境信息；成功建设了西太平洋、南海、印度尼西亚贯穿流和东印度洋等多个不同海区的同步观测潜标阵列，标志着我国已自主建立起热带西太平洋至东印度洋科学研究的观测网络，是目前国际上针对特定海区组网规模最大的潜标综合观测网，奠定了我国在全世界对西太平洋–东印度洋海域观测研究的核心地位；建成了中国近海海洋科学观测研究网络多学科观测系统，该观测研究网络建立了黄海、东海、南海和西沙四个观测研究站，观测研究站主要由观测浮标系统、组合潜标系统、自动气象站，以及岛礁外缘水位计、岛上自动气象站、岛上实验室、岛屿外缘坐底式观测单元、上层和深层海洋环境观测单元、多学科观测单元组成。该成果系统地实现了两洋一海的大尺度环流、中尺度涡、小尺度内波、微尺度混合等多尺度动力过程的系统长期连续或大面观测，多次被评为年度中国十大海洋科技进展和中国海洋与湖沼十大科技进展成果。

（2）南海与邻近热带区域的海洋联系及动力机制

该成果命名了"南海贯穿流"，揭示了南海大尺度环流的开放性"贯通"特征及其与邻近热带区域的海洋联系方式，阐述了南海贯穿流对南海陆坡环流和中尺度涡旋的调制作用及其气候效应。其主要科学发现在于：研究了南海环流对季风及黑潮入侵的响应特征，首次命名"南海贯穿流"这支沟通南海与邻近大洋的重要水交换形式，揭示了年际时间尺度上南海贯穿流在联系热带西太平洋、南海和热带东印度洋之间的特殊作用，特别是提出了南海贯穿流与印度尼西亚贯穿流的反向互动，并对其变异特征进行了机制解析；提出了南海西部上升流驱动机制的概念模式，揭示了南海夏季沿岸上升流动力学的区域海气相互作用特征；构建了表征南海西部上升流强度年际变化的特征指数，指出了与厄尔尼诺遥相关的相互调制和影响，完善了南海暖事件的基本观测事实与理论框架；系统全面地阐述了南海北部热力锋面的季节变化特征、南海北部粤东上升流与珠江冲淡水相互作用机制，揭示了南海北部陆架动力过程中季风环流、局地地形、黑潮南海分支等影响因子，刻画了南海北部各潮汐潮波能量的传播特征；刻画了季风影响和主流系不稳定条件下的中尺度环流特征，发现了南海热带海盆若干典型大、中尺度相互作用的显著区域，系统阐明了南海中尺度信号的传播特征，并将洛伦兹能量诊断技术应用于南海北部和西南部中尺度信号活跃区涡旋传播、维持、消亡等重要过程。该成果获 2014 年度国家自然科学奖二等奖。

（3）大洋能量传递过程、机制及其气候效应

该成果系统阐明了能量进入上层海洋－下传深层海洋－驱动环流热输送变异－反馈气候系统的物理机制，即厘清了能量向深层海洋传递的通道以及驱动大尺度环流的过程与机理，揭示了深海大洋热量变异关键海区对大气环流及区域气候的重要调节作用，阐明了海洋环流变异影响全球气候的海洋和大气通道，为正确预测未来海洋环境与气候变化提供了理论基础。其主要科学发现在于：定量揭示了风应力通过驱动海面波浪输入到海洋中的能量量值，指出海洋罗斯贝（Rossby）波对风场强迫的响应有选择性，表明风能除了直接驱动大尺度环流外还可以通过中小尺度过程进入上层海洋，为认识海洋能量多尺度串级过程及机理提供了新思路；发现了风输入的能量可以穿透主温跃层在 1000m 以下的深海激发混合，引起深海混合低频变异（Wu et al.，2011）；发现了近百年来风场变异导致全球副热带西边界流区加强并引起"热斑"效应，揭示了 1997～2012 年北大西洋经向翻转环流变异向深海输入更多热量促进全球气候"变暖趋缓"的新机制，从环流热量输运角度将海洋温度及热含量变化与气候变化联系起来（Wu et al.，2012；Chen and Tung，2014）；揭示了全球气候变化下北太平洋西边界流和北大西洋的翻转流区海温异常对气候变化的反馈作用及机理，为揭示海洋环流变异对气候系统影响提供了重要基础（Wu B et al.，2020）。该成果获 2018 年度国家自然科学奖二等奖。

（4）全球历史海洋热含量变化及趋势估计

该成果订正了全球历史海洋热含量的变化，并对过去和未来的海洋变暖趋势进行评估。其主要科学发现在于：提出针对海洋热含量变化的最优海洋数据偏差订正方案，充分利用了海洋丰富的时空相关性，提出了一个新的空间插值方案以估计观测不足海区的热含量变化——该方案被国际上推荐为最佳订正方案，进而估计了一个新的全球历史海洋上层 2000m 热含量变化——

新的海洋变暖估计比政府间气候变化专门委员会（IPCC）第五次评估报告中的估计快约 13%，反映了更快的全球变暖速率，从能量角度表明气候变暖并没有减缓，相反，海洋和地球系统在加速吸收热量，特别是深海变暖在加速，这解决了困扰气候变化科学界的"消失的能量"之谜（即大气层顶能量收支与海洋热含量变化不匹配的现象）（Cheng L et al., 2017）；发现过去 60 年间，全球海洋上层 2000m 变暖速率被显著低估，新的估算显示出比 IPCC 第五次评估报告更强的变暖速率，若不施行任何气候政策，到 2100 年，海洋 0～2000m 的变暖量将是过去 60 年变暖总量的 6 倍（Cheng L et al., 2019）。该成果发表在 *Science Advances*、*Science* 上，受到社会和科学界对全球海洋变暖的强烈关注和讨论，成果被美国第四次国家气候评估报告直接使用，被英国皇家学会选为 IPCC 第五次评估报告之后的主要进展之一，同时入选两个年度的中国海洋与湖沼十大科技进展。

（5）海洋环流、涡旋对全球气候变化的调控

该成果将近十几年来虽然温室气体排放仍然加速上升、地球气候系统在持续吸收热量而全球表面却呈现增暖减缓甚至停滞的趋势与海洋大尺度环流关联起来开展研究。其主要科学发现在于：发现太平洋上层海洋热含量（0～1500m）在 1998～2013 年间并没有显著增加，而变化主要发生在北大西洋和南大洋向深层的热量输送，其核心机制是盐度上升导致表层暖水下沉，海面吸收的热量如何分配主要取决于海洋与气候系统的内部动力学过程，这将决定未来气候变暖减缓可能持续的时间；提出中尺度涡通过在等密度面上形成闭合等位涡线携带水体一起运动的物理机制，指出该输运在量级上与大尺度环流输运是可比的且空间分布互补，在全球大洋的输运过程中扮演着关键性角色，并可以在全球范围内造成可观的气候变异（Zhang et al., 2014）；指出大西洋经向翻转环流（Atlantic meridional overturning circulation，AMOC）变异会影响热量在气候系统中的分配，发现 AMOC 减缓虽然会减少向高纬度的热量输送，同时也会减少向深层海洋输送的热量，在温室气体排放持续加速、温室效应持续增强的背景下，大西洋经向翻转环流减缓减少了向深层海洋输送的热量，使得温室效应聚集的热量驻留在海洋表面，加热大气从而加剧了气候变暖（Chen and Tung, 2018）。上述成果分别在 *Science*、*Nature* 上发表，同时入选多个年度的中国十大海洋科技进展和中国海洋与湖沼十大科技进展。

（6）海洋涡旋对西边界流和副热带模态水形成的影响

该成果针对西边界流区这一中纬度海气相互作用最活跃区域的涡旋及其影响模态水形成的机制开展研究。其主要科学发现在于：发现不同于经典的"西边界流是风生环流驱动"的海洋环流理论，对控制西边界流的动力机制给出了新的理论解释，首次提出海洋中尺度涡与大气的耦合对维持西边界流有重要作用（图3-4），改变了对传统西边界流理论的认识，是对经典海洋环流理论的补充和发展，也为减小气候模式中西边界流的模拟误差提供了理论依据和新思路，同时该研究通过对海洋中尺度涡势能的定量分析首次指出海洋中尺度涡与大气的耦合是海洋涡势能耗散的主要途径（>70%）（Ma et al.，2016）；通过在黑潮延伸体南侧的一个反气旋涡内一次性投放17套Argo浮标来跟踪涡旋运动，获得了3000多个刻画该涡旋的剖面数据，发现反气旋涡东侧的南向流会将北部冬季深混合层中的低位涡水向南输运进入温跃层并潜沉形成模态水，表明海洋涡旋对混合层低位涡水潜沉的贡献可以占到其总潜沉的一半以上（Xu et al.，2016）。该成果分别发表在 *Nature*、*Nature Communications* 上，并入选多个年度的中国十大海洋科技进展和中国海洋与湖沼十大科技进展。

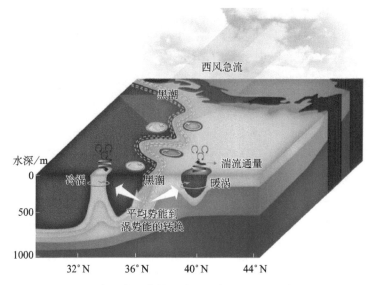

图3-4　北太平洋黑潮及其延伸体区域海洋中尺度涡和大气相互作用示意图

资料来源：Ma 等（2016）

（7）热带太平洋西边界流、暖池热盐结构与变异的关键过程和气候效应

该成果针对热带太平洋西边界流的三维结构和变异机制、西太平洋暖池的特征规律及其气候效应进行了深入研究。其主要科学发现在于：发现了棉兰老潜流、吕宋潜流和北赤道潜流，构建了热带太平洋西边界流三维结构框架，揭示了西边界潜流的来源，阐明了西边界潜流在南北半球水交换中的重要作用，揭示了潜流系统的新特征和物理机制（Hu et al.，2015）；在暖池核心区域发现了重要的新水团太平洋热带次表层水，并在暖池内部发现了丰富的中、小尺度热盐结构，建立了对暖池多尺度三维温盐结构的完整认识，系统阐释了暖池热盐变异的关键海洋动力过程，发现了暖池盐度变化对 ENSO 的显著影响，发展出了涵盖盐度反馈过程的新型 ENSO 预报系统，系统阐释了暖池海温影响我国华南降水变化的完整过程。该成果分别发表在 *Nature* 等刊物上，有力地推动了我国发起并主导的西北太平洋海洋环流与气候实验（Northwestern Pacific Ocean Circulation and Climate Experiment，NPOCE）的实施，并入选多个年度的中国海洋与湖沼十大科技进展，部分成果获中国科学院杰出科技成就奖。

（8）海洋中小尺度动力过程时空特征规律

该成果针对中国近海涡旋和内波等中尺度过程、西太平洋湍流混合的特征规律开展研究。其主要科学发现在于：综合利用多种技术手段，系统揭示了中国近海中尺度过程的时空分布特征和生消规律，构建了中国近海高分辨率数值同化测报模式和海洋信息动态服务平台，推进了对中国近海海洋动力过程产生、消亡、演变机理及其声学效应的认知水平和模拟、预报能力；首次发现西太平洋上层混合率在 0°N～22°N 范围内呈现"W"形的子午向分布，其中混合率的三个峰值分别出现在 0°N～2°N、12°N～14°N 和 20°N～22°N，指出驱动这三个强混合带的动力学机制分别为赤道区域背景流的强剪切、全日内潮的亚谐波不稳定和中尺度暖涡对近惯性内波的"抽吸"效应（Zhang Z et al.，2018）。该成果不仅极大地丰富了多尺度动力过程驱动海洋混合的理论框架，也为改进海洋模式的混合参数化方案奠定了重要基础，成果分别发表在 *Nature Communications* 等刊物上，并入选多个年度的中国海洋与湖沼十大科技进展。

（9）全球变暖下的海气系统响应与反馈

该成果发现格陵兰冰盖加速融化导致的全球海洋质量增加是全球海平面加速上升的主要原因，展示了人类活动对全球海平面变化的重大影响（Chen et al., 2017）；发现温室气体增暖将显著增加东太平洋厄尔尼诺的振幅和发生频率，成果发表在 *Nature* 后，该杂志发表专评，认为这是"气候研究领域具有里程碑意义的重大发现"，解决了 ENSO 未来是否增强这一困扰海洋与气候学界长达几十年的全球性难题（Cai et al., 2018）；发现全球变暖将削弱北太平洋年代际振荡的可预测性，预示未来极端气候的预测将面临更严峻的挑战（Li et al., 2019）；发现全球变暖背景下热带大西洋变率对太平洋的影响显著减弱，而北太平洋变率对 ENSO 的影响显著加强，揭示了 ENSO 遥相关、热带跨海盆相互作用的未来变化（Jia et al., 2019, 2021）；从跨时间尺度角度，揭示了西太平洋热带气旋累积效应对 ENSO 事件强度的重要影响，建立了 ENSO 发展的新机制（Wang Q et al., 2019）。该成果发表在 *Nature*、*Nature Climate Change*、*Science Advances*、*Nature Communications* 刊物上，入选 2017 年中国十大海洋科技进展和 2019 年中国高校十大科技进展。2019 年，中国领衔全球众多知名海洋和气候学家在 *Science* 撰文，系统地提出了热带太平洋 - 印度洋 - 大西洋海气系统相互作用的动力学框架以及未来重点研究方向，引领这一前沿领域的发展（Cai W et al., 2019）。

2. 海洋化学与物质循环

我国海洋化学学科的发展起步于 20 世纪 50 年代初，广泛发展于改革开放后的 80 年代，并于 20 世纪末在基础研究方面基本达到了与世界先进水平同步发展的程度。近十几年来，我国的海洋化学研究迅速与国际接轨，从传统的海洋化学元素地球化学分布研究转入到揭示全球变化下的海洋生物地球化学过程研究，由单一学科向多学科交叉研究转变，更加注重人为影响与气候变化共同作用下的海洋生态环境变化研究，也因此在多个领域中取得了一系列研究成果。

（1）中国近海生源要素的海洋生物地球化学过程

在对近海生源要素的海洋生物地球化学研究中，我国科学家基本探明了生物过程作用下生源要素 C、N、P、Si、O、S 等在海水、颗粒物、沉积物和生物体间的分布、迁移和转化规律。例如，在边缘海碳循环研究方面，揭示了我国边缘海主体的 CO_2 源汇格局、关键控制过程与机理，提出了物理-生物地球化学耦合诊断方法定量解析边缘海 CO_2 源汇格局，建立了大洋主控型边缘海碳循环理论框架（Dai et al.，2013），系统研究了碳的存在形式与功能以及碳的沉积埋藏，使中国跻身于国际海洋碳循环关键过程研究的前列（Jiao et al.，2018a，2018b）。对近海海水及沉积物中营养盐的组成、分布、来源、季节和年际变化、不同形态的迁移转化及其对生态系统影响等方面的研究取得了系统的认识，刻画了真光层氮循环的微结构（Wan et al.，2018），并阐明了全球变化背景下升温、缺氧和酸化等过程对固氮、硝化、厌氧氨氧化等氮循环关键过程的影响及其机理（Zheng Z et al.，2020；Tan et al.，2020）。深入研究了中国河口及其临近海域中痕量元素的生物地球化学行为，提出了高浑浊河口的生物地球化学理论与物质循环模式，发展了边缘海的生源要素收支模式，从更为深入的层次上揭示了中国海生物地球化学过程的内在驱动机制和变化特点。

（2）营养盐的干/湿沉降及其生态效应

评估了近海大气中颗粒物和含氮物质的浓度分布及沉降通量，研究了不同粒级气溶胶的质量谱分布和有机氮对沉降的贡献（Xing et al.，2017）。在大气沉降对海洋生态系统的影响方面，对浮游植物对不同形态大气沉降营养物质的利用机制以及大气沉降生源要素在海水中的生物地球化学循环过程也有了初步的研究。剖析了痕量元素与生源要素通过大气沉降向中国海的输运特点，揭示了其与初级生产过程之间的内在联系，为诊断大气沉降对西北太平洋边缘海的影响提供了一个重要的参比体系。

（3）海洋生源活性气体及其生态环境效应

海洋微量生源活性气体，如二甲基硫（DMS）、甲烷（CH_4）、氧化亚氮（N_2O）和挥发性卤代烃（VHCs）等，在全球生源要素的地球化学循环过程中发挥着重要的作用。近年来，我国科学家深入解析了海洋生源活性气体的来源、海-气通量、迁移转化机制及影响因素，并建立了在海-气、沉积物-海水等多个界面的生物地球化学循环模型，进一步加深了对该类化合物源汇过程的理解（Jian et al.，2018）。通过对我国近海二甲基硫化物的光化学降解、微生物消耗、海-气扩散、大气氧化过程的研究，深入认识了海洋生源硫的生物地球化学循环过程及其气候效应。

（4）颗粒物、沉积物中的生物标志物及其生态环境演变示踪

在海洋颗粒物／沉积物中，一些具有特定来源且在环境中相对稳定的生物标志物，记录了生源要素迁移转化的丰富信息，可用于指示颗粒物／沉积物参与的生物地球化学过程。我国学者在利用有机生物标志物指示物质输入、有机质降解、生态环境演变、古气候反演等方面均有显著的研究进展。在对表层沉积物氨基酸、糖、脂类物质的研究中，探明了沉积物中有机物的主要来源并估算了其贡献量。此外，通过生物标志物评价了近海水体中的富营养化、缺氧状况、浮游植物群落结构的变化。

（5）同位素示踪技术的应用

稳定和放射性同位素技术在现代化学海洋学和古海洋学研究中起着重要的作用。我国在微痕量元素生物地球化学循环、同位素海洋化学研究、海洋生态环境演变进程的重建等领域开展了大量研究。随着 α 能谱、γ 能谱、α/β 计数、液体闪烁、同位素比值质谱、多接收器电感耦合等离子质谱、加速器质谱等大型仪器的发展和先进方法的建立，海洋同位素地球化学研究也进入了新的发展阶段。这些方法和技术在水团示踪、揭示碳和营养盐来源与循环过程、评估海洋生态环境等多个领域得到了广泛应用，并取得了一些重要进展（Qi et al.，2020）。

（6）海洋环境腐蚀与防护技术

海洋工程与装备在服役过程中面临严重的腐蚀与生物污损难题，我国每年腐蚀成本约占全国 GDP 的 3.34%（Hou et al.，2017），腐蚀损失之大令人震惊。近年来，我国科学家在海洋环境腐蚀过程与机理、污损生物腐蚀关键过程与机制、海洋防护新材料新技术研究、不同海洋环境因子对腐蚀作用的过程和机理、光生阴极保护及海洋腐蚀防护监检测技术等方面均进行了深入研究探索。针对典型海洋环境特点，设计开发了适应性良好的绿色环保型高效缓蚀剂、具有特殊浸润性的仿生功能防护材料、防污涂镀层技术等多类防护新材料新技术。

此外，研究人员在腐蚀微生物的分离培养、厌氧硫酸盐还原菌对材料的腐蚀规律、天然好氧生物膜电活性腐蚀机理等领域开展了创新性研究并取得了重要进展，大幅提高了我国海洋微生物腐蚀的认识和研究水平。香港科技

大学钱培元教授团队通过对全球 8 个海域中不同种材料表面的 101 个生物膜中微生物多样性进行深度宏基因测序，共获得 2.5TB 的测序数据，并与 Tara Oceans 宏基因组数据做比较分析，发现了 7300 多个仅在生物膜中生存的微生物物种，使海洋中已知的微生物多样性增加了 20% 以上，这些微生物具备许多新型的生物合成基因簇和 CRISPR-Cas 系统，揭示了海洋生物膜中远被低估的物种多样性和资源开发潜力（Zhang W et al., 2019）。海洋生物膜既具有海洋微生物资源开发的潜力，同时也会影响微生物腐蚀和生物污损过程。自研究表明，微生物可以以直接电子传递的方式从金属铁表面直接获取电子，新的电活性微生物腐蚀机理随即被提出，成为目前微生物腐蚀和污损领域的最新研究热点。

在光电阴极保护和监检测领域，研究人员设计开发了紫外光/可见光刺激响应型的新型纳米复合光电材料，并将其应用于金属材料的腐蚀防护，深度揭示了光生阴极保护机理，并针对海洋工程中常用的金属材料开展了示范应用。研究证实，该技术研发的新型光电材料可以对被保护结构提供长效延时阴极保护，相比于传统的牺牲阳极阴极保护和外加电流阴极保护技术，具有不容易消耗、节约能源、绿色环保等多种优点，具有广阔的应用前景。针对海洋工程结构的特点，研究人员系统构建了阴极保护自动监测系统，能够实现长期、实时、自动、连续地监测海洋平台导管架的腐蚀状态以及牺牲阳极的保护状态，确保及时发现问题、保障平台作业安全、节省平台年检费用，该研究成果为阴极保护监测与数值模拟技术在海洋石油工程领域的实际应用提供了范例和重要参考，也为进一步优化阴极保护设计奠定了技术基础，在海洋油气开发腐蚀防护设计、测量点位置优化和选取中取得了显著成效。

我国科研人员已在海洋环境腐蚀与污损理论、海洋工程设施修复补强技术、海洋防腐新材料等方面取得了多项开创性研究成果，工程应用技术的成功推广为国家和社会节省了大量腐蚀损失，确保了海洋资源开发、军事装备、海底探测、海岸建筑等各领域的安全，极大地带动和促进了我国海洋腐蚀及生物污损控制核心竞争力，为各项海洋事业的稳步推进和发展保驾护航。

（7）海洋酸化

酸化是全球海洋研究的热点问题之一，酸化对海洋生态系统及海洋物质生物地球化学循环的影响极其复杂,且相互交错。近十几年来,国内研究人员从中国陆架边缘海入手,研究了海洋酸化的历史、现状和产生机制,并着重探讨了海洋酸化对海洋生物的影响(Gao et al.,2019)。近几年的研究调查发现,在渤海、黄海均出现了海水酸化现象。在对生物受酸化影响的研究中,阐明了酸化对初级生产力的正、负效应取决于光照强度(Gao et al.,2012),发现了酸化加剧紫外线(UV)辐射对藻类固碳的负面影响,揭示了酸化与铁限制的耦合对生物固氮的抑制效应及其机理(Hong et al.,2017)。此外,调查发现海洋酸化还会导致酚类化合物的积累,从而进一步对海洋生态系统和海洋渔业产生深远的影响(Jin et al.,2015)。

(8)海洋低氧

过去半个世纪以来,全球海洋溶解氧的总含量下降了近2%,并且各个地方的低氧区都呈现逐渐扩大的趋势(图3-5),沿海低氧区的形成机制正在逐渐成为一个全球性问题。长江口外海域是我国最显著的季节性低氧区(Zhu et al.,2011),低氧事件主要发生在夏季,且自20世纪50年代,低氧发生频率和低氧面积不断增加。对长江口区域低氧机制的研究认为,强温、盐跃层的存在和有机质分解耗氧是形成低氧区的必要条件,而海底地形在长江口外低氧区的形成过程中具有关键性作用。除长江口外,珠江口外海域也观测到夏季底层水低氧现象,水体和底泥中的有机物耗氧分解对低氧的贡献较大,这与人类活动导致的污染物排放密切相关。

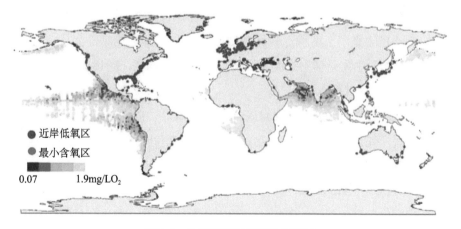

近岸低氧区
最小含氧区
0.07 1.9mg/LO$_2$

图3-5 全球海洋低氧区分布区域

资料来源:Breitburg 等(2018)

3. 海洋生态系统与生物地球化学

随着国家经济实力和海洋意识的增强，国家相关部门对海洋科学越来越重视，我国先后发起了"南海深海过程演变"和"水圈微生物驱动地球元素循环的机制"等重大研究计划，重点强调生物在深海及地球元素循环过程中的作用。在以国家自然科学基金委员会、科学技术部等为代表的相关部门的支持下，我国海洋生物学取得了一系列重要进展。

（1）生物泵

海洋生物泵将表层浮游植物吸收的二氧化碳输送到深海，在全球碳循环中起着重要作用。我国科学家围绕海洋生物泵开展了一系列工作（黄邦钦等，2019）。多项研究发现，物理过程（如中尺度涡旋、上升流等）可以通过影响生物群落特征和颗粒物的输送而显著影响生物泵输出通量和效率（Zhou K et al.，2013；Wang et al.，2018）。在藻华发生海区，浮游植物可以直接快速沉降到海底，浮游植物的直接沉降输出被认为是生物泵颗粒有机碳（particulate organic carbon，POC）输出通量的主要组成部分（Qiu et al.，2018）。多种因素影响浮游植物的沉降速率，包括各种形式的运动、细胞形态、生理状态、介质的黏度和密度，以及局部海水的动力学特性等（Guo et al.，2016）。基于东海 2002 ～ 2015 年现场航次的浮游植物光合色素数据，建立了东海硅藻和甲藻对主要环境因子的响应模式，发现硅藻和甲藻对温度和营养盐（氮、磷及其比值）变化的响应模式不同：硅藻偏好低温和高营养盐，而甲藻对温度和营养盐相对不敏感，但倾向于低磷和高氮磷比的环境。同时，该研究估算了温度和氮磷比改变时硅藻和甲藻生物量的变化，为预测全球变化背景下生物泵输出提供了重要依据（Xiao et al.，2018）。

（2）微型生物碳泵

微型生物碳泵（microbial carbon pump，MCP）是我国科学家焦念志院士提出的海洋储碳新理论，即生物可利用的活性有机碳在微型生物的作用下被转化为难以被微生物利用的惰性溶解有机碳（recalcitrant dissolved organic carbon，RDOC）（Jiao et al.，2010）。自 2010 年提出后，MCP 引起国内外海洋学家的广泛关注（Zhang C et al.，2018；张传伦等，2019）。之后，焦念志院士提出 RDOC 的惰性机制假说，并定义了 RDOCc 和 RDOCt 两类 RDOC 组分：RDOCc 是部分 DOC 分子由于其在海水中的浓度低于微生物利用的阈值而变得惰性；RDOCt 则是一些结构复杂的 DOC 分子，在特定的生态环境中耐受微生物降解（Jiao et al.，2011）。利用大型海洋生态模拟系统 Aquatron Tower Tank 开展的高时间分辨率实验表明，MCP 能够高效地将浮游植物产生的活性 DOC 转化为与深海类似的 RDOC（Jiao et al.，2018b）。之后多个研究进一步证实了 MCP 在储碳方面的贡献，如赵诏等研究发现病毒颗粒裂解聚球藻（浮游植物的一大类群）可以产生与深海类似的 RDOC 组分（Zhao et al.，2017）。郑强等发现异养微生物群落参与浮游植物分泌物和细胞碎片的降解并产生 RDOC（Zheng et al.，2019）。蔡阮鸿等发现海水微生物群落演替驱动沉积物 DOC 向 RDOC 转化（Cai R et al.，2019）。综合野外观察、室内实验、大型生态模拟系统、模型计算等，焦念志等提出 MCP 是产生巨大海洋 RDOC 的重要机制，也是维持 RDOC 库的主要机制（Jiao et al.，2018b）。

（3）深海生命

深海作为海洋系统的重要组成部分，拥有深海平原、海山、热液、冷泉等特殊环境，孕育了独特的生态系统和生命过程，关系着全球气候变化，也蕴藏着丰富的生物资源。因此，研究深海、海底的生命过程，在海洋科学和全球变化领域都处于十分重要的地位。我国科学家在深海生命研究方面取得了一系列重要发现。

在深海微生物方面，一类新的木质素降解菌——深古菌，被发现是深海沉积物中一类广泛分布的古菌类群，它是深海沉积物中木质素降解的重要参与者，为深入理解海洋碳循环机制做出了贡献（Yu et al.，2018）。同时，深海水体中的奇古菌和亚硝氧化细菌所介导的两步硝化过程是实现光能传递到深海再被利用的重要途径，是深海重要的供能过程，支撑了海洋"黑暗固碳"，为深海生物圈提供了"新"的有机质（Zhang et al.，2020）。而深海冷泉区的甲烷氧化古菌（ANME），是 20 年前才被揭示的新类群，我国科学家近年发现并证实了 ANME 氧化甲烷、产乙酸的新途径机制，对准确评估深海的碳储库，解析冷泉生态系统的形成机制，都具有重要意义（Yang et al.，2020）。在深海细菌研究方面，我国研究人员率先发现在马里亚纳海沟深渊中，存在着烃类降解细菌的勃发（Liu et al.，2019），以及深海细菌是无光和高压环境下的负温室气体二甲基巯基丙酸内盐（dimethylsulfoniopropionate，DMSP）的重要生产者，相关成果为重新估算全球 DMSP 的产量、通量及其气候效应提供了依据，对深入理解深海细菌在硫循环中的作用有着重要的科学意义（Zhang et al., 2020）。在深海极端环境微生物生态功能方面，我国科学家也取得了一系列新的进展。例如，研究人员通过对硫化物"黑烟囱"和碳酸盐"白烟囱"的比较宏基因组序列发现，两种热液口环境的微生物群落均表现出高丰度的 DNA 修复相关的基因，表明这些微生物需要进化出较强的 DNA 修复系统来应对热液口高温、金属离子、毒性化合物等恶劣条件对 DNA 的损伤，这一研究为认识深海热液口微生物群落对极端环境的适应性提供了新的机制假说（Xie et al., 2011）。对于处于海底深部生物圈的认识，李江涛等发现海洋下洋壳岩石中的确存在微生物，它们在依赖自养方式生存的同时，更大程度上依靠摄取现成有机物的异养方式生存，揭示了海洋下洋壳岩石中存在的深部生命圈及其生存策略（Li J et al., 2020）。

除了深海微生物之外，深海宏生物的研究也取得了重要进展。随着我国深海探测技术的发展，进入深海不再是梦想，我国研制的"蛟龙"号 7000m 载人潜水器，是目前能够到达海底最深的载人潜水器，使我国的深海调查能力可以覆盖世界 99% 的洋底。另一台载人潜水器"深海勇士"号，至 2020 年 10 月已经完成了 300 余次的下潜任务。随着进入深海机会的增加，我们对于深海生命的认识也取得了一系列进展。例如，年逾八旬的中国科学院院士、同济大学海洋与地球科学学院教授汪品先，搭载深潜器"深海勇士"号三次潜入 1400 余米的深海，在南海首次发现了"冷水珊瑚林"，它是深海中一个重要的生态系统，除各类珊瑚外，这里还是很多生物赖以生存的家。在对深海宏生物的环境适应性研究方面，我国科学家利用自主研发的"天涯"号和"海角"号深渊着陆器，捕获了马里亚纳海沟 6000m 水深的超深渊狮子鱼，通过对其进行形态学分析，发现超深渊狮子鱼为适应高压环境，其骨骼变得非常薄且具有弯曲能力，头骨不完全，肌肉组织也具有很强的柔韧性。其基因组分析显示，超深渊狮子鱼视觉相关的基因发生了大量丢失，多个与细胞膜稳定和蛋白结构稳定相关的基因发生了突变，这些基因层面的变异可能共同造成了其独特表型，并帮助其适应超深渊的极端环境（Wang K et al., 2019）。另外，研究人员通过比较深海和浅海贻贝的基因组特征，发现现代的深海贻贝是浅海贻贝的后裔，其祖先约于 1.1 亿年前移居到深海，成功度过了约 5700 万年前因全球温度上升而造成的海洋底部缺氧导致的大灭绝事件，并揭示深海贻贝能够依靠甲烷营养共生细菌所合成养分，在没有光合作用产物的环境中大量繁殖（Sun et al.，2017）。这些深海生命的新认知，既促进了深海生物基因的开发利用，也为在资源丰富地区设立深海海洋保护区提供了依据。

（4）海洋渔业资源

渔业资源是海洋生物学的重要研究对象。利用新技术，对一些虾、贝类、鱼类等渔业资源物种的基因组进行研究，取得了一系列重要发现。测定了白鳍豚的全基因组序列，揭示了鲸类的次生性水声适应机制，重建了白鳍豚的种群历史（Zhou X et al.，2013）。完成了凡纳滨对虾基因（国际上首个对虾全基因组参考图谱）的测序和组装，发现对虾与视觉和运动相关的基因家族发生了明显扩张，且具有强化的蜕皮激素信号调控通路（Zhang X et al.，2019）。在国际上首次完成扇贝基因组精细图谱绘制，在探究原始动物祖先（Urbilateria）染色体核型进化、躯体结构多样性产生、眼睛起源和调控机制等方面取得了多项新发现和新认识，为理解动物早期起源和演化机制提供了关键线索（Wang S et al.，2017）。此外，我国在相关技术方面也有所突破，完成了第一张贝类（牡蛎）高密度单核苷酸多态性（single nucleotide polymorphism，SNP）芯片的构建并成功实现商品化，为全球相关研究人员开展牡蛎基因分型工作提供了一个高效的研究工具。

（5）生态系统与全球变化

全球变化背景下，大气 CO_2 浓度增加，导致海洋酸化，影响海洋生态系统。此外，人类活动排放的营养盐导致海水富营养化以及由此引起的赤潮和缺氧也对海洋生态系统带来极大影响。我国科学家围绕这些问题取得了一系列进展。发现在高 CO_2/ 低 pH 条件下，浮游植物会调整代谢途径，促进苯酚类物质的合成，并通过其降解增加了细胞抵御酸性胁迫所需要的能量（Jin et al.，2015）。苯酚类物质有毒性，其在浮游植物中的累积，可能产生食物链效应传递到浮游动物等生物，从而对生态系统产生进一步的影响。发现硅藻类在长期适应酸化过程中，可能产生进化性的生理学变化（Li et al.，2017）。发现海洋酸化可减少颗石藻类的钙化量，降低其生长速率，影响颗石藻类碳汇（光合）与碳源（钙化）过程在海洋碳循环中的作用（Tong et al.，2018）。史大林课题组 2012 年首次发现了酸化抑制束毛藻的固氮作用，并且铁限制条件将加剧该负效应（Shi et al.，2012）。发现酸化可引起束毛藻胞质 pH 下降，从而降低固氮酶效率、干扰胞内 pH 稳态、影响细胞产能（Hong et al., 2017）。罗亚威与史大林合作建立了一个束毛藻的"资源最优化分配"细胞模型，结合模型发现，海洋酸化对束毛藻的影响主要在于固氮酶效率的下降和抗酸化胁迫能耗上升，二者均会对束毛藻的生长和固氮产生负效应，而其中起主导作用的为固氮酶效率的下降（Luo et al., 2019）。

不同生境下的生物适应性也是海洋生物学的重要研究主题。海马全基因组的分析显示了海马在海洋近岸和岛礁栖息过程中的长期适应性进化特征（Lin et al., 2016）。Dong 等（2018）系统探究了在气候变化背景下，潮间带生物的行为、生理及进化适应，海洋软体动物蛋白质温度适应机制，以及人工海堤对中国沿岸潮间带生物群落的影响，并且评估了人类活动在沿岸潮间带生物群落的生态效应。

共生是生态系统中不同物种间常见且重要的关系。发现隐藻与原生生物共生新机制：隐藻以完整细胞形式在红色中缢虫体内进行内共生，提出了"红色中缢虫培育隐藻"的共生新模式（Qiu et al., 2016）。珊瑚礁中重要的共生藻虫黄藻的全基因组测序表明珊瑚虫与虫黄藻共生过程中相互作用的分子机制（Lin et al., 2015）。

（6）生物多样性与生命演化

生物多样性与生命演化是海洋生物学的重要题目，我国科学家在相关研究方面取得了一系列重要进展。2012 年，国家海洋局发布了《中国海洋物种和图集》，分为《中国海洋物种多样性》和《中国海洋生物图集》两部分，包括我国海洋生物 59 门类 28 000 余种的编目、18 000 余种物种形态图的研制，系统地阐明了我国海洋生物的种类组成、形态特征、分布和进化上的关系，反映了我国海洋物种多样性的基本特点。同时，建成了海洋微生物菌种保藏管理中心，库藏海洋微生物 2.1 万株，其中细菌 933 属 3491 种；酵母 43 属，141 种；真菌 123 属，251 种。利用古生物大数据、超级计算、模拟退火算法、遗传算法等全新的方法和手段，基于化石记录重现了生命演化历史，改变了当前对古生代海洋生物多样性演化的认知（Fan et al., 2020）。

4.海底多圈层与洋－陆相互作用

我国在南海开展了"3+1"次大洋钻探航次，取得了自南海张裂早期到晚全新世的完整岩心资料；同时，通过国内和国际联合科考航次，在南海、东海、西太平洋、东印度洋等海域取得了巨量的海洋沉积物和岩石样品。重点攻关一系列重大科学问题，在南海深海过程演变、低纬气候变化和驱动、亚洲大陆边缘从源到汇过程等方向上取得了系统性、前沿性、原创性的研究成果：深入认识了南海从海盆张裂以来的生命史，提出并检验了挑战传统认识的"气候演变的低纬驱动"假说，全面构建了亚洲大陆边缘河流输入和沉积物搬运的动力过程。特别是历时八年开展的"南海深海过程演变"重大研究计划，以南海为主要对象，从构造、沉积、物理海洋、生物地球化学等方向，多学科交叉地全面探索了南海的地质历史演变、古海洋学变迁、现代海洋环境特征，取得了一系列具有重大科学价值和显著国际影响力的研究成果。

（1）南海构造和古地理演变历史

大陆如何破裂形成海洋盆地，是地球科学的一个顶级科学问题。原则上，"板块构造"理论提供了大陆张裂的模板——大陆岩石圈裂谷、深部岩浆涌出、洋中脊扩张，从而形成大洋盆地。这一模型的基础是大西洋的被动大陆边缘。然而，在西太平洋与亚洲－澳大利亚大陆的边界上，地壳最初是如何被拉张、西太平洋一系列有扩张脊的边缘海盆地如何生成，其动力和模式是否完全和大西洋一样，都是仍在热烈探索的科学问题。因此，西太平洋的地壳张裂和构造演变过程，也就成为"板块构造"理论最后一个未被攻克的难题。

中国科学家在南海开展了 IODP 349、367、368 和 368X 共计"3+1"次大洋钻探航次，在南海中央海盆、西南次海盆、东北部洋陆地壳转换带上进行深入研究，从根本上否定了"南海海盆张裂遵循大西洋非火山型大陆边缘模型"的国际主流假说观点，并据此提出"板缘张裂"模型（Larsen et al.，2018）。具体来说，以南海为代表的西太平洋边缘海的"板缘型"张裂模式，与以大西洋为代表的"板内型"大洋盆地形成机制，存在显著的差异（Wang P et al.，2019；Lin et al.，2019；Sun et al.，2019）：①边缘海盆地形成于威尔逊旋回中的板块俯冲背景下，而板内张裂形成于板块拉张的大环境下；②边缘海盆地形成于板块边缘，而大洋裂谷盆地起源于板块内部；③边缘海盆地的"寿命"常为几千万年，而大洋盆地的生命史可时跨数亿年；

④边缘海盆地主要源于上地幔对流且与板块俯冲相互作用有关，而大洋盆地可能源自深地幔对流；⑤边缘海盆地的面积往往比大洋盆地小 1 ～ 2 个数量级。

南海自张裂之后的构造历史，根据近年大洋钻探成果的不断涌现，也有了更清晰的图景（Li et al.，2014；Ding et al.，2018；Xu，2019）。IODP 367/368 航次在南海北部洋陆过渡带的钻探，揭示了南海东部次海盆在约 3400 万年前沿着一条欧亚大陆与中生代板块间的转换断层左行走滑，起动了南海东部的海底扩张。IODP 349 航次获取的南海海盆大洋地壳玄武岩的测年结果证明：南海东部次海盆在约 3400 万年前已经开始形成，而西南次海盆在约 2300 万年前形成，二者的海底扩张几乎同时在 1600 万～ 1500 万年前结束。因此，最早在始新世—渐新世南海从东边开始破裂，继而在晚渐新世—早中新世南海扩张轴向西跳跃，最终在中中新世期间停止扩张、南海洋壳向东边的马尼拉海沟俯冲（Huang et al.，2019）。另外一个重要的新进展，是通过大洋钻探获取了南海大洋地壳和洋陆过渡带真正的基底岩石样品，发现南海自张裂起始到扩张结束，一直都有很活跃的玄武岩溢出。岩石学和地球化学分析揭示，南海北部洋陆过渡带基底的玄武岩主要为斜斑玄武岩和少量橄榄玄武岩，而东部次海盆主要为橄榄玄武岩、西南次海盆为斜斑玄武岩；而南海海盆中分布着丰富的海山，根据氩同位素测年结果，主要形成于约 8Ma 前，少数南海北部的海山形成于南海扩张期、最老达 23.8Ma 前。南海海盆内的板内岩浆活动规模之大，仅根据北部 45 座海山的体量估算，莫霍面以上的岩浆溢出总量可达约 $1.5 \times 10^{14} m^3$，与诸多大火成岩省的体量可以相提并论（Fan et al.，2017）。

随着南海海盆的构造演变，南海的海水环流格局、沉积充填、碳酸盐台地分布等均发生相应的改组。在张裂和扩张早期，南海东部与太平洋畅通连接，直到 1600 万年前菲律宾岛弧北移部分地阻挡了南海东北、650 万年前台湾岛和巴士海槛隆升，才造就了现代南海半封闭的形态（黄奇瑜，2017）。南海北部大洋钻探 1148 和 U1502 站位的有孔虫化石记录反映，晚始新世南海北部是陆架浅海环境，至渐新世成为水深浅于 1000m 的外陆架 - 上陆坡环境，中中新世以来南海与太平洋的深水连通逐渐受阻，到晚第四纪南海深层海水流通呈现出受冰期旋回海平面变化调控而变化的状态（Jian et al.，2019；Wan and Jian，2014；Wan et al.，2020）。

距今约 2000 万年前的南海，自西北部、西部到东南部均广泛分布有碳酸盐台地，现今相对只有很小的一部分存活在西沙、南沙等地，如西沙部分台地在 2000 万年以来堆积了近 1200m 厚的碳酸盐岩（Wu S et al.，2016，2020）。南海碳酸盐台地发育状况的演变，除了构造变动，一个重要的原因在于陆源碎屑沉积物充填的逐步增强。与南海海盆和周边的构造演变相对应，南海周边水系也在新生代期间发生了系统性的变动，早渐新世—晚渐新世南海北部存在一条自中南半岛至珠江口岸外的"昆莺琼古河"，将巨量的南海西侧陆源物质输送、堆积到南海北部，现存的西沙海槽即为其见证和残存；而现代珠江的形成和流域扩张，珠江上游深入到云贵高原、珠江三角洲控制珠江口盆地，主要发生在晚渐新世—中新世（Zhao et al.，2015；Cao et al.，2018；Shao et al.，2019）。

（2）气候变化的低纬驱动假说

地球气候的变化规律和动力机制，是地球科学的又一个顶级科学问题。海洋沉积层序能够提供连续、高分辨率的气候变化历史记录。基于海洋沉积记录，晚第四纪的冰期旋回、新生代的逐步变冷等气候演变规律，自 20 世纪中叶起被发现、证实和深入探讨；与此同时，高纬地区大面积冰盖的形成和涨缩，被奉为过去气候变化的最核心驱动力。然而事实上，南极大陆和北半球高纬同时有冰盖的状况，在新生代乃至显生宙以来的地质历史中只是"偶然"，大部分时期地球表面并无大面积冰盖，但地球的气候仍然会出现明显的变化。这就启发我们，地球气候的变化，应当以"低纬过程"及其效应为最重要的抓手，但在前有以欧美科学家基于大西洋两侧的观测积累为基础的研究中，被大大忽视了，因而提出了"气候变化的低纬驱动"假说（汪品先，2006）。

"气候变化的低纬驱动"研究取得了长足的进展，从晚第四纪低纬水循环、暖池温跃层、碳循环的偏心率长周期等角度，通过发表一系列高水平国际文章，深入探索了"低纬驱动"关键过程的现象、机制和气候意义。

1）低纬水循环　由于地球轨道参数的变化，地表接收到的太阳辐射量及其季节、纬度分配也呈现轨道尺度的周期性变化，催生了地球气候变化的"米兰科维奇"理论；经过几十年的发展，形成了以北半球高纬冰盖体量通过北大西洋深层水的生成和运移带动全球气候演变的理论假说。随后，陆地石笋记录（Cheng et al.，2016）、低纬海洋浮游有孔虫氧同位素（Wang P et al.，2016）、赤道西太平洋陆源颗粒物输入（Dang et al.，2020a）等新发现，挑战了以冰盖演变为单一驱动机制的古气候理论，发现低纬地区的水循环过程（或称为"全球季风"，Wang P et al.，2014a，2017）具有不同的变化节律，从而揭示了即使在北半球高纬冰盖涨缩最为强盛的晚第四纪，低纬过程变化依然留下了有力的印记。整合全球低纬地区海洋表层海水的氧同位素记录，用以和南极冰心气泡保存的大气氧气氧同位素相比较，研究发现"道尔效应"——反映受全球水文循环影响的植物圈（包括陆地和海洋）光合和呼吸作用强度，在过去 80 万年的波动也呈现出与低纬气候演变相一致的特征，从而指明了全球尺度低纬水循环过程的变化规律（Huang et al.，2020）。

2）暖池温跃层。现代气候变化集中体现在热带海洋－大气耦合系统，典型代表就是赤道太平洋的 ENSO 现象，其中温跃层动力是关键。然而，古海洋学研究长期以来更关注表层海洋，忽略了次表层海水的作用。自 20 世纪 90 年代，我国科学家瞄准海洋温跃层演变，开始在南海、西太平洋和东印度洋开展研究，初步发现温跃层海水在晚第四纪冰期旋回中的特殊现象（Li et al.，1997；Xu et al.，2008，2010；Jian et al.，2009）。通过在热带东印度洋－西太平洋暖池区的多个站位开展深入系统的研究，并结合海气耦合气候模型的数值模拟，发现并验证了由岁差周期主要驱动的热带－副热带次表层环流圈对暖池温跃层温度和结构的调控作用，进而推导出暖池温跃层的热量累积在轨道尺度上控制着赤道太平洋纬向上的表层海温梯度、温跃层结构梯度、沃克环流强度以及 ENSO 事件的活跃程度（Dang et al.，2012，2018，2020b；Jian et al.，2020）。热带海洋温跃层的动力变化，可以影响上层海洋的物质循环和生物地球化学过程，这方面的研究刚刚起步，已经初露端倪（Li et al.，2019）。

3）碳循环的偏心率长周期。自 1999 年在南海开展的大洋钻探 ODP184 航次以来，中国科学家在晚新生代的海洋沉积记录中发现了有孔虫碳同位素的 40 万～50 万年偏心率长周期变化特征（Wang et al.，2003，2014b），接下来的研究逐步验证了偏心率长周期调控着大洋碳储库演变，是地球气候系统最为稳定的"心跳"节律。通过对 ODP184 航次岩心资料的再分析，发现不仅是碳循环，南海南部周边陆地的风化输入也存在显著的 40 万年周期（Tian et al.，2011），说明低纬季风系统同样受偏心率长周期的调控。这是由于地球轨道偏心率通过调节岁差，影响气候系统的季节性，驱动低纬季风强度，从而间接成为调节全球季风长周期演变的关键因素（Wang et al.，2014b）。碳循环的偏心率长周期，在新生代历史中一直稳定存在，近年发表的 66 Ma 以来的高分辨率、连续记录显示，40 万年偏心率长周期是新生代全球冰量和大洋碳储库变化中最为连续、稳定的主旋律（Westerhold et al.，2020）。同时，大洋碳循环的偏心率长周期也时常会被"破坏"，在最近 1.6 Ma 和中新世 13.8 Ma 前后，有孔虫碳同位素记录的偏心率长周期被改造或弱化，暗示高纬冰盖增长对碳循环周期性的影响（Wang et al.，2010；Ma et al.，2018；Tian et al.，2018）。大洋碳储库偏心率长周期的来源，现在提出的解释是"溶解有机碳泵假说"，由海洋微型生物为主导的惰性溶解有机碳，在海洋中具有更长的滞留时间（Jiao et al.，2010）。因此，由岁差周期驱动的水循环，可能决定着陆地向海的物质和营养输送，进而可能调节海洋微型生物碳泵、生物泵和海水碳化学系统；又由于偏心率长周期对岁差周期的调幅作用，在大洋碳循环中留下了偏心率长周期的变化规律；这一过程在地球历史中可能是最恒常的动力，因而约束着偏心率长周期成为地球气候系统的"心跳"节律。对该假说的验证，已经初步通过海洋碳循环箱式模型和地质记录相结合的手段，以冰盖相对较小的中新世气候适宜期（17～14 Ma）和冰盖体量最大的晚第四纪（最近 2 Ma）为对象进行了初步探索，检验了大洋碳储库对低纬季风变化的响应，以及微型生物碳泵和溶解有机碳库所发挥的反馈效应（Ma et al.，2011，2017）。

（3）亚洲大陆边缘源－汇过程

亚洲大陆边缘区域内以河流为纽带的源－汇系统贡献了全球约 2/3 的入海物质，这些巨量入海物质对边缘海和全球大洋沉积作用、生物地球化学过程和海洋生态环境等都产生了巨大影响。边缘海作为陆源物质的主要沉积"汇"，在不同海区发育建造了巨大的浅水三角洲、宽阔陆架沉积体和深水扇沉积体系。它们不仅直接记录了陆源物质入海的源－汇系统过程，也是研究新生代亚洲大陆构造隆升、风化剥蚀、季风演化与大河发育历史的理想载体

（汪品先，2005；杨守业，2006；郑洪波等，2008；Liu et al.，2016）。

1）两种不同河流体系主导下的东亚大陆边缘。美国主导的国际大陆边缘源-汇过程（S2S）计划的研究对象主要是人类活动较小、位于中低纬地区的小河流及河口地区，重点为巴布亚新几内亚与新西兰的小河流（高抒，2005）；而亚洲大陆边缘，如东海（包括黄渤海）显然具有明显不同于国际S2S研究的典型区域特色，不仅发育以台湾小河流为代表的"山地小河—瞬时大通量—极端事件影响—快速物质转换"的源-汇体系；同时，更发育了以长江、黄河、珠江为代表的"世界大河—大三角洲—宽广陆架—复杂的物质转换—强烈人类活动影响"的源-汇体系（Yang et al.，2015）。因此，东亚大陆边缘代表了世界大陆边缘源-汇系统和陆海相互作用研究的一种不同模式，体现了鲜明的东亚特色（杨守业等，2015）。

长江作为亚洲最大的河流，对东亚边缘海物质供应起到了决定性作用；台湾由于地处构造活跃带和独特的气候特征，其岛屿河流入海泥沙也达到了惊人的数量。台湾雪山山脉中始新世—上渐新世地层的物源区主要为华夏板块，而西部麓山带中中新世—更新世层序的物源区主要为扬子板块和华北板块（Deng et al.，2017）。比较这两类河流系统的风化特征和沉积物输运模式，有助于深刻理解不同构造、气候和人类活动差异下，河流系统的环境响应和反馈机制。大陆型流域（长江）的硅酸盐化学风化强度主要受到东亚季风气候的控制，并且由于沉积物在流域滞留较长时间而经历多次沉积旋回。与之对比，山溪性流域（台湾）硅酸盐风化强度很大程度上受到强烈的物理剥蚀和快速的沉积物搬运过程限制，沉积物本身在表生环境下暴露时间较短，对源区地球化学组成的改变较少（Bi et al.，2015）。而在沉积物输运模式方面，长江沉积物的搬运主要受沉积物粒度、流域地形的影响。与之相对应的，台湾地区多台风降水，同时又有频繁的构造活动，因此台湾地区的风化剥蚀速率很高，导致沉积物在流域无法长时间滞留，所以沉积物可以快速地搬运转化（Li et al.，2016）。相比大型河流，山溪性河流对气候变化的反馈更为敏感和直接。台风暴雨天气影响下，山溪性河流流域化学风化消耗大气 CO_2 速率加快，主要表现为碳酸盐岩矿物的快速溶解；强降雨和径流量的快速增加，导致地表风化加强致使富含硅的土壤水进入河流，带来的溶解态硅贡献量达37%（Su et al.，2018）。

　　另外，通过比较长江和台湾河流沉积物地球化学和同位素组成，也有助于了解沉积物地球化学参数的控制因素和沉积物从源到汇的搬运机制。河流沉积物在从源到汇过程中往往经历复杂的滞留、分选和再旋回过程。如何剥离水动力分选和沉积再旋回的信号，得到沉积物当前旋回的化学风化信息一直是表生地球化学研究的难题（Guo et al.，2018）。台湾河流沉积物特殊的搬运模式导致其沉积物出现明显不均一性。不同事件（台风/风暴）中被搬运的沉积物携带不同的源区信息，并可能随机停留于不同站位甚至相同站位。基于台湾山溪性小河流的这一新发现挑战了河流沉积地球化学领域的常见假设"Let nature do the averaging"（让自然界作平均），并提出今后基于碎屑沉积物的表生过程研究，如宇生核素和金属同位素等，都需要考虑到山溪性小河流的不均一特性以及由此引起的样品代表性偏差。

　　2）南海深水沉积动力和搬运。早期的沉积学观点认为，颗粒物从海面沉降至海底沉积，是一个相对"稳态"的过程。直到 20 世纪 70 年代，初步的深海观测发现，海底存在悬浮颗粒浓度数十倍增长的"雾状层"，反映剧烈的海底水动力条件下沉积颗粒发生"深海风暴"运动。这样的深海沉积动力和搬运过程，能够改造海底地形、影响深海底栖生态环境，同时深刻地改变着深部海底与海水、沉积物之间的物质和能量交换。在国家自然科学基金"南海深海过程演变"重大研究计划的支持下，我国科学家在南海北部布放了一系列沉积动力学锚系观测系统，原位观测"深海风暴"的发生过程、沉积记录标志，深入探究其沉积动力学机制。

　　台湾西南岸的高屏海底峡谷是高屏溪巨量沉积物（约 49Mt/a）输入南海深海的主要通道，成为浊流等深海风暴频繁发生的区域。高屏峡谷中布放的锚系观测系统包括 2 套沉积物捕集器、1 台多普勒流速剖面仪、1 台温盐浊海流计和 1 台温盐深浊度仪；自 2013 年 5 月布放，之后连续工作至今。分析研究 2013～2017 年的观测记录，发现高屏深海峡谷每年平均发生约 6 次深海浊流活动，其中约 2/3 由途经台湾的台风暴雨所引发，直观地揭示了海-陆交互活跃的海底峡谷"深海风暴"与低纬度大气热带风暴之间的因果联系和驱动机制（Zhang Y et al.，2018）。现代观测记录所揭示的沉积动力学过程和机制，对于理解南海的沉积演变、地貌成因乃至沉积性资源矿产等，都具有重要意义。南海深部海底的浊流沉积和浊流地貌十分发育，南海北部的广袤陆坡上发育大量的海底峡谷，多数峡谷的出口并未见深海扇，而深海平原中却保留有高丰度的浊流沉积，因而反映出南海浊流过程的能量之高、影响之远（Zhong et al.，2015）。

全球尺度上，背靠亚洲大陆、连接西太平洋的南海海盆是研究沉积物从源到汇过程的绝佳场所。可溯源到青藏高原的大陆地壳物质、周边地块和新生岛屿的大洋地壳物质，在南海海域内的河口、海岸、陆架乃至深海盆发生复杂的交互作用。多年的研究积累，通过采用周边河流采样、深海观测锚系、高分辨率海洋沉积岩心等研究手段，我国科学家已经初步查明现代过程中以及晚第四纪冰期旋回中南海的河流沉积物从源到汇过程（Liu et al.，2016）。首先，南海周边陆地物质源区具有特征性的黏土矿物和地球化学特征：台湾岛以伊利石和绿泥石为主、吕宋岛以蒙脱石为主、华南以高岭石为主、中南半岛则显示混合性特征；其次，造成陆源特征差异的原因首要在于东亚季风性气候的高温、强降雨背景，以及区域构造活动和基岩特征；最后，南海海盆内的沉积颗粒物组成及其 Sr、Nd 同位素特征反映出明显的物源区控制和差异沉降效应，进而可以基于颗粒物传输路径反演区域海洋环流体系，通过沉积记录重建冰期旋回海平面变化和气候环境演变对沉积物源 – 汇过程的效应（Liu et al.，2016）。在清楚认识黏土矿物源区和搬运过程的基础上，通过对南海锚系沉积物捕集器的时间序列样本中黏土矿物携带的陆源有机质进行深入分析，包括放射性碳测年、有机碳稳定同位素、层状硅酸盐矿物表面积、矿物含量等高精度实验分析，在世界上首次清晰地揭示出黏土矿物种类是影响有机质保存的最重要因素（Blattmann et al.，2019），对全球"碳循环"过程研究具有重要科学意义。

5. 极地冰 – 海 – 气耦合系统及其变化

极地海区冰盖与海洋相互作用显著，因此极地海洋科学重点关注极地冰冻圈科学及其与海洋的相互作用。以中国南北极考察为依托，借助卫星遥感观测、结合模型模拟等手段，重要成果列举如下。

（1）极地冰冻圈科学

1）冰盖内部结构和冰下地形揭示的南极冰盖的形成与演化。利用车载冰雷达系统获得了南极冰穹 A 地区冰盖内部结构及冰下三维地形，得到冰穹 A 地区冰内部等时层分布及其与冰岩界面的关系（Tang et al.，2015；Wang Y et al.，2016）；首次证实了冰穹 A 地区是南极冰盖的起源，冰下甘布尔采夫山脉被厚厚的冰层覆盖，没有受到风化侵蚀作用，完整地保存着不同地质时期的地貌景观，发现早期流水作用形成的溪谷河床群构成了冰下甘布尔采夫山脉树枝状地貌，后经冰川作用，叠加出冰斗状、刃脊状等早期冰川侵蚀地貌特征，后期随着冰川作用加剧，形成了巨大的冰川侵蚀"U"形谷地貌特征（Sun et al.，2009）。上述研究对于揭示南极冰盖早期形成演化和甘布尔采夫山脉形成机制具有重要意义。

2）冰盖动态监测与模拟。冰川/冰盖对气候变化敏感，其动态变化影响着海平面变化，因此冰川/冰盖动态变化是冰冻圈科学研究的重要内容。近年来，我国学者利用遥感/地面观测、结合冰川动力学模型，在极地冰盖动态监测与冰盖模式模拟方面进展显著，重要进展主要有：利用高空间分辨率卫星遥感与无人机影像，结合实地冰面径流量的观测，提出了一种测算格陵兰冰面径流量的新方法（Smith et al.，2017）；根据南极表面物质平衡观测结合模型，建立了南极表面物质积累率空间数据库（Wang Y et al.，2016）；基于冰川动力学模拟理论，开发了国内二维热动力耦合流带型冰川流动模式，并参与开发三维完全斯托克斯海洋系冰盖模型（Sun et al.，2014；Zhang et al.，2015，2017）。上述研究为冰盖动态及其对海平面变化的评估及预测研究提供了重要支撑。

3）同位素非质量分馏及冰心记录。同位素非质量分馏现象的发现改变了学界对地球化学许多核心问题的认识，是目前稳定同位素地球化学研究的国际前沿之一。氧同位素非质量分馏的发生和大气光化学密切相关，大气含氧成分是该信号的良好载体，而冰心是大气成分最为理想的保存载体。近年来，中国冰川学家在冰心三氧同位素分馏过程及其冰心记录研究领域开展了具有国际影响力的研究，如揭示了南极 Dome A 地区沉积后过程对冰心硝酸盐（NO_3^-）三氧同位素分馏过程及其影响因素（Shi et al.，2015），观测发现南极低温水汽过饱效应和夏季升华过程对极地雪冰水体三氧同位素影响显著（Pang et al.，2015，2019），利用格陵兰冰心硝酸盐三氧同位素记录首次揭示大气氧化能力在关键气候变化时期存在两种响应模式，探究了平流层-对流层臭氧传输和极地海冰变化对大气氧化能力的可能影响（Geng et al.，2017）。上述研究为冰心记录拓展了新的研究方向，为我国科研人员参与这一国际前沿领域研究奠定了基础。

（2）极地冰冻圈与海洋相互作用

1）冰架与海洋相互作用。冰架与海洋相互作用不仅影响着极地冰盖物质平衡，同时对极地海洋冰架水、陆架水、绕极深层水、南极底层水产生显著影响。在极地海区缺少观测资料的条件下（特别是冰架下海洋的观测），中国学者近年来在冰架与海洋相互作用和模式模拟方面取得了显著进展。例如，通过引入悬浮冰晶浓度的垂向分布对现有南极冰架下融水羽流模式进行了有效改进（Cheng C et al.，2017），利用改进的模式，通过开展大量敏感性数值实验，确定了南极麦克默多海峡片状冰增长率与过冷水过冷温度间的定量关系（Cheng C et al.，2019）；通过对比以往聚焦于南极普里兹湾的海洋环流数值模拟的研究，中国学者研发出了我国第一个聚焦于普里兹湾的高分辨率区域海洋－海冰－冰架耦合模式，该模式具备更多的物理模块和更强的模拟能力（Liu C et al.，2017，2018）。上述数值模式的研发及相关研究，填补了我国在南极海洋－海冰－冰架耦合数值模拟研究领域的空白，积极推动了我国在冰架海洋相互作用领域的研究与国际前沿接轨。

2）海冰－海洋相互作用。极地海冰通过反照率反馈机制不仅显著影响着极地地区的气候变化，同时影响着极地大洋环流和水团性质。近年来，中国研究人员围绕极地海冰观测技术、极地海冰变化原因、极地海冰与海洋相互作用方面开展了系统的研究工作，重要成果包括：研发了基于磁滞位移传感器的海冰厚度高精度观测系统，集成了冰基浮标观测技术（Lei et al.，2009，2010）；揭示了北极偶极子是影响夏季太平洋扇区海冰退缩的主要大气环流模态，发现南极冬季云负异常对来年夏季海冰分布有重要影响（Bi et al.，2019；Wang Q et al.，2019）；基于冰基浮标海冰物质平衡过程的观测，证实了罗蒙诺索夫海脊浅水地形对冰底海洋层化的扰动，揭示了普里兹湾海冰季节变化和夏季北极海冰减少对冰底海洋热通量的影响（Lei et al.，2010，2014）。

（3）极地海洋与全球变化

1）南大洋过程对末次冰消期大气 CO_2 百年尺度快速上升的影响。南极高分辨率冰心记录显示，末次冰消期大气 CO_2 浓度存在几次百年尺度的快速上升，南大洋过程被认为在其中扮演了十分重要的角色。但受沉积物定年误差和记录载体的限制，该区域百年尺度的气候变化记录仍然非常有限，这使得我们对百年尺度大气 CO_2 突变事件中南大洋的贡献仍缺乏可靠的认识。中国学者及合作者利用高精度深海珊瑚记录，发现南大洋深水上涌快速上升（可能与大西洋子午环流快速重启有关）及南大洋海水和大气进行快速而短暂的碳交换（可能与南大洋西风带和海冰范围的快速南移，导致南大洋混合层突然加深有关）是引起百年尺度大气 CO_2 快速上升的主要原因（Li T et al.，2020）。

2）极地海洋沉积记录揭示的极地冰盖演化过程。冰盖演化深刻影响着全球气候和大洋环流的变化。理解极地冰盖在不同时间尺度的演化规律，对于深刻理解全球气候变化及未来气候变化预测研究具有重要意义。依靠中国南北极考察在极地海区采集的沉积物材料，中国古海洋学家对两极冰盖的演化过程进行了积极的探索性研究，取得了一些重要进展。Wu S 等（2020）利用黏土矿物学和筏冰碎屑（ice rafted detritus，IRD）记录了反映普里兹湾兰伯特冰川在过去 50 万年以来的动力学变化的替代指标，发现该冰川体系的变化在冰期－间冰期尺度上也与全球冰量变化保持一致。总体上，其消长受到海洋驱动和海平面变化相关因素的控制，同时也受到当地地形和夏季太阳辐射的调控。来自加拿大海盆约 50 万年的记录揭示了深海氧同位素 13 期以来该区域物质输入、洋流和冰盖演化的信息（Dong et al.，2017，2020）。沉积记录显示，在 MIS 3、5、7、8、10，该区域沉积输入主要受到劳伦冰盖物源的影响，而在 MIS 4 和 6，东西伯利亚的物源输入占主导地位。进入晚更新世以来逐渐增加的东西伯利亚物源输入，揭示了欧亚冰盖的逐渐扩张。同时，门捷列耶夫脊南部沉积记录清晰指示了东西伯利亚冰盖在 MIS 4 显著扩张，范围向东达到楚科奇海台和北风脊海域（Ye et al.，2020）。北冰洋楚科奇边缘地发现广泛存在的末次冰消期一次煤屑沉积事件，该事件反映了来自北美麦肯锡河流域的一次显著的融冰水输入事件，由此为劳伦冰盖在末次冰消期的消融过程提供了重要线索（Zhang T et al.，2019）。

6. 海洋观测探测技术

（1）国际海洋技术发展趋势

当前，世界各国积极推动海洋信息技术与基础设施平台建设，高度重视新一代信息技术和装备在海洋领域的应用，大力开展国家级专项，持续提升海洋信息领域的整体水平，不断拓展战略利益空间（刘帅等，2020）。美国在

2007 年就制定了《美国海洋行动计划》，建立了综合海洋观测系统（integrated ocean observation system，IOOS），对海洋环境变化进行动态追踪、预测、管理与应对，为科学家和政府决策者持续提供安全可靠的海洋信息，促进了经济和海洋环境保护的共同发展。近年来，美国进一步推出了"海军海洋科学发展计划""海洋数据获取与信息提供能力增强计划"等专项，以期提升海洋大数据信息获取与分析的能力，为全球海洋战略实施提供技术保障。

加拿大通过整合"海王星"海底观测网 NEPTUNE 和"维多利亚海底试验网"（victoria experimental network under the sea，Venus）等计划的实施，构建了海洋观测网络，研发了智能海洋系统（smart ocean system，SOS），并应用于科学研究、政府决策、海洋环境监测、海洋安全保障、渔业资源利用等领域。俄罗斯海军于 2016 年研制了通信信息与声波相互转换系统，它能够实现水下活动潜艇、深海载人潜水器、无人潜航器和潜水员之间的通信，从而构筑了水下"互联网"。欧盟提出了"Marine Knowledge 2020"计划，意在加强海洋科学研究能力，提升不同层级决策的质量和可靠性。英国启动了"海洋2025"重大海洋研究计划，旨在提升英国海洋环境认知、更好地保护和开发利用海洋资源。日本在 2012 年提出了日本海洋发展阶段性战略，目的是提升水下资源开发能力，强化海洋信息的监测能力和重大事态的应对体制。此外，韩国研制了业务化海洋系统（Korea operational oceanographic system，KOOS），实现了海洋环境的日常监测和短期预报，对海洋灾害进行了预报预警。

总体上，世界各国均将海洋信息技术与服务应用视为海洋发展的重要战略，通过法律法规、技术标准、共享技术和服务系统等软硬体系建设，采取定制开发和主动服务相结合的方式，为不同用户提供了符合其需求的信息产品与决策支持，信息服务系统力求普及性、便携性和公众的参与性。

（2）我国海洋技术发展现状

经过多年的发展，我国海洋信息技术与基础设施建设初具规模，逐步构建了海洋环境观测系统，海洋资源综合调查手段和范围不断拓展，资料获取能力和数据量得到极大提升，观测范围初步覆盖近岸、近海、大洋和极地，形成了较为丰富的海洋信息和数据家底。在国家《陆海观测卫星业务发展规划（2011—2020 年）》和《国家民用空间基础设施中长期发展规划（2015—2025 年）》的推动下，我国已形成了以海洋一号（HY-1）系列卫星、海洋二号（HY-2）系列卫星、高分三号（GF-3）卫星为代表的海洋水色、海洋动力环境及海洋监视监测卫星体系，实现了从单一型号向多个系列卫星组网、从试验应用向业务应用的跨越，开启了世界首个海洋动力环境监测网建设的新征程。重大海洋信息装备研制取得了重要成果，"蛟龙"号载人潜水器、"海翼"号水下滑翔机、"海斗"号无人潜水器等装备成功海试。

海洋信息应用服务能力持续增强，围绕海上交通、海洋预报、海洋渔业、海洋资源开发、海洋环境监测、海岛（礁）测绘、涉海电子政务等领域需求，相关研究单位开展了各具特色的信息应用服务工作，取得了显著成效。2003年，借助我国近海海洋综合调查与评价专项的实施，我国正式启动了数字海洋信息基础框架建设，建立了数字海洋信息基础平台和数字海洋原型系统，为我国海洋信息化技术发展奠定了坚实基础。2014年，数字海洋应用服务系统（测试版）上线运行，中国"数字海洋"工程从建设实施阶段转入应用服务阶段。

与世界海洋发达国家相比，我国海洋信息体系建设总体上能力不强，海洋观测核心装备"硬实力"不足，海洋信息体系"软实力"不够完善，仍不能适应全球海洋治理格局的重大变革。随着海洋大数据时代的到来，以及云计算、人工智能等新兴信息技术在各领域的深入应用，海洋信息技术发展步入大有作为的重要战略机遇期，加快推动海洋大数据关键技术研发和信息平台深入发展应用，是我国顺应国际国内两个大势、抢抓机遇、建设海洋强国的必然选择。

第三节　我国海洋科学优势学科、薄弱学科和交叉学科发展状况

一、我国海洋科学的潜在突破点

1. 海洋物理过程与气候变化

当前人类面临的最严峻困境就是全球气候变化。气候变化的动力很大

程度上来源于海洋。大气和海洋的耦合过程为气候系统的变异提供了动力：大气环流变化的信号通过海气相互作用储存在海洋中，海水的热量和波动等又反过来作用于大气环流。海洋在全球水循环中发挥核心作用：全球蒸发量的86%、降雨量的78%集中在海洋上；海洋是全球水汽之源。水汽蒸发、凝结过程中形成或释放的大量潜热也对地球表层热量循环起着重要作用（图3-6）。

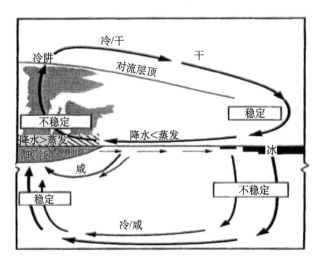

图 3-6　大气和海洋经向热量输送示意图

资料来源：Webster（1994）

我国海洋气候研究的优势在西太平洋。站在当今地球系统的高度，海洋与气候研究不仅要探讨区域性、短尺度的话题，也要从全球的全局性和跨时间尺度的长远性视角来看待与解读西太平洋的海洋气候问题。因此，我国未来在海洋与气候研究领域的潜在突破点包括：西太平洋海洋与气候的多尺度过程；热带-极地的跨纬度研究；南海南部陆架的海洋与气候效应等。

（1）西太平洋海洋与气候的多尺度过程

西太平洋的海洋-气候系统包含两大动力源区：以天气-季节-年际尺度变化为主的西太平洋暖池区，以年际-年代际尺度变化为主的西边界流（黑潮）体系。这两大动力海区通过"大气桥梁"和"海洋通道"相互联系。西太平洋的海洋-气候系统的多尺度动力过程对亚洲-太平洋地区乃至全球的海－气过程产生重要的驱动作用。

西太平洋暖池是热带海洋暖水汇聚区，大气对流活动强劲、水汽含量丰沛，因此暖池区的海－气相互作用调控着热带气旋（台风）、季风降雨、年际尺度的 ENSO 时间。以台风为例，热带西太平洋的海表温度决定台风的路径和强度，但现在我们对台风强度的预测能力仍很弱，原因在于我们对台风与上层海洋的相互作用还不甚明了、对海洋边界层的把控还不够恰当。热带西太平洋地区的海表温度存在季节内和年际振荡，而模拟预测太平洋年际振荡（如 ENSO）的能力也仅能做到提前半年到一年的定性预测。更好地理解热带西太平洋的海洋过程，对于更好地认识太平洋－印度洋的季节－年际波动、提高气候预测能力具有重要意义。

在十年或更长的时间尺度上，热带太平洋的气候过程受到中高纬度地区的影响。例如，太平洋年代际变化包含着副热带与副极地环流之间的相互作用以及与大气环流之间的耦合反馈。在更长的地质历史中，热带西太平洋的海洋和气候过程也有非常重要的研究价值。例如，晚第四纪冰期－间冰期旋回中，印度洋－太平洋暖池区的区域降水和温跃层海温的变化，可能直接受控于太阳辐射量随地球轨道变化而发生的改变，体现了热带海洋对气候变化的驱动作用。

（2）热带－极地的跨纬度相互作用

热带西太平洋与中－高纬度的海洋与气候过程紧密联系：通过海洋波动、潜沉、海表风－海表温度－蒸发的反馈过程、大气环流，中－高纬度的海洋－气候异常等过程可以影响到热带太平洋；热带西太平洋向极地方向的西边界流，以及大气深对流所释放的潜热会激发大气罗斯贝波进而影响到中－高纬度海洋和大气。因此，通过探索西太平洋的年代际及更长时间尺度上的变化及其与中－高纬度海洋的动力关联和机理，可以为更好地理解气候变化的高纬或低纬驱动力来源提供新见解。

太平洋的热带－中高纬度相互作用是调控太平洋气候年代际变化的一种重要机制。中高纬度的气候异常通过行星开尔文波和副热带－热带上层经向环流圈进入赤道太平洋温跃层，从而建立起中高纬度向赤道海域的海洋联系通道，这种海洋联系通道在南半球更为显著。南太平洋近极地海域生成的南极中层水和南极罗斯海深对流形成的南极底层水会向低纬度渗流，其影响可以覆盖整个太平洋。另外，南半球极地海域的海气相互作用也是影响海洋气候系统的重要因子，南大洋极锋锋面的水团变化剧烈、受海冰影响强烈，对碳、氮、磷等元素的大洋生物地球化学循环具有重大影响；罗斯海深对流影响表层海温，并通过西风激发的埃克曼漂流影响中纬度副极地海域，再通过多种海洋和海气耦合机制影响到赤道海域。

（3）南海南部陆架的海洋与气候效应

西太平洋-东印度洋的热带海域现今分布着中南半岛和马来半岛，以及婆罗洲、爪哇等大小不一的诸多岛屿，常被称为海洋性大陆（maritime continent）。南海南部的巽他陆架（Sunda shelf）面积达 180 万 km^2，但水深普遍小于 100m；澳大利亚北缘莎湖陆架（Sahul shelf）面积达 150 余万平方公里、平均水深小于 80m。这些广阔的浅海陆架区，在冰期海平面下降 120m 时曾全部出露成陆地，这些陆架上的古河道遗迹清楚地表明它们曾是陆地。当海平面降低 100m，东南亚-澳大利亚之间就会出现一片位于西太平洋的大型陆地，仅个别狭窄的水道供印度尼西亚贯穿流通。类比现在世界上同纬度的陆地，如西非的刚果、南美的亚马孙，不难想象冰期时的南海南部到澳大利亚北部是一片广袤的热带雨林。由于海洋和陆地的比热容迥异，气候效应也完全不同，因此冰期时巽他陆架和莎湖陆架的出露显然会从根本上改变热带西太平洋的海洋和气候格局。同时，如此大面积的热带雨林，也将从根本上改变全球的生物地球化学循环，特别是碳循环。当前仅有零星的来自巽他陆架和莎湖陆架周边的海洋沉积、陆地石笋、湖泊等古气候记录，个别的数值模拟研究已经初步展示陆架出露将深刻改变热带西太平洋的海-气耦合系统，但我们对巽他陆架和莎湖陆架的海洋与气候效应的认识几乎还全是空白，亟待通过大洋钻探等手段深入研究。

2. 海洋碳储库与全球碳循环

碳循环是地球气候系统的关键调控因子。随着人类活动的影响，地球表面的碳循环过程受到扰动。现在大气 CO_2 的平均浓度已经超过 420μmol/mol，相比工业革命前的最高浓度升高 50%；而且人类活动向大气排放的 CO_2 逐年增多，已从 20 世纪 90 年代的 6.4 GtC/a 左右升高至目前的 10.0GtC/a 左右，因此大气 CO_2 浓度的上升在不断加速。CO_2 具有强的温室效应，可以截留地表向外的长波辐射能量，从而造成地球表面升温。因此，碳循环成为当今科学研究的重中之重。

海洋是碳的重要储库，海洋碳储量是大气的60倍，海水中的碳可以通过海洋环流和海气作用、溶解度泵、生物泵和碳酸盐泵等过程与大气快速交换。现代海洋吸收CO_2的净通量为（1.6 ± 0.9）GtC/a（以2000年为参考；Takahashi et al.，2009）。海洋–大气之间的CO_2交换可以用碳源、碳汇来描述：释放CO_2的海区称为碳源、吸收CO_2的海区称为碳汇。两半球的中高纬度海区，混合作用和深对流将海洋表层的CO_2源源不断地带入深海，成为全球最为重要的海洋碳汇（Takahashi et al.，2009）（图3-7）。工业革命以来海洋吸收了人为排放CO_2的48%（Sabine et al.，2004；Seibold and Berger，2017），因此海洋的"碳埋藏"是缓冲大气CO_2增加和温室效应加剧的最有效途径。

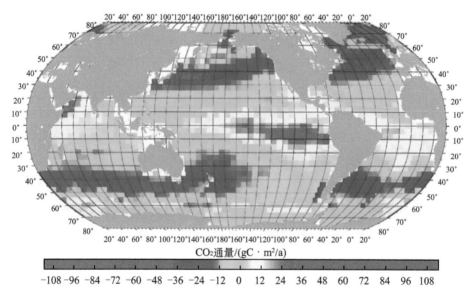

图3-7 通过全球数据库估算的现代海–气CO_2通量分布（以2000年为参考年）

资料来源：Takahashi 等（2009）

当前碳循环是最热门的科学研究课题之一。前沿的海洋碳循环研究方向包括：海水化学缓冲作用的机理和变化，过量碳排放导致的海洋酸化的效应及对策，不同区域海洋碳循环的模式、机理和变化，以及碳循环与营养元素循环的关联等。我国的海洋碳循环研究，应该突出特色、有的放矢地在特色领域做出重要贡献。具体的潜在突破方向包括：海洋微型生物碳泵；海洋的碳源汇转换；边缘海的碳源汇效应等。

（1）海洋微型生物碳泵

海洋中生物量的 90% 属于微生物，主要是原核类的细菌。海洋中个体数量最多的生物是没有细胞结构的病毒，全大洋估计有 1030 种病毒，连起来超过 60 个银河系的长度。比数量更为惊人的是新陈代谢的速率：微生物表面积与体积的比值大，新陈代谢速率比人类高出几十万倍。近 30 年来，营光合作用的细菌——原绿球藻和聚球藻的发现，才让人们意识到微生物不仅在数量上是海洋生态系统的基础和主体，而且可能主宰着海洋碳和营养元素的循环。

从生态系统的角度看，微型生物利用海水的溶解有机碳制造颗粒有机碳，再经由其他消费者的摄食参与到生态系统食物网中，从而构成碳和营养物质循环的"微生物环"（microbial loop）。海洋中超过 50% 的细菌死亡是病毒造成的，病毒对宿主微型生物的裂解改变了海洋生态系统中物质循环和能量流动的途径，形成了"病毒环"或者称为"病毒回路"（viral shunt）。海洋碳库中大约有 1/4 的碳流经这一病毒回路。病毒回路直接使得相当一部分物质和能量在微生物环中再循环和呼吸消耗，导致向更高营养级运输的能量相对减少。

海洋微型生物通过微型生物碳泵参与碳循环。传统观念认为，海洋初级生产力由浮游植物通过产氧的光合作用来实现，因此海洋碳循环的生物泵主要考虑真核生物的光合作用和呼吸作用对碳的吸收和排放，真核生物碳泵利用的是溶解无机碳、生产颗粒有机碳和颗粒无机碳。而海洋中的某些细菌拥有不产氧光合作用途径，这些细菌的代谢采用海水中的溶解有机碳。海水中溶解有机碳的量是颗粒有机碳的近十倍，溶解有机碳的绝大部分是惰性的，不容易参与到整个海洋碳库的循环中。惰性溶解有机碳库总量近 6500 亿 t，与大气 CO_2 总量相当。因此，微型生物对溶解有机碳的利用和循环，为海洋碳循环添加了一种新的机制，被称为微型生物碳泵（图 3-8）（Jiao et al., 2010）。我国在海洋微生物生态学研究领域已经取得了长足进展，提出了海洋光能生物利用和微型生物碳循环的概念模型，具有极为深远的科学意义。微型生物碳泵的概念为许多重大的科学问题打开了窗口，如海洋微型生物碳泵可能在更长、更广的时空尺度上对全球碳循环变化具有重大作用。

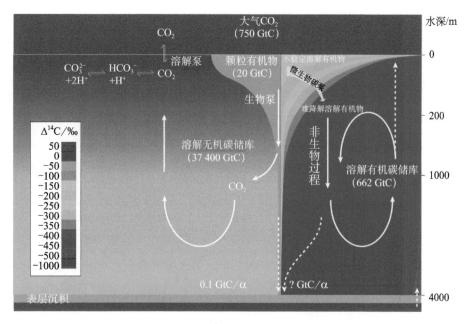

图 3-8 大洋碳循环机制的新假说——微型生物碳泵

（2）海洋的碳源汇转换

现代海洋的碳源汇分布是由当前的海洋环流格局、海水化学组成等条件决定的。人类活动对地球气候系统和海水化学的扰动，抑或是地质历史中海洋环流和气候系统的演变，都可能改变海洋的背景格局从而造成海洋碳源汇过程发生转换。目前，人类持续、高强度地排放 CO_2 导致海水化学缓冲物质迅速消耗，直接观测到的大洋表层 pH 已经显著下降了近 0.2 个单位，据估计海洋吸收 CO_2 的潜力可能已消耗掉了 1/3。海水化学缓冲能力用雷维尔（Revelle）系数表示，Revelle 系数的时空分布取决于二氧化碳分压及溶解无机碳与碱度的比值，在一定盐度和碱度条件下与其呈正相关而与温度呈负相关（Zeebe and Wolf-Gladrow，2001）。因此，当海表温度升高，海洋碳酸系统吸收大气 CO_2 的能力会相对减弱。海水化学缓冲能力的变化，还与陆地风化过程向海洋输入的碱度物质、近岸海域沉积物中的某些厌氧生物过程释放的碱度物质等有关，碱度的增强有利于海水化学缓冲能力的补充。

现代热带西太平洋表层海水的多年平均值基本与大气平衡（Takahashi et al.，2009），但在季节和年际尺度上变化很大。沿赤道一线，东太平洋表层海水比大气高 100 μatm[①] 以上，为强碳源；西太平洋在北半球秋 - 冬 - 春季（10月到次年 4 月）比大气高 30 ～ 100 μatm、夏季大致与大气平衡，为一个季节性的碳源（Takahashi et al.，2002，2009）。年际尺度上，强厄尔尼诺事件时赤道东太平洋减小到几乎与大气平衡、碳源效应几乎消失；而西太平洋则显著地小幅升高（Feely et al.，2002）、年均碳源效应增强。对比 1991 年和 1973 年的观测结果发现，西北太平洋中层和深层水的总溶解无机碳（dissolved inorganic carbon，DIC）量在 18 年间增加了（180±41）gC/m²，高于这 18 年间人为排放进入海洋的碳量（3 GtC/a，按面积均摊则为 150 gC/m²），表明西北太平洋的碳源效应可能更强，或者进入中层和深层太平洋的碳比原先设想的要多得多。

极地海洋的碳源汇变化也很重要。北冰洋面积只占全大洋的 3%，每年吸收大气的碳却占全大洋吸收量的 5% ～ 14%。原先推想，随着全球升温、海冰减少，北冰洋的碳汇功能理应加强。但是，我国"雪龙"号 2008 年的北极航次却发现相反趋势：北冰洋出现大面积的表层水高值区（Cai et al.，2010），反映北冰洋的碳汇功能非但没有加强，反而下降。南大洋的碳汇功能看来也在减弱，随着大气 CO_2 浓度上升，南大洋吸收大气碳的总量实际上每十年减少 3.1×10^{13} gC（Le Quéré et al.，2009）。根据模拟预测，这种减弱的趋势可能还会随着全球变暖而增强。

因此，在应对人为碳排放的问题上，大气、陆地和海洋的相互反馈机制构成了海洋碳源汇转换的复杂动力机制。如何更好地认识海洋和全球碳循环变化的规律与原因，如何更全面地理解海洋碳化学响应对大气 CO_2 升高的响应方式，都将有助于我们更有效地制订有远见的利用海洋实施碳封存的应对方案。

（3）边缘海的碳源汇效应

陆架边缘海碳循环的过程和机理与大洋不同（图 3-9）。陆架边缘海受陆源和人为来源的影响更大；边缘海的生物群落结构复杂、生物泵过程比大洋复杂；边缘海的颗粒碳沉降到海底用时更短、对水体碳循环和海 - 气碳交换都有直接影响；边缘海与深海大洋连通，因而也参与了千年尺度的大洋循环。此外，沿岸上升流带来富含 CO_2 和营养盐的深层水，使得陆架边

① 1atm=1.013 25×10⁵Pa。

缘海的 CO_2 源汇问题更加复杂。因此，边缘海的碳循环是一个世界性难题。

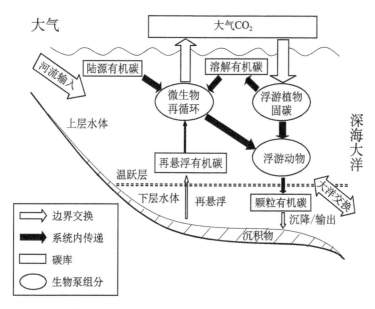

图 3-9 陆架边缘海碳循环的主要过程示意图

中国边缘海约占世界陆架边缘海总面积的 12%，纵跨温带到热带，碳源碳汇格局及控制机理尤为复杂。初步研究结果显示，东海总体上是一个碳汇但其量级尚不确定、南海可能是大气 CO_2 的一个源区但还需要进一步验证，因而亟待开展进一步的深入研究。南海大面积的珊瑚礁碳酸盐台地在碳循环中的作用还有待深入研究。我国针对两大边缘海的比较研究将是对全球碳循环前沿研究的一大贡献。

边缘海的碳埋藏在短时间尺度上只占碳循环总量的小部分，但在较长的地质时间尺度上是碳循环的一个重要而复杂的环节。浅海区的沉积作用丰富多样、生物生产旺盛，因此产生很强的碳埋藏作用，如果忽略浅海区的碳埋藏，仅以深海远洋的碳循环来估算全球状况将导致巨大的偏差。因此，从当前的社会现实出发，我国可以领衔提出"陆海统筹的碳汇机制／技术"的概念，借助边缘海的海－陆相互作用特征，开创性地应用海－陆联合的碳封存技术，为全人类应对大气 CO_2 上升做出重要贡献。

3. 海底深部过程与资源

半个多世纪以来在深海研究中的进展，使得海底科学已经从单纯的地质地球物理学科拓展到涵盖物理、化学、生物的综合性学科。我国的海洋深部过程研究，首要的任务是解剖南海。南海面积为 350 万 km²，最大水深为 5500 多米，从地质构造的角度看，南海的演化经历了一个典型洋盆的所有阶段，并且因为南海相对规模小、年龄新、沉积记录完整，南海的发育历史是研究洋盆构造演化和沉积历史的绝佳材料。从资源能源的勘察和开发角度出发，研究洋底深部过程，如深水油气储藏、天然气水合物储备，是解决人类未来能源困境的重要途径。

（1）西太平洋边缘海构造动力

板块构造理论初步阐释了地壳形貌的地球动力成因，然而地壳－地幔之间的动力过程仍然隐含着诸多科学难题，其中最大的一个未知"堡垒"就在于西太平洋的边缘海。近年来的大洋钻探在南海北缘洋－陆转换带未发现蛇纹石化证据，证明南海底盆的张裂不属于北大西洋的非火山型被动大陆边缘张裂模式，因而提出南海张裂应当归结为另一种"板缘张裂"类型。以此为起点，启发未来对西太平洋边缘海的构造演变和地球动力机制的研究，有望补齐板块构造的关键"理论拼图"。

单以南海而论，科学问题包括南海型"板缘张裂"与北大西洋型"板内张裂"过程的构造特征、岩浆活动、演变过程、成因机制、在板块威尔逊旋回中的作用等有什么区别？北大西洋非火山型被动大陆边缘张裂模式哪些部分在南海还是适用的？拆离断层、超薄地壳等是否依然存在？

就南海与其他边缘海的对比而言，南海与日本海、加利福尼亚湾、南极陆缘等类似，属于由俯冲板片拖曳力造成的被动张裂盆地，而不同于由俯冲后撤造成的位于上覆板块的弧后盆地（如马里亚纳、劳盆地等）。这两种类型的海盆形成过程在构造与岩浆特征等方面有什么区别？

拓展到整个西太平洋来看，西太平洋陆地边缘分布的一长串边缘海盆地是否在成因上相互联系，构成一个系统？有什么根据？西太平洋各大边缘海有何异同，包括构造与岩浆特征、成因机制、受俯冲带影响等？各边缘海的构造演化之间是否存在相互作用？各边缘海的演化如何受到大尺度板块运动事件的影响？

（2）"一带一路"上的南海

南海是地处最大大陆和大洋之间的西太平洋诸多边缘海中最大的一

个，也是唯一一个具备扩张洋中脊的边缘海盆地。现代南海的形成经历了海盆发育的完整生命史，对全球的地质、气候和环境格局具有根本性的影响。2010～2018年国家自然科学基金设立了"南海深海过程演变"重大研究计划（总经费1.5亿元），以"构建边缘海的生命史"为主题，从海盆形成、沉积响应到生物地球化学等诸多方向研究南海：以海底扩张到板块俯冲的构造演化作为生命史的"骨架"，以深海沉积过程和盆地充填作为生命史的"肉"，以深海生物地球化学过程作为生命史的"血"。近年来，在南海分别开展的IODP 349和367/368航次计划，对南海海盆构造发育历史进行了系统性研究，初步发现南海北部陆壳张裂的机制可能是一种有别于经典模型、具有边缘海特征的陆壳张裂范式，可能成为板块构造领域的重大突破。

着眼未来，中国的深海过程研究正在从南海出发、走向远洋。依据"一带一路"倡议，深海科学研究的首要突破方向应该在西南印度洋。2007年，我国（大洋17航次）在西南印度洋中脊和超慢速洋中脊首次发现"黑烟囱"；2011～2016年实施的国家重点基础研究发展计划（973计划）"西南印度洋洋中脊热液成矿过程与硫化物矿区预测"，旨在揭示超慢速扩张洋中脊的构造动力和成岩发育，研究热液成矿的机理及其环境制约，建立多金属硫化物矿床的找矿标志和找矿模式，从而为我国海底多金属硫化物矿区勘探提供了科学基础。进军西南印度洋是我国"经略远洋"宏伟蓝图的重要一步，也是增加国家金属资源战略储备、维护国际海底权益、提升深海科学技术水平等的重要环节。

（3）海底天然气水合物资源

近年来，通过对南海海底的地震、地质和地球化学等进行综合调查，已经证实南海北部发育有大面积的富含天然气水合物的海底冷泉。冷泉是海底沉积界面之下的低温流体以喷涌和渗漏方式注入盆地，并伴随一系列的物理、化学和生物过程；其分布范围极广，覆盖了除南北极以外的各大洋，从浅海陆架到深海海沟均有报道，但最适宜发育于大陆斜坡底部或半深海环境中。

经过近20年的不懈努力，我国取得了天然气水合物勘查开发理论、技术、工程、装备的自主创新，实现了历史性突破。2017年5月，在我国南海神狐海域天然气水合物发育区实现连续超过7天的稳定产气，取得了天然气水合物试开采的历史性突破。天然气水合物是资源量丰富的高效清洁能源，是未来全球能源发展的战略制高点。因此，我国在深海天然气水合物能源开发方面取得的重大成果，对推动能源生产和消费革命具有重要而深远的影响。

4. 极地与地球系统

2014 年 11 月 18 日，习近平在澳大利亚考察中国"雪龙"号科考船及慰问中澳南极科考人员时指出"南极科学考察意义重大，是造福人类的崇高事业。……中方愿意继续同澳方及国际社会一道，更好认识南极、保护南极、利用南极"。2015 年 7 月 1 日第十二届全国人民代表大会常务委员会第十五次会议通过的《中华人民共和国国家安全法》第三十二条明确规定"国家坚持和平探索和利用外层空间、国际海底区域和极地，增强安全进出、科学考察、开发利用的能力，加强国际合作，维护我国在外层空间、国际海底区域和极地的活动、资产和其他利益的安全"。因此，大力发展极地海洋科学是我国建设海洋强国战略规划的重要一环，也是在贯彻和履行《中华人民共和国国家安全法》的根本诉求。

（1）极地海洋变化及其观测

两极与北太平洋亚极区，是全球气候系统的重要组成部分。观测资料显示，1960 年以来北极是全球气候变暖的核心区域，其增暖速度是全球平均值的两倍以上。由于海冰面积减少，出现了连接太平洋和大西洋的新通道，从而改变了流入大西洋的海水特性。这些都可能通过影响北大西洋深层水形成全球子午向翻转环流，最终对全球气候变化产生长远影响。在南极区域，南大洋碳汇占全球大洋的 25% ～ 50%，以南极绕极流为代表的极地环流系统是全球大洋环流的枢纽和全球热量分配的重要途径。在整个地球系统中，大气和海洋将热量从赤道经向输送到极地，维持着地球系统热量收支的准平衡状态。北极海冰的冻结与融化直接影响北大西洋的深层对流，进而影响全球海洋翻转环流；南大洋深层和底层水的形成及变异与南极陆架水、南极绕极流以及来自北面的水团密切相关。极地海域中来源不同、属性各异的水团相互作用，同时完成热量、营养元素和碳的交换，对全球气候、海洋生产力、海洋环境有着极大的影响。开展极地和北太平洋亚极地区域的海洋科学研究，对于提升我国海洋整体实力、加深对全球碳循环与酸化过程的认识具有重要的科学意义。

然而，目前关于两极海洋气候和生态系统的研究仍非常匮乏，关键过程、变化趋势与响应程度仍不清楚。其中一个主要原因即是两极海区观测资料的匮乏。两极海区由于自然环境恶劣、远离人类活动区域加之冬季海冰的覆盖，一直是海洋观测的难题，特别是对于海冰之下海洋水体的物理、生物、化学参数观测非常缺乏。近年来，随着自主式剖面浮标（Argo）和装载各种生物地球化学传感器的生物地球化学浮标（BGC-Argo）的出现，这一观测难题有望得以解决。这些新技术手段可以有效躲避海冰，实现冰下长期观测，并在漂流至无冰海区后完成观测数据传输，实现对极地海区的自动化、长期、同步剖面观测，阵列式布放则可以获得大时空尺度的全方位的物理生物地球化学参数的观测。我国现已逐步开展"南大洋大圆环计划"和"多圈层动力过程及其环境响应的北极深部观测计划"等极区海洋气候观测研究的大型综合性研究计划。因此，通过应用先进技术手段、参与国际合作计划，我国极地海洋科学研究有望在当前和未来对极地海域的观测研究中取得突破性进展，从而在国际极地海洋科学研究中占据优势地位，服务于我国对极地海洋的战略部署需求。

（2）极区海洋权益和资源

我国的极地海洋科学起步较晚。但随着我国国力增强和国家利益扩展，极地海洋科学的重要性和战略意义快速凸显。极地海洋科学已经成为维护国家安全与权益、保障国民经济健康可持续发展、应对区域和全球气候变化、保护全球生态环境不可缺失的地学和海洋科学的研究领域。极地海洋科学在保障我国战略空间安全、战略资源开发与利用、应对全球气候变化、促进全球环境保护、维护国家海洋权益等方面都有极为重要的战略意义。极地海区不仅直接蕴藏着极为丰富的矿产、生物、渔业、油气等自然资源，更为重要的是极区航路的开辟将大大有益于我国和全球化的经济发展。北极区域由于全球变暖、海冰覆盖面积逐年递减，连接大西洋和太平洋的西北航道以及沿俄罗斯海岸线往返太平洋与北冰洋之间的东北航道，已经可以满足巨型船只在部分时段甚至是全年时间安全通航。因此，发展极地海洋科技，不仅具有重大的科学意义，同时对我国的未来发展具有深远的资源、环境、航运和经济意义。

5. 海洋智能观测与深潜

21 世纪以来，海洋技术的突破体现在以海底观测网络系统为标志的对海洋观测手段的革新，以载人深海潜水器、无人潜水器和遥控潜水器等为代表的"深海空间站"，以及由近年来信息技术的迅猛发展带来的海洋技术变革——"智慧海洋"。这些海洋技术的革新式发展，使得人类得以进入海洋内部，直接、实时、连续地观测海洋的现象、过程和变化，并通过信息化的数据处理方式获取大量高质量的观测结果。

（1）海洋立体观测——"智慧海洋"

海洋科学研究面临着诸多挑战，如海域面积广大、海洋环境多样、海水动力过程复杂、海洋整体上的变化性等，使得海洋科研所取得的数据量极为庞大、不同区域和过程之间的关联紧密又复杂，因此信息管控是制约海洋科学发展的一大难题。近年来，全球科技发展最为迅猛的是互联网通信技术。信息技术的发展彻底改变了时间和空间的关系、信息和实体的关系、各类主体之间的关系。将互联网通信技术和人工智能技术应用到海洋科学研究，即"智慧海洋"，可以大大地提高海洋科研信息和数据处理的能力，从而可能取得突破性的进展。

"智慧海洋"是工业化和信息化在海洋领域的深度融合，是我国科学界、技术界、工业界等诸多行业全面提升经略海洋能力的整体解决方案。"智慧海洋"的内涵在于：以完善的海洋观测平台、信息采集和传输体系为基础，以构建自主、安全、可控的海洋"云"数据存储和处理环境为支撑，将海洋科技、权益、管控、开发等领域的装备和活动进行系统性整合，运用大数据技术，实现海洋资源共享、活动协同，挖掘新需求，创造新价值。

对于海洋科技的发展来说，"智慧海洋"可以通过综合利用互联网信息技术、"云"数据存储和处理技术、"人工智能"分析技术等新技术，全面提升系统性研究海洋、开发海洋的能力。信息收集、整合、存储和处理能力的提升，使得以往难以进行的多学科综合数据分析、大空间尺度的遥相关关系分析、跨时间尺度的系统性分析等成为可能。"智慧海洋"技术的核心部件是海洋观测传感器，而我国目前 95% 的传感器都从国外进口，因此开发中国自主产权的传感器是发展"智慧海洋"技术的当务之急。

（2）海底观测网

海底观测网通过在海底布设仪器设备，用电缆或光纤供应能量、传递信息，可以多年连续进行自动化观测，提供实时观测信息。其优点在于，摆脱了传统海洋观测和科考手段面临的电池寿命、船时和舱位、天气和数据迟滞等局限，科学家可以从陆上通过网络实时监测、控制自己的深海设备，观测许多传统手段无法观测的突发性、危险性事件。2009年底，加拿大"海王星"观测系统建成，用800km长的光电缆连接六大节点，对水深2000m以内的海域进行多学科观测，是世界上第一个建成的区域深海海底观测网。

2017年上半年，中国国家海底观测网正式批复建立，属于国家重大科技基础设施建设项目即"国家大科学工程"，初始投资20亿元，筹划用5年时间在东海和南海分别建立海底观测系统，实现中国东海和南海从海底向海面的全天候、实时和高分辨率的多界面立体综合观测，为深入认识东海和南海海洋环境提供长期连续观测数据和原位科学实验平台。在上海临港设立了海底观测系统的监测和数据中心，对东海和南海海底观测数据进行存储和管理。

海底观测网的建设将极大地推动我国地球系统科学、海洋科学和全球气候变化等领域的前沿研究，并服务于海洋环境监测、灾害预警、国防安全和国家权益等多方面。同时，海底观测网的建设和运营，也会大力促进海洋观测技术的开发和发展。海底观测网络系统需要从海底主基站、海洋观测仪器设备等观测用平台，到海底光电复合缆、海工器件等组网连接设备，以及观测网络的系统集成、水下工程施工等基础工程系统等诸多领域的高端海洋装备工程技术。因此，海底观测网络的建设，也会极大地推动我国海洋科学和技术向世界领先水平快速发展，成为我国海洋科技发展的重大突破口。

（3）深海潜水器、深海钻探和深海空间站

深海潜水器使得人类可以直接进入深海进行探索，用于海洋科学研究的深海潜水器出现在20世纪60年代。深海潜水器分载人和无人两种。载人深海潜水器通过缆线与母船连接，可下潜到几千米的深海，水下续航能力一般在十余小时，可搭载2～3人。无人深海潜水器包括无人潜水器、自主式无人潜水器和水下滑翔机等。无人潜水器也通过缆线与母船连接。自主式无人潜水器则完全脱离母船、自主在水下工作。水下滑翔机采用流体动力在水下"滑翔飞行"，根据指令在水层中起伏运行。

中国"蛟龙"号载人深海潜水器自 2002 年启动研制，2012 年 6 月在马里亚纳海沟成功下潜 7062m，创造了世界同类作业型载人潜水器的最大下潜深度纪录。"蛟龙"号的研制成功使我国成为继美国、法国、俄罗斯、日本之后世界上第五个掌握大深度载人深潜技术的国家。自研制成功以来，"蛟龙"号分别在南海、印度洋热液区、太平洋多金属结核和富钴结壳勘探区等海域进行了科学应用性下潜，采集了大量海底岩石和生物样本，取得了一系列重要研究成果。虽然中国的深潜事业的发展突飞猛进，但应当注意到，深潜技术的前景在无人深海潜水器，而我国在无人深海潜水器的研制开发方面仍有巨大的发展空间。另外，未来深海探测技术的发展还包括深海钻探技术和深海空间站：深海钻探的突破方向在于提高钻取硬质岩石的能力和建造新一代大洋钻探船；深海空间站可以将人类活动空间拓展到深海，代表了海洋领域的前沿核心技术。

二、薄弱环节和学科交叉前景

1. 海洋物理过程与机制

尽管近十几年来我国海洋学家在发展海洋观测技术和数值模拟技术、海洋多尺度动力过程及其相互作用等方面取得了若干重要的创新性成果，但是由于诸多原因，物理海洋学学科中仍然存在一些相对比较薄弱的环节。海洋科学的发展和对自然规律的认识绝大部分来源于现场观测，而这些比较薄弱的环节往往缺乏相应的现场观测资料，因此难以从第一手资料来感知这些现象的特征和规律；同时，相关的数值模拟计算技术难以满足计算网格的空间和时间步长的要求，因而难以深入揭示这些现象的发生机制和演变过程。这些比较薄弱的环节主要包括如下三个方面。

（1）深海环流涡旋及其垂向结构的时空变化

尽管我们对于海洋大尺度环流和中尺度涡旋等的生成、特征、演变规律有较多的认识，但是这些认识更多地局限于上层海洋的大、中尺度动力过程，而对于海洋的中/深层环流和涡旋的纵深结构等现象的生成、特征、时空变化规律的认识仍然十分匮乏。诚然，这与前期我们的深海观测技术不成熟和观测手段有限有关，而利用卫星遥感技术几乎无法获取深海的水文环境要素信息。因此，加强深海温盐流的现场观测有待于未来更多的自动深潜浮标或深海阵列式观测网络的布设。

（2）海洋次中尺度动力过程及中/次中尺度动力过程的相互作用

海洋次中尺度动力过程主要包括中尺度涡旋边缘的涡丝、内波、锋面等现象，其水平尺度在 0.1～10km、时间尺度在几小时到几天。由于其空间尺度太小、演变太快，传统的走航观测难以直接捕捉其信息，而目前的卫星遥感资料因受分辨率的限制而难以识别这一现象；同样，复杂且研究进展缓慢的环节还包括中尺度涡旋、内孤立波、锋面等这些中/次中尺度动力过程之间的相互作用规律，这些过程的非线性相互作用伴随着次生流场、温盐层结构的时空变化。因此，对这些海洋动力过程的甄别、相互作用及演变规律的深入研究，需要通过布设足够多、足够密集的、同步实时定点的、精细化阵列式海上现场观测系统，来获得足够多的三维立体观测数据，并结合越来越多的高分辨率卫星遥感图像的信息提取和高分辨率数值模拟手段来加以解决。

（3）海洋小尺度动力过程及湍流混合参数化方案

海洋小尺度动力过程主要包括盐指、湍流混合等空间尺度远小于次中尺度过程的现象，但对海洋中这些现象的观测仪器非常有限，且对观测的时空分辨率的要求更为苛刻。同时，由于引起湍流混合的原因繁多，如内波的破碎、不同水团/海流的交汇、不同尺度动力过程之间的相互作用等都会引起湍流混合、物质输运和能量耗散或转换。因此，如何在数值模式中对不同过程引起的湍流混合进行数学方程上的描述和量化，即完善湍流混合参数化方案，是未来很长时期内需要解决的科学难题。改进和完善现有湍流混合参数化方案有赖于巨量的、能够涵盖若干典型海区独特的、不同尺度动力过程的三维立体现场观测数据库的积累和建立。从某种程度上来说，完善的湍流混合参数化方案将决定未来海洋三维精细化温盐流数值模拟预报的精度。

2. 海洋变异及其气候效应

海洋是气候系统的调节器，在气候变化中发挥着重要作用。海洋变异存在巨大的空间差异性和多时间尺度特征，并通过不同方式调节着气候变化，同时又对气候变化产生复杂的响应。针对太平洋海域的观测数据，中国学者证实了棉兰老潜流、吕宋潜流和北赤道潜流的存在；研究了太平洋与南海的相互作用；探讨了中尺度涡旋与大尺度环流间涡-流相互作用及其对环流结构和形态的影响；发现了北赤道逆流以下的北赤道次流。针对印度洋海域，得益于 2010 年组织实施的国家自然科学基金东印度洋共享航次，我国在热带印度洋环流多尺度变化方面取得了许多新的认识。利用观测和数值模拟等手段，中国学者也对印度洋热带环流圈热盐输运、南印度洋副热带环流、副热带模态水等进行了研究。印度尼西亚贯穿流作为连通印度洋和太平洋的主要通道，对印度洋和太平洋间物质、能量平衡的维持至关重要，中国学者较早关注印度尼西亚贯穿流与南海环流的关联，提出了印度尼西亚贯穿流南海分支和南海贯穿流，并指出盐度在印度尼西亚贯穿流输运变化中具有重要作用。近年来，中国学者又提出全球各大洋间存在相互作用，指出热带印度洋和大西洋海温变化可通过引起太平洋海表面风场异常来调制潜热通量和热带海洋波动，从而影响太平洋气候系统。尽管我国海洋学家在海洋变异和气候研究方面取得了众多创新性成果，但还存在如下薄弱环节。

（1）中国特色和优势的多源全球海洋气候基础数据产品开发

当前，研究逐渐发现全球和区域海洋变异与气候变化的根本机制，已经不再拘泥于局地或单因素的影响，而逐渐向全球化视角的多要素影响转变。目前，我国气象、海洋、中国科学院等科研或业务部门，在开展全球和中国区域性基础业务和科研时，大部分都依赖于国外机构数据产品。

经过长期努力，目前我国已经利用常规观测、卫星、船舶等手段获取了全球或针对主要区域丰富的长期数据。然而兼具中国区域或海域资料优势的全球多源数据产品的融合开发，相对于发达国家各类机构仍旧十分薄弱，甚至开展某些科学研究没有国内数据可用。当前，不断更新和完善的全球化的基础海洋气候数据，不仅是目前开展全球性业务和科学研究的基本保障，也是我国在国际前沿科学问题可能实现突破或领先的前提。因此，亟须全国多部门和学科协调，加强具有我国特色和优势的多源全球海洋气候基础数据产品的开发利用，从而提升国内业务和科研的独立自主能力及国际影响力。

（2）三大洋相互作用对极端天气气候事件的影响

当前，全球和中国极端天气气候事件有频发的趋势，其影响逐年递增，并远远超过普通事件，因此国家在这方面也加大了投入和支持力度。目前，如何突破传统极端天气气候事件预测瓶颈，从而准确预测极端天气气候事件，成为全球气候业务和研究中关注的一个焦点，也成为我国保证经济平稳发展和防灾减灾的战略需求。

近年来，研究发现区域性极端天气气候事件不是独立存在的，具有全球联动性、群发性规律。同时，研究已经逐渐发现，全球主要大洋（太平洋、大西洋、印度洋）具有长期记忆，对于全球多个高度关联区域包括我国发生的极端天气气候事件的发生都具有极其重要的影响，甚至具有决定性作用。随着主要大洋间相互作用机制及其重要影响被逐渐发现和重视，近几十年一直以单一大洋对极端事件影响为出发点的简单预测模型已经不再完全适用，同时也成为极端天气气候事件预测准确度提升的瓶颈。

如何针对太平洋、大西洋、印度洋三大洋对于全球关联性极端天气气候事件的影响，结合全球极端天气气候事件的内部关联规律，找到三大洋多信号对全球性事件影响的协同联动机制，建立和完善三大洋整体复杂相互作用对高度关联的极端天气气候事件影响的基础理论模型，从而突破传统预测手段限制，构建新的极端天气气候事件预测方法体系，同时减小动力预测中的不确定性，最终在根本上提升当前极端天气气候事件预测的准确性。这是目前海洋和气候研究中全球的前沿型问题，也是目前研究中的一个薄弱环节，是我国未来研究中亟须加强和长期投入的方面。

（3）大西洋海洋变异对气候的影响及响应

中国在海洋和气候方面的研究只局限于太平洋和印度洋，要发展为世界海洋强国，必须放眼全球海洋。中国欠缺的是对大西洋尤其是大西洋高纬度海域变异对气候的影响及响应的研究。以大西洋经向翻转环流为例，首先大西洋经向翻转环流具有全球气候效应，而南北半球高纬度海域是大西洋经向翻转环流的关键区域，那么北大西洋涛动（north atlantic oscillation，NAO）等气候模态对北半球高纬度海域的翻转是否真正产生影响，南半球环状模等对南半球高纬度水团形成和向北移动有哪些影响。而相应的翻转对当地的水文和气候带来哪些影响？以上研究和问题都应该通过加强国际合作，来推动我国相关科研发展及数据观测和共享的规范化。

（4）海洋变异对气候的影响

低纬度海洋对气候变化的影响：热带海洋是全球气候变化最为活跃的海

域，长期以来都是海洋和气候学家的研究热点，它不仅具有显著的季节变化、年际和年代际变化，也是台风发育发展之地，这些变化通过大气桥和海洋桥影响其他纬度甚至全球气候变化。热带太平洋的 ENSO 循环是全球海气耦合系统中最强的年际变化，是海洋－大气相互作用最典型的例子。ENSO 循环有明显的"锁相"特征，也有一定的相似性，但是每个 ENSO 事件都有其独特之处，这无疑大大增加了科学家的研究难度。就实现预测 ENSO 或者厄尔尼诺这一最终目标而言，应用物理机制和统计手段的模式都没能很好地预测最近几十年来发生的厄尔尼诺事件。例如，在 2014 年春季，几乎所有 ENSO 预报模式都预言厄尔尼诺事件即将发生，但实际上 2014 年并未发生厄尔尼诺事件；而几乎所有 ENSO 预报模式预测不会发生厄尔尼诺事件的 2015 年却发生了一次强烈的厄尔尼诺事件。近年，有学者利用基于深度神经网络（deep neural networks，DNN）的深度学习模式成功预测 2019 年的厄尔尼诺事件（Ham et al.，2019），但该技术在海洋学上的应用仍处于初期阶段，需要我们进一步探索与总结其中的规律。更重要的是，我们仍需投入更多精力了解影响厄尔尼诺事件发生的海洋与大气动力过程，考虑跨海盆的海洋大气联动效应。

高纬度海洋对气候变化的影响：在全球气候变化中，北大西洋北部和南大洋都起着至关重要的作用。前者在高纬区冰盖附近生成深层水下沉，是连接海洋上层和深层的重要海区，后者不但拥有贯穿三大洋的南极绕极流，还拥有全球底层水生成之地，同时也是深层水上涌的重要场所，而且还是世界大洋热量和碳的巨大存储库。因此，北大西洋北部和南大洋的变化必然影响全球气候变化。由于大气温室气体浓度增加，地球系统持续变暖，90% 的热量进入海洋，而其中 70% 以上的热量进入南大洋。过去由于海温数据缺乏，大部分海洋变暖的研究主要集中在上 700m 海洋。21 世纪伊始，Argo 阵列的布放极大地增加了海洋采样量，采样深度达 2000m，研究表明海洋变暖一直可延伸至 700m 以下。目前，国内对于深层环流和深层温盐变化的研究较少，且多数研究基于传统的深层环流理论，不足以解释观测到的深海温盐变化。同时，我们对深海尤其是南大洋的深海缺乏观测，这不仅限制了我们对南大洋气候变化的了解，也不利于我们提高对海洋温盐变化的模拟能力。为了更进一步地了解地球的能量收支和海平面收支等，我们需要建立一个全水深的全球海洋观测系统。布放深海 Argo 是一个不错的选择，我国需要加强这类高尖端测量仪器的自主研发，力争在未来几年实现引领全球海洋科学的发展。

（5）海洋与台风相互作用

台风灾害是全球最主要的气象灾害之一。目前，我国已经从大气科学的角度对台风进行了长期系统并且卓有成效的研究，为国家防台减灾做出了实质性贡献。但我国台风研究领域仍面临严峻的挑战，与国际先进水平仍有较大差距。第一，由于针对台风过程的海洋监测技术不够成熟和台风期间的恶劣海况，针对台风过程的长期监测系统依然缺失，现场的观测资料非常匮乏，进一步阻碍了海洋和台风相互作用的机理研究。第二，上层海洋多尺度环流系统对台风的响应机制亟待深化。台风可以直接影响天气尺度的海洋环流，也可以影响气候态的大尺度海洋环流。上层海洋的环流系统十分复杂，其对台风的响应包括各类动力过程、热力过程以及它们之间的非线性相互作用，使得海洋与台风的研究面临巨大的挑战。第三，上层海洋的动力和热力结构对台风强度的调制作用亟须定量化研究。上层海洋的动力和热力结构在各种时空尺度上不断发生改变，对台风的维持和发展起着重要的调制作用。台风强度直接受海洋提供的能量影响，是目前台风预报的薄弱环节，我们应该特别关注海洋对台风强度的调制作用。第四，台风能够调节和影响气候的变化，厘清其动力机制有助于提高气候预报的能力，但相关研究仍处于起步阶段。总之，观测资料的匮乏阻碍了对海洋与台风多尺度响应和反馈机制的研究，台风和气候变化相互作用的研究也尚未清晰，极大地限制了我国台风研究水平和预报能力的进一步提高。

（6）中纬度海气相互作用

关于中纬度海气相互作用的研究焦点已经从 20 世纪 80 ～ 90 年代的海盆尺度海气相互作用，转变为中尺度海气相互作用。针对海盆尺度问题的大量研究已经表明，中纬度海气相互作用是以大气风暴活动（风暴轴）为媒介的，即海温异常通过感热和潜热异常改变其上空的大气风暴轴，再通过大气风暴轴与基本环流之间的相互作用由前者向后者释放涡度引起后者的改变。大气风暴轴对于海温的响应对背景流的状态非常敏感，因此相关研究很有难度。21 世纪初以来，人们已经认识到中尺度海洋锋面对大气风暴活动有着重要作用，海洋锋面的存在为大气风暴的维持提供底层斜压不稳定性的来源，并在大气中层为风暴提供能量。近年来开始有数值模式研究指出，海洋中尺度涡旋虽然空间尺度比大气风暴小一个量级，但在大量冷暖涡旋同时存在的情况下，其净效应仍然能够对大气风暴轴产生显著影响。但是，中尺度海洋锋面和涡旋对风暴轴的影响特征与机制仍然不明确，相关研究以模式研究为主，缺少高分辨率观测的支持，且缺乏针对锋面和涡旋附近具体风暴过境过程的详细机理研究。另外，关于海洋锋面对大气基本环流是否有显著影响的问题仍有争议，部分研究认为大气基本环流受到海洋锋面的明显调制，而近年来的研究则认为这样的结果是由统计平均时风暴事件的不完全抵消造成的。海洋中尺度涡对大气基本环流的影响被认为主要局限在大气边界层以内，其是否能够突破大气边界层，以及此种影响是否也由风暴事件造成，仍然有待研究。

（7）海洋变异与气候变化观测的薄弱环节

近年来，我国相继启动多个海洋观测专项，并发起了由中国学者主导的大型海洋科学考察，如西北太平洋海洋环流与气候实验计划。我国组建的海洋观测网也已有一定规模，如构建了世界上最大规模的区域海洋潜标观测网——南海潜标观测网，但尚未形成对全球及核心海区海洋环境信息的实时、立体、高分辨率、多要素的整体同步获取能力。现有卫星遥感只能通过观测海洋要素来间接反演海气通量，且不能直接观测混合层，影响我们更好地探究海气相互作用；现有条件无法对2000m以下深海大洋进行长期、连续和高精度观测，导致对深海多尺度变异过程的认识有限；对海洋生物地质化学环境及资源的观测资料相对匮乏，无法做到多学科综合同步观测；大型锚系浮标少且不均，岸基观测站、地波雷达等受限于近海，船基观测成本高且覆盖范围小，潜标和水下滑翔机等只适用于点、面观测，Argo浮标缺乏机动性。总体来说，我国目前的观测能力无法满足当前有关海洋变异与气候变化研究的需求，制约了我们对海洋环境与气候的预测能力及保障能力。

（8）气候模拟和预测的主要薄弱环节

气候模式的初始化——耦合资料同化：开展气候模拟和预测首先需要对气候模式进行初始化，即获得高质量的初始场，而资料同化技术是实现这一目标的重要手段。然而，气候模式的资料同化仍面临着重大挑战，主要表现在：气候模式是大气、海洋、陆地、海冰和生物地球化学过程的耦合系统，因此在初始化时，需要基于气候系统不同分量的观测资料进行耦合同化，目前的业务化中心大多采用弱耦合同化，但此同化方案并不能充分考虑气候模式各个分量之间的耦合关系，一种潜在的解决方案为强耦合同化，在强耦合同化中，一个分量内的观测可直接且瞬时地影响其他分量中的状态估计。当前的强耦合同化仍处于试验研究阶段，尚未业务化应用，并且该同化方案在表征气候模式各个分量之间的耦合关系和计算复杂性等方面仍有很大的挑战，需要进一步加强研究。

气候模式的改进——次网格过程的理解和参数化：气候模式必不可少地包含一些不能由模型方程完全解析的物理过程，如云微物理学、湍流和深层湿对流等过程，这些过程与可分辨尺度物理过程之间的交互往往通过有限的观测资料利用经验或统计方法建立。目前，气候模拟和预测的不确定性很大程度上来源于这些次网格物理过程的不精确的表示。此外，随着气候模式分辨率的不断提高，次网格过程的参数化表示可能需要做出相应的改变，这些都需要加强对次网格过程的观测和理论研究，在此基础上，建立更好的参数化表示，适应未来气候模式的发展，提高气候模拟和预测的精确性。

气候模拟和预测新技术的发展——人工智能：近几年，人工智能新技术已被应用于气候模拟和预测中，并且其在气候预测方面表现出较大的潜力。但是，人工智能主要是数据驱动技术，其得到的模拟或预测结果难以从物理上理解，而气候模式的模拟和预测是物理过程所驱动的，从物理上能够较好地理解模式结果，如何将人工智能和气候模式相结合，发展新的气候模拟和预测技术是未来需要深入探讨的问题。

3. 海洋化学和碳循环

近年来，虽然我国的海洋化学研究取得了一定的进展，并在若干研究方向具有一定的引领作用，但整体研究水平仍处于跟跑状态，缺乏对奠基性理论的实质贡献，在重大创新上有明显不足；缺少由中国发起或主导的国际大科学计划和大科学工程，无法引领国际海洋化学的发展；大部分研究不够系统和深入，对重大关键科学问题的认识有一定的局限性，无法产生原始性的创新发现和原创思想，在整体上难以形成引领学科前沿发展的态势。

（1）全球变化背景下海洋生态系统的演变与健康海洋

近年来，随着经济的快速发展，人类活动不断加剧，如何维持海洋生态系统的健康可持续发展也成为科学家重点关注的问题。海洋化学的发展也需要围绕其中的一些问题展开。在全球变暖和人类活动的双重影响下，海水增温、海洋酸化、低氧、过量营养盐输入以及重金属、持久性有机物和微塑料等环境污染物问题给海洋生态系统带来了前所未有的威胁。目前，关于海洋酸化的研究，主要是针对海洋酸化对不同海洋生物的生长发育和生理机能的影响，而关于酸化对海洋生态系统的影响尚处于初步研究阶段，仍需进一步深入系统的研究。此外，关于海洋生态系统物质基础的生源要素、微量元素以及生物泵、微型生物碳泵等受海洋酸化影响的研究仍需要进一步探索。针对海洋缺氧现象及其产生的生物地球化学效应开展科学研究和定期监测，深入理解海洋缺氧产生的控制因素和规模，是维持海洋生态系统可持续发展的关键。近年来，微塑料污染日益严重，深海水体和海底都检测到微塑料的存在。微塑料及其他有毒有机污染物在陆、海、气界面的迁移、转化过程和机制也亟须进一步研究。

（2）海洋中物质能量循环机制与关键生物地球化学过程

甄别、预报乃至协调人类活动导致的海洋资源和环境变化的科学和社会需求，要求对海洋生物地球化学过程的研究和认知提高到定量化的层次。然而，实现生物地球化学过程的动力学表征，需要在界面、模型和验证三个方面提供有力的支撑。近岸海域在全球生物地球化学循环中的重要性已被研究所证实，近海对陆源输入或现场生源有机碳的捕捉或输送，深刻地影响着海洋内部的碳收支及其引起的气候变化效应。目前的海洋碳循环模式尚无法剖析陆架与开阔海洋的交换过程及其细节。同时，近海环境显然更易受到人类活动的影响，此处发生的脱氮作用、碳的埋藏与再生、自生矿物的形成等对海洋中的痕量元素和生源要素的循环均有潜在的影响。此外，洋中脊（如热液作用）、近岸地下水的物质输入如何影响区域性的海洋化学/化学海洋学、规模化养殖与捕捞对陆架边缘海生物地球化学收支影响等，仍是今后一段时期的研究热点。

在海洋不同的生物地球化学过程中，化学元素循环对生态系统结构和功能的影响是生物地球化学与生态学之间整合研究的关键命题。目前，我们对于一些重要生物地球化学过程的速率及机制仍未了解透彻，在分子水平上认识有机物的微观构架及控制其化学反应和存储的机制与速率仍很欠缺，如何确定合成与分解代谢作用之间的关系仍缺乏有效的技术。

针对环境变化的状态和生态系统功能转变的高分辨率时间序列的记录，是检验气候变化背景下"驱动"与"响应"之间相互关系的基础，在很大程度上依赖于对过去环境变化的信息提取技术。需要发展同位素和"标志物"测量技术，并应用于海洋化学／化学海洋学的过程研究中，需要大力发展新的研究技术与方法，发现新的海洋生物地球化学效应的检验材料。

鉴于食物网是海洋生态系统研究的重要对象，海洋化学／化学海洋学的研究同食物网动力学结合是可持续海洋生态系统研究的重要组成部分。实现这一点将有助于对自然变化与人类活动所导致的不同驱动作用的甄别，以及从化学的角度切入可持续海洋生态系统的生物生产控制机理及其各项服务功能（如供给功能、支持功能和调节功能）的认知过程。

海洋生物地球化学过程不仅影响了可持续海洋生态系统支持和调节功能，同时它与海洋食物网的相互作用又对海洋生态系统的结构、多样性、稳定性、可持续产出具有重要影响。在涉及化学物质在海洋的迁移与转化的问题时，海洋生物地球化学成为海洋化学／化学海洋学的新生长点，以及连接物理海洋学和生态学之间的纽带。关于生物地球化学循环的研究已成为从物理过程的角度深入研究可持续海洋生态系统的延伸通道之一。

另外，过去几十年的海洋化学研究主要集中于近海及海岸带，随着近年来深海特殊装备的研发以及深海探测与研究综合平台的建设，海洋化学研究也逐渐向深海大洋拓展。深海拥有平原、海山、峡谷、海脊、海沟、泥火山、盐池等特殊地形地貌以及深渊、热液、冷泉、天然气水合物、珊瑚林等独特的生态系统。这些极端生态系统的存在为生命提供了特殊的栖息环境，因此深入研究这些特殊生态系统的生物地球化学过程可以帮助我们理解早期生命的生存环境，并最终回答生命起源及演化这一终极命题。

（3）地球科学系统多圈层耦合与海洋学科交叉

经历了近几十年的发展后，地球科学正在整体进入转型期，将逐步提升到集成整合、探索机理的系统科学新高度。聚焦深海，开展多学科、多圈层、多尺度的耦合研究成为世界各国海洋研究的新趋势。2017 年 7 月，联合国教科文组织发布《全球海洋科学报告》，列出了世界各国及国际上综合交叉研究的 8 个高优先级主题，其中包括海洋生态系统功能和过程、海洋健康、人类健康与福祉、蓝色经济、海洋地质灾害。欧洲海洋局发布的《潜得更深：21世纪深海研究面临的挑战》强调要推动跨学科研究，应对复杂的深海挑战。美国发布的《美国海洋科技发展：未来十年愿景》建议海洋与地球系统方向需优先解决的科学问题为：全球水文循环、土地利用和深海上升流对近岸和河口海区及其生态系统的影响，海洋生物地球化学和物理过程对当今气候及其变化的贡献，以及预测海洋乃至地球系统在未来百年的变化。英国政府发布的《英国海洋科学战略 2010—2025》将促进海洋多学科交叉研究确定为英国未来海洋科学的发展方向。

同样，海洋科学的各个子学科作为独立的分支学科在过去半个世纪获得了快速的发展，取得了显著的成果。但是单一学科和单一圈层的研究与科研攻关组织方式已逐渐局限和制约学科的发展。海洋碳循环涉及海－气交换、海－陆交换、海洋动力过程和海底沉积过程，合理估算海洋对人为碳排放的极限吸收能力、准确给出真光层碳输出量、加深对弱光层颗粒碳传输及再矿化的认知，需要物理海洋学、海洋化学、海洋光学和海洋生物学等众多学科联合攻关。此外，海岸带是人地交互的热点区域，其保护、开发、管理这些世界级难题，需要综合物理、生物、化学、工程、人文和社会经济科学等研究手段。深海极端环境的生物地球化学过程更是需要物理、化学、生物、工程技术等多学科高度交叉融合，才能揭开这些特殊生态系统的神秘面纱。因此，要想系统解决海洋科学前沿研究中的重大挑战和关键问题，深入发展地球系统科学理论体系，开展多圈层深度耦合研究成为必然的选择。近年来，随着科技投入的增大、科研条件的改善和对外合作交流的加强，我国海洋科学研究正在逐步从过去的跟跑阶段进入并跑阶段，只有坚持创新发展模式，通过跨领域、跨学科的前沿交叉，才能在海洋科学研究领域取得从 0 到 1 的突破，引领国际科技前沿，为进一步部署地球工程以应对全球气候变化、保护海洋功能、拓展生存空间，构建人类"海洋命运共同体"提供科学的解决方案。

4. 陆－海 / 洋相互作用

陆－海 / 洋相互作用是海洋科学最基础也是最重要的研究领域之一，也是海洋地质学的核心研究内容。它主要研究在自然因素和人类活动驱动下，大陆边缘地区海洋和陆地相互作用的基本特征、关键过程、资源环境效应、综合影响等。大陆边缘作为海陆界面，是联系陆地和海洋的纽带，是陆－海/洋相互作用的关键地带，是自然圈层相互作用最具代表性也最强烈的地区，是地球上人类活动最活跃的地区，也是人类社会经济发展最重要的地区。因此，陆－海/洋相互作用研究是自然科学多学科交叉及其与社会科学的交叉点，对海洋科学和地球科学等学科的发展都有重要意义。过去几十年，海岸带地区的陆－海相互作用研究（land-ocean interactions in the coastal zone，LOICZ）一直是国际地圈－生物圈计划的核心内容，也是当前地球系统科学和全球变化研究的重要主题。

亚洲具有开展陆－海/洋相互作用研究最有利的条件，亚洲大陆边缘不同的构造区发育有一系列边缘海和最多样性、最脆弱的三角洲，通过世界级的大河系统和特色的山地小河输送，接纳了青藏高原和活跃构造带的巨量风化剥蚀物质；同时，亚洲大陆边缘又受亚洲季风系统、太平洋和印度洋等大洋流系和水团，以及极端事件（地震、天气等）的强烈影响，海陆之间的物质与能量交换通量巨大，表生物质循环和源汇过程非常复杂。新生代青藏高原隆升剥蚀的巨量物质显著影响西太平洋边缘海乃至全球大洋的沉积作用、生物地球化学循环、资源形成和生态环境，使得亚洲大陆边缘成为国际陆－海/洋相互作用研究的天然实验室，也是国际大洋发现计划、从源到汇研究计划等的理想地区。

过去三十多年，围绕亚洲大陆边缘的陆－海/洋相互作用和物质从源到汇过程，我国学术界开展了大量研究，取得了众多研究成果。尤其是对东亚大陆边缘的主要河流入海通量和组成、不同时空尺度上的河海相互作用基本过程和特征、大河系统及主要三角洲体系发育和演化、河口与陆架海沉积过程、环境记录与生物地球化学循环等，取得了一系列国际水平成果，推动了我国陆－海相互作用研究的国际进展。但目前我国陆－海/洋相互作用研究与国际前沿水平依然存在较大差距，亟须在"十四五"期间加大研究力度和深度，主要的薄弱环节包括：

其一，研究决策层面，我国陆－海/洋相互作用研究无论从研究实体到研究领域、关键区域都比较零散，缺乏陆海统筹的系统规划与设计，缺乏不同单位、不同领域的学科交叉与深度融合；陆－海相互作用研究仍未形成大型专门研究计划，在基础性的关键问题提炼和总体研究方面与国际前沿水平存在较大差距，目前主要还处于跟踪研究阶段。

其二，科学层面，缺乏从地球系统科学角度来确定和梳理亚洲大陆边缘源汇研究的核心科学目标和关键问题，多数研究侧重在河口到陆架边缘海的晚第四纪沉积记录，缺乏从流域到河口、陆架陆坡的系统性的跨学科的研究；对人类世到更长地质历史中如整个第四纪、晚新生代的陆－海／洋相互作用研究很少，缺乏将地层沉积记录与构造、气候、海平面演化、人类活动进行有机联系。已有研究主要关注海区"汇"的工作，而缺乏对地质历史时期大陆和岛屿入海物质的"源"通量、组成特征及其变化的深入刻画；对于从源到汇的过程更是缺乏系统的综合研究。这必然导致难以从整体上把握亚洲大陆边缘的源汇过程特征，在理论上也没有突破国际源汇研究的主要框架。

其三，技术方法层面，我国陆－海相互作用研究的创新研究方法不多，目前采用的研究主要还是基于比较传统的沉积矿物学和元素－同位素地球化学的室内分析，缺少海域长期、实时、高分辨率的现场综合观测数据；室内分析中，现代发展比较快的物源示踪新手段，如单矿物化学与定年技术、多同位素耦合示踪指标等才刚刚开展。同时，源汇研究中多学科交叉研究方法缺乏，如地球物理研究手段与沉积地层数据资料的结合还很薄弱，现代沉积动力过程的现场观测、数值模拟与沉积记录的结合和验证缺失；定量化和模型研究还有非常大的发展空间。另外，我们也缺乏深度的国际合作，这也制约了我国陆－海／洋相互作用研究取得突破性进展。

针对以上研究现状，建议我国陆－海／洋相互作用研究可以重点发展以下几个方向。

（1）陆－海／洋相互作用的基本理论突破

1998年国际发起的"洋陆边缘计划"是现代海洋地质科学从区域特征的研究转向过程和方法研究的重要表现。在国内也掀起了陆－海／洋相互作用研究的热潮。但目前我国对陆－海／洋相互作用的研究还主要遵循和跟踪国际的基本研究思路，停留在现有理论的验证或完善，亟须真正多学科交叉融合的原创性理论突破。

（2）大陆边缘的环境信号传递

要揭示陆－海／洋相互作用环境和事件信号在一个完整的自然的从源到

汇扩散系统中的传递，就必须加强过程观察和机理分析，并进行预测性模拟，研究信号与系统中其他环节的环境联系。例如，河流沉积物源汇过程的一个关键问题是，如何定量化估算流域风化物质在盆地内的滞留时间和组成分异特征。目前，全球河流每年输送的 150 亿～190 亿 t 悬浮沉积物中，可能仅10%～20% 最终输入开阔大洋。从陆-海/洋相互作用的角度看，河流沉积物从源到汇系统中存在若干"缓冲区"和"中间过程"，包括风化剥蚀沉积物在源区的滞留和沉积旋回、水动力分选、河流下游及河口的截留/捕获和过滤器效应、河漫滩风化、河口边界反应与海底风化、跨陆架输运等。如何准确地刻画陆-海/洋相互作用信号在以上过程中的传递和改变，是我国陆-海/洋相互作用研究的重点和难点。

（3）陆-海/洋界面的关键过程和元素循环

大陆边缘是全球海陆物质循环和源汇转换的关键区域，界面过程和边界交换（boundary exchange）反应活跃，显著影响海水元素组成及循环，以及边缘海和大洋沉积记录中大陆风化信号的解释。多种元素及同位素在河口-边缘海区存在显著的收支不平衡现象。在沉积速率较高的边缘海早期成岩作用中，大量风化产物（各种离子）输入和强烈的有机质再矿化作用，可以形成新的自生黏土矿物；同时，碎屑风化产物在埋藏过程中多种元素又会释放到水体中。因此，陆源风化物质在河口和边缘海发生强烈的边界交换反应，造成上述收支不平衡现象。边缘海既是大陆风化物质的汇，也是开阔大洋的源。

（4）海陆结合研究地球系统科学的重大问题

海陆结合是中国海洋地学的优势。在地球系统科学思想的指导下，利用海洋与陆地结合的优势，开展从亚洲内陆到深海、从源到汇的系统研究，探索山区隆升剥蚀、大陆风化、河流搬运到海底沉积的系统过程，寻求地球系统中深部岩石圈与地表多圈层包括人类圈的相互关系，研究新生代到人类世的海陆物质循环关键过程及其资源、气候环境效应。

（5）海底观测系统与陆-海/洋相互作用

近年来，随着将"实验室建在海底"思潮的兴起，发达国家开始纷纷筹划和组建海底观测网，与光电缆相连的海底观测平台结合可移动的平台，将可以实现长期的、实时的从海面到海底的三维、立体综合监测。我国目前在建的海底长期观测系统不仅是陆－海/洋相互作用研究的革命性变革，也将显著推动我国海洋观测技术和海洋科学的发展。

5. 海底深部过程

人类对海洋的认识和开发，历来是从海洋之外开展，从船上或者岸上谋求"渔盐之利、舟楫之便"。近半个世纪以来，新的海洋科学和资源开发使得人类得以进入深海。不但发现洋底地壳与陆地不同、深海过程与海表过程不同，甚至整个深海过程都超出人类的想象。近70年来，地球科学发展最亮眼的突破都来自深海，无论是板块构造理论的确证、米兰科维奇气候变化理论的检验，或是海底深部生命系统的新发现。

深海研究全靠高新技术。由于先发优势，欧洲和美国之间的大西洋成为深海研究发展最快、认知最强的样板，引领着相关学科的基础理论和前沿发现。我国的深海探索，自20世纪90年代才在南海、冲绳海槽等地区逐步开始，然而这30多年正是改革开放、国力发展的历史转折期，于是中国深海科学研究蒸蒸日上，产出了举世瞩目的一系列科学成果。然而，相对而言，我国深海研究依然处于在国际上"跟随"发达国家的状态；尽管投入与日俱增，但产出和效率仍存在巨大的改进空间。具体而言，我国深海研究的继续发展，需要在科学技术协同发展、学科建设配置优化、关键科学问题布局等方面加强推进，在多学科协同作战、举国统筹规划的前提下错位发展、各展所长，推进我国以西太平洋为根基，在世界深海科学研究中占据"引领者"的前沿地位。

（1）"三深"技术推进深海研究

探索深海最重要的工具可以归结为"三深"技术——深潜、深钻、深网，即载人或不载人的深海潜水器、在深海底打钻的钻探船/平台以及通过电缆连接的海底观测网系统。近二十年来，我国大力发展或参与了"三深"技术："蛟龙"号、"深海勇士"号和"奋斗者"号深海潜水器投产使用，深度参与国际大洋发现计划并在南海主导进行了四个半钻探航次，国家海底观测大科学工程开始建设。未来，继续推进"三深"技术发展，有效利用高新技术手段开展高水平的原创性课题研究，是我国深海科学推进的关键。例如，通过载人深海潜水器，已经初步发现南海深部分布广袤的冷水珊瑚林，其群落和样貌具有与北大西洋迥异的特征，在海洋环境变化和碳循环过程中可能扮演重要角色（汪品先，2019）。然而，要继续深入探索冷水珊瑚林，需从生物学、生态学、生物地球化学、海洋环境变化等角度开展交叉学科研究，需要不同学科、不同手段的紧密配合，从而才能充分发挥深潜技术的优势，取得重大科学突破。

（2）多学科交叉发展深海研究

"南海深海过程演变"重大研究计划，历时十年、设立50多个重点基金项目、全国32个单位近700人次参与，是中国组织的第一次大规模、全学科、全国性的深海基础研究。"南海深海过程演变"计划的最大收获，是揭示了深海研究的关键：协同作战。不同单位、不同学科的诸多研究者，围绕同一个科学问题反复研讨、共同攻关，不断深入和拓展科学问题的内涵和外延，最终取得重大的科学突破，是深海科学研究的核心要义。然而，当前我国的海洋研究机构，科研经费总量增大、仪器设备数量庞大，但是客观而言投入和产出比却正在恶化；以学术论文的数量和期刊档次为导向的评价体系，也往往导致科研进程的琐碎化、科研力量的分散化。因此，要解决这一病态化的趋向，需要提醒海洋研究机构和人员团队不必急于求成，需认清海洋科学研究多学科交叉、大量数据积累的特质；同时从顶层设计出发，在"全国一盘棋"的大格局下规划中国向深海大洋进发的科学发展战略，相互协作、携手共进，推动我国深海科学研究继续进步。

（3）立足西太平洋探索深海研究新方向

深海研究可以提供挑战传统认识的新发现和新观点，实现地球科学理论顶级的重大突破。具体而言，深海盆水体的大洋‐大陆相互作用、形成深海盆的板块张裂机制、气候演变的低纬驱动过程等，都是可以基于深海研究、突破传统理论的重大科学问题。我国居于"两洋一海"与欧亚大陆交汇的地理位置，具备研究上述重大科学问题的区位优势。因此，需要站在全球视野之上，立足挑战地球科学顶级理论难题的发展方向，重点布局亚洲/澳大利亚大陆与太平洋海洋物质能量循环过程、西太平洋洋‐陆过渡带边缘海系统的形成与演化、低纬海洋‐大气‐陆地的水循环和碳循环变化的气候效应等重大课题，在海洋和地球科学基础研究的最前沿发挥国际引领作用。

6. 极区海洋与极地

极地海洋科学是我国海洋科学领域较为突出的薄弱环节，是研究物理、化学、生物和地质在极地区域海洋中相互作用的前沿交叉学科。尽管随着我国经济发展、安全和权益需求增长、国家战略利益拓展，极地海洋科学的重要性和战略意义日益受到关注与重视，我国极地海洋科学研究仍处于相对薄弱的状态。

开展极地科学研究，对我国未来发展具有重要的战略意义和价值，2014年以来，习近平在视察"雪龙"号科考船、发布"十三五"规划、出席联合国大会等场合，多次提出极地在我国未来发展和全球可持续发展中的战略意义。极地海洋可以提供高纬度航道、油气和资源矿产、海洋渔业等重要资源，也是应对气候变化、生态环境保护等未来全球性自然变化的关键所在。

然而，我国极地海洋科学，相比热带海洋、近海海洋的科学研究，仍存在较大的差距，处于相对弱势的地位。造成这一现状，有其历史原因，同时在发展过程中也存在不平衡和不合理的客观原因，包括以下几个具体方面：①学科发展的历史进程，相对而言，热带和近海海域距离我国以及世界主要经济体和人口密集区更近，更便于开展海洋科学研究，而我国海洋科学研究的重心也一直在亚洲近海、中－低纬度太平洋和印度洋；②人才结构和队伍结构，我国从事极地海洋科学研究的人员，在海洋科学领域中严重欠缺，相关专攻极地海洋科学的团队更是相当匮乏，极地海洋科研成果也相对偏少；③项目资助和平台建设，我国海洋科学领域的国家重点实验室、重大科研项目资助、自然科学基金项目资助、大型观测探测计划等，在极地海洋科学中的投入比例均严重不足。

未来，我国极地海洋科学研究的发展，除了增加投入总量、平衡极地科学投入比例、建设极地科研队伍和平台之外，还可以在具有重大科学价值的重点方向上优先布置力量。针对南北两极地区快速变化带来的新挑战和新机遇，重点开展冰盖不稳定性与海平面变化、极地海－冰－气相互作用、极地海洋环流及其全球效应、极地海洋生态系统脆弱性等前沿科学研究；构建极地星－空－地－海立体观测网和大数据平台，开发极地多圈层耦合模式，揭示极地对全球变化的响应和反馈机制，突破极地变化预测和航道保障的关键技术瓶颈，实施我国主导的极地国际大科学计划，增强我国在极地事务和全球治理中的话语权。

尽管近年来我国在极地海洋观测技术和模式发展、极地冰冻圈与海洋相互作用、极地海洋与全球变化等方面取得了若干重要的创新成果，但是由于极地地区（包含极地海洋和极地冰盖）面积广袤、环境特殊（如海冰、冰架覆盖面积广、极地冰盖的严寒等）、野外观测后勤保证等的限制，极地海洋科学仍然存在一些比较薄弱的环节，主要包括如下几个方面。

（1）*极地海洋及冰盖观测与模拟*

目前，我国极地海洋和极地冰盖的观测主要依靠中国南北极科学考察航次、中国南北极野外考察站，但是由于极地海洋及冰盖地区面积广袤，这些观测覆盖度极度有限；此外，由于极地海洋及冰盖地区自然环境恶劣、远离人类活动区域，加之冬季海冰覆盖和极区极夜的存在，极地海洋及冰盖地区观测资料依然很匮乏。由于观测资料匮乏，数值模式工作在极地海洋科学研究中凸显重要。尽管我国近年来在冰盖动力学模式、冰架与海洋相互作用模式等方面取得了一些显著的进展，但我国在该方面的研究起步较晚。因此，我国未来极地海洋科学的发展，需要逐步建立起我国极地海洋学的长期观测系统，在此基础上大力发展模式开发及模拟工作。

（2）*极地冰冻圈与海洋相互作用*

极地冰冻圈通过反照率反馈机制对极地海区及冰盖地区气候产生显著的影响，同时极地冰冻圈通过与海洋相互作用对全球温盐环流和南大洋生物地球化学过程影响显著，进而通过全球温盐环流和调节海洋碳循环对全球气候产生显著的影响；此外，在全球变暖背景下，极地冰冻圈动态对未来海平面变化的贡献备受社会关注。全球温盐环流的变化是区域乃至全球气候变化的主要原因之一，而极地海冰生消过程、冰架底部融水再冻结过程等对全球温盐环流的形成和变率起着关键作用；"铁假说"及其相关试验表明，南大洋生物过程在全球大气 CO_2 循环中扮演着重要角色，冰盖在向海洋物质输送的同时，其携带的营养盐组分（如生物可利用铁）在调节南大洋生物生产力过程中起着多大作用是目前悬而未决的重大科学问题；此外，在变暖的背景下，目前海平面上升的贡献量主要来自非极地冰冻圈的贡献，但是在未来全球持续变暖的情形下，如何正确预测极地冰冻圈变化对未来海平面的贡献，对区域乃至全球社会发展至关重要。因此，极地海冰和冰架与海洋相互作用、冰盖携带物质对南大洋碳循环的影响、未来极地冰冻圈动态对海平面变化的影响，是目前极地海洋科学面临的重大挑战性问题，也是我国研究的薄弱环节之一。

（3）极地冰心记录与气候变化

极地冰心记录具有保真度高（独特的低温保存条件）、时间记录长且分辨率高（目前连续高分辨率记录已达 80 万年）、信息量大（大气中所有物质包含气体都可以被冰心记录下来）等特点，是全球变化研究非常独特的载体之一。随着冰心测试技术和分析手段的进步，目前冰心记录古气候重建工作朝着定量化、高精度、新指标方向发展。冰心记录古气候定量重建离不开冰心记录现代过程的定量化观测，这是目前冰心科学研究所面临的重大挑战之一，尽管我国在该方面开展了一些研究工作，但缺乏长期系统的观测工作。随着冰心测试技术的发展，目前国际上采用的冰心连续流分析技术、激光剥蚀无损冰心扫描技术等为冰心高分辨率气候重建奠定了基础，但是我国在这一方面的研究基本上还尚未开展。近年来，随着非传统同位素分析技术的进步，如非质量同位素及团簇同位素高精度测试技术的问世，彻底改变了地球化学许多核心问题的认识，大大拓展了冰心记录研究的内容，我国在这方面的研究基本上才刚刚起步。

7. 海洋技术与装备

国际海洋科学和技术的发展突飞猛进，已经展现出了未来海洋科学研究"从水面到水下、从浅海到深海、从近海到远海、从大尺度到多尺度乃至微尺度、从区域到全球乃至地球系统、从机械化到智能化和网络化"的发展趋势。这就要求未来的海洋科学研究，需要更紧密地与技术发展相配合，以科学研究的推进和需求促进技术进步，以技术革新来带动科学研究的深入和拓展。

我国的海洋技术与装备投入研发蓬勃发展。"蛟龙"号载人深潜器自2002 年启动研制，2012 年 6 月在马里亚纳海沟成功下潜 7062m，创造世界同类作业型载人深潜器的最大下潜深度纪录。"蛟龙"号的研制成功使得我国成为继美国、法国、俄罗斯、日本之后世界上第五个掌握大深度载人深潜技术的国家。之后的"深海勇士"号 4500m 级载人深潜器、"奋斗者"号 10 000m 级载人深潜器于 2017 年和 2020 年陆续建成，并实现了载人深潜器的全国产化和自主知识产权化。截至 2020 年，我国已建成三艘、足以覆盖全大洋全水深范围的载人深潜器队列，为深海研究提供了强有力的保障。

然而，我国海洋技术装备仍然需要长足的发展，最为严峻的现状是在关键装备、核心部件、大型仪器、气象模型等方面面临着窘迫的被西方发达国家"卡脖子"的困境。因此，我国海洋技术的发展，仍然需要大力推进，重点在以下几个方面。

（1）谱系化建造深部观测探测设备

以全海深、全海域覆盖为目标，谱系化建造我国载人和遥控潜水器及水下机器人，突破操纵控制智能化、运载实体轻量化、作业能力重载化、作业模式协同化、核心部件和关键技术自主化。构建载人/遥控极地冰下运载探测体系、载人/遥控深海搜救应急作业体系，研发全海深、长续航、多尺度水下运载平台，开发科考、勘探、救助、观光等应用领域，促进标准体系建设和新概念潜水器探索，服务军民融合战略，为形成我国自主、可控、领先的深海智能运载与作业装备产业提供技术支撑。

（2）自主化开发核心技术部件和装备体系

突破深海装备系统的智能和通用技术，重点研发水下智能控制、信息传输、对接转移、能源供给、精细探测、协同作业，以及多功能传感器、执行器、浮力材料和配套工具等技术和装备，完善深海、极地进入的技术链条和应用体系，建设深海、极地技术装备配套完整的国产化体系，实现产业化和批量应用。

（3）环保化突破船舶和航运关键技术

面向船舶制造的提质升级，突破极地船舶、无人驾驶系统、新能源动力、绿色节能设计验证等关键技术，研发复杂海况绿色与安全航运系统、智能感知与自主航行系统、冰区航行安全预警与应急决策系统、清洁燃料和电池动力系统、高性能材料等，全面提升自主创新能力和关键核心部件的国产化率，在现有基础上提高 10% 以上，形成绿色智能海洋交通运输技术和装备体系。

8. 海洋观测与数据

海洋科学是基于观测的数据密集型科学，其研究水平的发展离不开观测数据的长期积累和分析技术的不断改进。随着空－天－地－海立体观测技术的飞速发展，高精度、高频度、大覆盖的超海量海洋数据呈几何级数爆炸式增长。例如，国际 Argo 计划自 2000 年以来已在全球海洋上布放超过 16 000个浮标，当前有超过 4000 个浮标在海上正常工作。截至 2016 年获得的数据量就比 20 世纪海洋观测资料的总和还多，且采样密度、观测深度及涵盖学科还在不断提升（Riser et al.，2016）。海洋科学已然进入大数据时代，全方位、连续、多源、立体观测数据存量已突破 EB 级，日增量也达到 TB 级。

在大数据时代背景下，如何对海量海洋数据进行高效管理和充分挖掘，为海洋环境预报、海洋防灾减灾、海洋作业生产、经济政策制定等提供信息服务和决策支持，是当前海洋科学与技术研究的重要方向（钱程程和陈戈，2018）。海洋大数据分析技术未来在海洋管理、海洋资源开发、海洋环境预报、海洋经济发展、海洋权益维护等诸多方面也将扮演愈发重要的角色。然而海洋大数据独特的时空耦合、地理关联、海量多维等特性也使得传统数据分析方法与技术手段存在诸多限制，给海洋数据的存储管理、分析挖掘、信息应用带来了巨大挑战（姜晓轶和潘德炉，2018；吴立新，2018a）；数据密集型知识发现方法日益受到科学界的普遍关注，海洋数据研究逐渐从更大规模、更高维度、更多来源转向深度知识发现，从而指导人类社会生产生活，这给海洋大数据亦带来了巨大机遇。

本节从海洋科学与技术视角对海洋大数据的产生、分析及应用链条进行全面梳理与阐述，具体涉及海洋大数据的多源数据观测、获取、存储、管理、分析、可视化及平台应用的整个过程。

（1）海洋多源数据观测与获取

随着各类新型技术和设备的不断更新应用，海洋观测体系已发展为包括卫星遥感、海洋调查船、观测站、浮标、海洋观测网等在内的全球化、多尺度、多学科的综合性立体化海洋数据感知与探测网络。下面从空基、陆基、海基三方面对海洋多源数据获取技术进行论述。

1）空基海洋数据获取技术。主要涵盖卫星遥感与航空遥感，具有高频动态、宏观大尺度、同步观测等优点，是现代海洋数据获取的重要手段。卫星遥感方面，主要包括以可见光探测为主载荷的海洋水色卫星，如我国的 HY-1 系列水色卫星，美国的 SeaWiFS、MODIS 等；以海上动力参数探测为主载荷的海洋动力卫星系列，如 Jason、HY-2 系列；以海洋目标监视为主的 SAR 载荷卫星，如我国的 GF-3、加拿大的 Radarsat、意大利的 COSMO 等，以及盐度卫星、静止轨道水色卫星等一些新型载荷（刘帅等，2020）。航空遥感方面，主要采用飞机、气球、无人机等飞行器搭载各类传感器进行数据探测，传感器涉及激光测深仪、红外辐射计、侧视雷达等，具有易于海空配合、分辨率高、不受轨道限制等特点，可用于溢油和赤潮等突发事件的应急监测、资源监测等。

2）陆基海洋数据获取技术。主要指沿岸海洋台站观测，是建立在沿海、岛屿、海上平台或其他海上建筑物上的海洋观测系统。通过安装各类针对性的观测设备能够对人类活动最活跃、最集中的滨海地区进行水文气象要素的观测和资料获取，为沿岸和陆架水域的环境保护、资源开发、科学研究等提供依据。

3）海基海洋数据获取技术。主要包括海洋浮标、调查船、潜水器以及各类海洋观测网络系统。海洋浮标是用于获取海洋水文、动力等参数的漂浮式自动化探测平台，具有全天候、连续、自动观测等优点。海洋调查船能够进行各类海洋环境要素探测、各学科调查等，利用船舶作为平台进行海洋调查是海洋调查观测技术发展的重要方面。潜水器是水下观测、采样等必需的技术装备，包括水下观测型自主载具、水下滑翔机、水下无人航行器及自持式剖面探测漂流浮标，是现代海洋观测的标志性技术装备，丰富了海洋立体观测能力。现代海洋观测也建立了各类区域性海洋观测系统、海底观测系统、全球海洋观测系统（戴洪磊等，2014），如 Argo（array for real-time geostrophic oceanography）、GOOS（global ocean observation system）、IOOS（integrated ocean observation system）、OOI（ocean observation initiative）、EMSO（European multidisciplinary seafloor observatory）、HABSOS（harmful algal blooms observing system）、NEPTUNE-Canada 等。其中，Argo 计划作为历史上首个全球尺度上层大洋温盐测量系统，其数据无论是在空间范围或是数据精度，均达到了空前高度，为全球大洋温盐场研究提供了历史性的难得机遇（图 3-10）（许建平等，2008）。

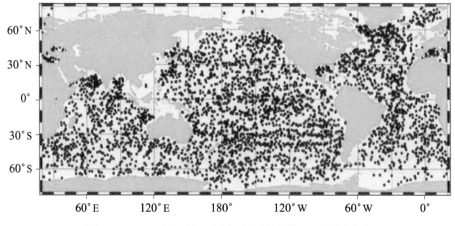

图 3-10　2020 年 2 月 15 日全球海洋活跃 Argo 浮标分布
资料来源：中国 Argo 实时资料中心

整体来讲，海洋数据获取技术向着自动、长期、实时观测和高分辨率方向发展，形成了空基－陆基－海基联合的多元立体观测。但目前对海洋的观测还远远不足，对 2000m 以下的海洋仍缺乏了解，且观测资料仍缺乏连续性和系统性。数据观测与获取技术的发展是制约整个海洋领域发展的瓶颈所在，也是海洋大数据分析与应用的基础，还需继续向着更准、更细、更远、更深、更微小、更轻型、更节能的方向发展。

（2）海洋大数据计算分析

海洋大数据从上游获取后，在中游主要涉及存储与计算、分析挖掘、可视化表达等技术，为下游实现海洋管理、信息服务、分析决策等提供技术支撑。

1）海洋大数据存储与计算技术。海洋大数据存储与计算是进行分析挖掘、可视化及知识发现的基础，有效的存储与计算对利用海洋大数据至关重要。海洋数据存储规模日益增大，采样频率不断提高，对实时存储及计算需求日益增长，且数据结构愈发复杂，管理难度不断增大。传统直接连接存储、网络附加存储、存储区域网络等集中式企业级存储架构多注重数据一致性及容错性，扩展性与可用性不高，在面对大规模分布式系统应用时存在局限，难以实现在线资源灵活配置和动态扩展，且离线数据获取耗时，无法直接访问分析在线数据。

针对大规模异构数据的组织管理，Google 公司提出的 GFS（Google File System）和 BigTable 技术（Chang et al.，2008）以及开源 Hadoop 提出的

HDFS（Hadoop Distributed File System）和 HBase（Hadoop Database）技 术
（Vora，2011），较为有效地解决了半结构化及非结构化大数据的存储难题。
在此基础上，研究学者提出了海洋大数据混合多态存储模型，建立了多类型
数据、多状态存储、高时空关联的海洋大数据存储架构，解决了大规模时空
信息高扩展存储、高并发检索的技术难题（苏奋振等，2014；Huang et al.，
2015；Liu Y et al.，2017）。海洋大数据的存储及管理还包括数据分发共享、
数据备份、数据安全、数据有效迁移等问题。基于内存数据库的实时数据管
理架构是未来海洋大数据管理的趋势之一。

另外，海洋大数据分析与传统小体量数据挖掘具有较大差异，众多技术用
于大体量复杂海洋数据时需要完善改进。随着数据采集自动化程度和获取速度
加快，实时处理计算要求愈来愈高，分布式计算框架是当前解决海洋大数据实
时计算的重要途径。主流分布式计算技术已从 Hadoop 的 MapReduce，发展到
Spark 内存计算、Storm 流式计算、Spark Streaming 流式计算等。顾及海洋数
据的时空动态特征，相关研究人员发明了异构云环境下大规模海洋信息协同处
理技术，构建了低延迟高频连续的时空流动态索引结构，大幅提升了动态海洋
过程实时计算能力（Du et al.，2017；Song et al.，2018）。但现有的分布式计算模
型依然不适用于直接处理海洋大数据，还需进一步与海洋数据分析方法深度结
合，模拟不同时空尺度的海洋模态特征，这将会大大加速海洋知识发现过程。

2）海洋大数据分析挖掘技术。"时间"和"空间"是海洋科学研究的核
心对象，海洋过程固有的时空连续性与时空异质性，使其发展过程具有显著
的不确定性和复杂非线性。如何突破现有海洋数据研究的空间思维局限和既
有分析范式，挖掘海洋大数据的空间内涵和潜在价值，是当前海洋学研究的
重大科学命题。由于海洋数据多源观测，数据优势及完整性不同，对海洋大
数据分析挖掘首先需要进行数据融合，在一定程度上排除冗余与噪声、降低
不确定性、提升信息精确度和完整性等（吴新荣等，2015）。例如，相关研究
人员开展了多视图数据补齐、变分同化法、最优插值法、卡尔曼滤波等数据
融合技术在海洋环境监测与预测中的应用。

此外，海洋大数据独特的时空属性也给现有分析挖掘方法带来了许多挑
战。不少学者借助现代智能理论，发展了海洋空间统计与人工智能方法，应
用于多源海洋数据知识发现，并在海洋资源、环境、生态可持续发展领域展

现了重要潜力。相关研究还从统计分析、分类、聚类、回归分析、关联规则等算法方面进行不同程度的应用。同时，设计一个良好的分析模式对大数据分析挖掘非常重要，如杜震洪等扩展传统以先验知识、数值模式为驱动的海洋环境预测预报方法，提出了基于机器学习数据驱动的海洋复杂动态环境预测方法体系（图 3-11），实现了非线性海洋过程的时空精准预测（Qin et al.，2017；Du et al.，2018）。

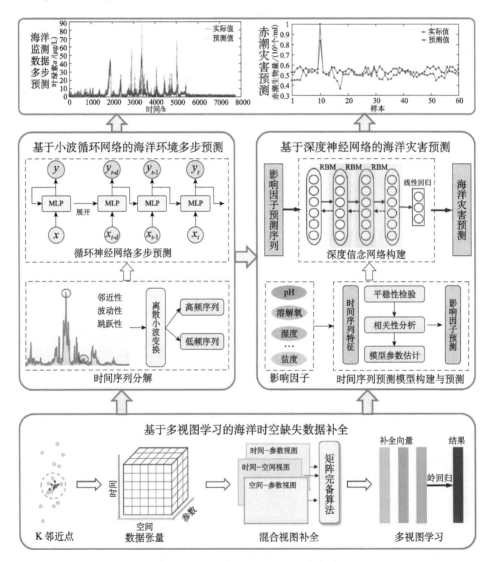

图 3-11　基于机器学习数据驱动的海洋复杂动态环境预测方法体系

MLP：记忆层；RBM：受限玻尔兹曼模型

不过，海洋大数据独特的时空属性，不仅使其具有区别于传统大数据的"时空耦合与地理近邻"效应，而且可以形成不同时空尺度的海洋异质与关联模态特征，导致现有海洋空间分析理论与人工智能预测方法依然难以胜任（钱程程和陈戈，2018；Reichstein et al.，2019）。深度融合海洋空间思维与现代智能理论，发展数据科学驱动的海洋大数据智能分析理论与方法，促进海洋过程的系统性研究，提升海洋空间的综合认知水平，将是未来海洋大数据科学与技术研究的前沿热点，更是世界各国竞相发展的海洋科研高地（冷疏影等，2018；吴立新，2018b）。

3）海洋大数据可视化技术。可视化技术是人们发现、解释、分析、探索和学习客观世界规律的重要手段，利用海洋可视化技术展示海洋大数据并分析海洋过程规律是非常重要的研究课题。海洋可视化研究主要包括矢量场可视化和标量场可视化。矢量场可视化方法主要包括图表法、几何法、纹理法、拓扑法等。Weiskopf 等（2005）最早进行了基于纹理和粒子追踪的流场可视化方法研究，为复杂流场可视化奠定了基础。在标量场可视化算法方面，主要集中在体绘制算法研究，如杜震洪等结合三维体绘制渲染与 GPU 并行加速技术，建立了大规模复杂海洋时空过程的可视化方法，解决了时空离散数据的实时构型与连续表达关键难题（Du et al.，2015；Zhang F et al.，2019）。此外，在科学可视化分析平台方面，World Wind、Skyline、OSG、Google Earth 等平台均可进行海洋或大气环境等的仿真及可视化。陈戈等基于 MVAR 架构搭建了 i4Ocean 平台，并实现了基于 Ray-Casting 算法的海洋信息可视化（Chen et al.，2012）。何贤强等（2020）基于大数据框架研制了海洋遥感在线分析平台（SatCO2），实现了海量多源遥感、实测及模式数据的三维球体可视化分析（图 3-12）。

（a）i4Ocean平台可视化分析　　　　（b）SatCO2平台可视化分析

图 3-12　i4Ocean 平台和 SatCO2 平台可视化分析

海洋数据的爆炸性增长还会给可视化带来诸多挑战，目前海洋数据可视化工具处理问题能力仍相对单一、扩展性不强，研究人员不仅需要数据可视化结果，更加需要集成交互的处理方式及扩展分析架构，特别是海洋多源异构数据的整合及多种可视化算法的综合利用是未来海洋大数据可视化面临的关键难点。

（3）海洋大数据平台及应用

海洋大数据的应用主要是为社会经济发展及全球气候变化等提供决策支撑。当前，海洋行业正在积极推动海洋大数据技术及平台在海洋防灾减灾、海洋目标检测、海洋生态环境保护、海洋渔场渔情预报、远海航行保障、海洋与气候变化研究等相关行业领域中的应用，关注海洋科学的新发现和新发明（侯雪燕等，2017）。

1）海洋防灾减灾。在全球气候变化背景下，在沿海社会经济发展新形势下，海洋灾害的形成机理、发生规律、时空特征等均呈现出新特点，海洋大数据在海洋减灾体系中发挥着巨大作用，是海洋防灾减灾的基础保障。基于海洋大数据的数据处理系统通过大数据分析提取信息，业务人员通过进行横向跨专业、纵向跨时间的综合关联分析，建立不同业务主题应用，并根据统计业务热点的变化进行扩展，可形成多层面的业务信息产品，为海洋减灾工作提供支持。

2）海洋目标检测。海洋目标检测是海洋权益维护、海洋资源管理等的重要部分。通过全天时、全天候、高空间分辨率对海观测，星载合成孔径雷达已广泛应用于海洋目标检测，如舰船、岛礁、石油平台、溢油、绿潮、海冰等。主被动星载微波传感器则利用微波辐射计对台风进行多时相观测，动态识别台风移动路径信息，揭示台风增强和衰减过程，为大气和海洋数值模式研究台风动力机制和上层海洋对台风响应机制提供大数据依据。研究基于海洋大数据的海洋目标提取方法，建立海洋目标识别基础库，可大大提高海洋目标检测精度，对海洋目标监视和管理具有重要意义。

3）海洋生态环境保护。基于遥感和现场监测大数据，建立海洋水质遥感监测模型，揭示海洋水质要素的空间分布，可为开展海洋环境监测与评价提供有力保障。海洋生态对于海洋资源的开发、利用、保护具有重大意义。海洋生态调查内容丰富，通过大数据的整合分析，可挖掘海洋生态的变化机制机理，并提出整治治理方案，服务于海洋生态调查。

4）海洋渔场渔情预报。渔情预报是对未来一定时期、一定水域内水产资源状况进行预报。海洋观测技术的发展，为快速获取与海洋渔场密切相关的大范围海况信息（如海表温度、叶绿素浓度、海洋表面盐度、海洋表面高度等）提供了广阔的空间和前景。但受技术条件限制，渔情预报目前多采用近实时海洋环境数据，严重制约了渔情模型预报精度。未来海洋渔场预报系统，亟须构建面向渔业应用的海洋大数据基础数据库，在此基础上构建海洋环境实时预报系统，为渔情预报系统提供高时空分辨率的海洋决策产品支持。

5）远海航行保障。海洋大数据对于远海航行保障具有重要意义。近年来，越来越多的船只开始进入远离人类大陆、环境恶劣的远海航行，如极地海域。运用海洋大数据可提升人类进入远海航行的安全系数。以卫星遥感和船舶自动识别系统（automatic identification system，AIS）为主的数据在指导船舶航行和船舶遇险救援方面发挥了巨大作用。实时遥感监测数据、基于大数据的海洋和海冰环境模拟等，是极地航道安全航行的坚实保障。未来，全球将建立全球无死角的通信、导航和遥感监测网络，保障全球海洋安全航行。

6）海洋与气候变化研究。海洋大数据对于海气相互作用和气候变化研究具有十分重要的价值。基于海洋大数据，开展全球变化背景下海洋各要素的时空变化及其关联分析研究，探索海洋–大气相互作用、海洋物理–生态耦合变异过程以及对气候变化的响应规律，已成为研究热点。从海洋大数据中挖掘隐含的与气候变化相关的价值信息，可为我国更好地应对气候变化带来的极端天气气候事件提供参考，同时为我国在国际气候谈判中的话语权提供强有力支撑。

总体而言，海洋领域应用大数据技术及平台是新形态、新过程，可以借鉴和参考的经验不多，还有不少问题需要解决。随着大数据相关技术研究不断取得突破，传统海洋学研究如何调整自己的发展思路，积极拓展学科内部、学科之间的数据融合与利用是海洋大数据应用的未来趋势。

（4）海洋数据技术展望

随着海洋大数据时代的到来，海洋信息技术的发展机遇与挑战并存，海洋学理论指导下的大数据分析技术将成为海洋科学新的生长点。国际社会已经认识到海洋大数据科学对于人类社会发展的重要性，世界各国也意识到海洋大数据科学对国家核心竞争力提升的重要价值。未来，海洋科学与技术应

中国海洋科学 2035 发展战略

紧紧围绕大数据信息获取、计算分析、平台应用的全链条进行攻坚克难，真正将其发展成为保障"海洋强国"、"一带一路"、"海陆统筹"和"军民融合"等实施的重要支撑。

第四节　推动海洋科学发展的机遇与挑战

一、我国海洋科技的发展机遇

面向 2035 年，我国未来的发展将更加需要经略海洋，无论是我国高度国际化的外向型经济的需求，或是对海洋资源和发展空间的需求，以及对周边近海和国际海域的权益需求，都要求我们不断深入践行和拓展建设海洋强国的 21 世纪国家战略。党的十八大报告提出，"提高海洋资源开发能力，发展海洋经济，保护海洋生态环境，坚决维护国家海洋权益，建设海洋强国"。党的十九大报告再次提出"坚持陆海统筹，加快建设海洋强国"的发展方针，相比党的十八大报告，不仅强调了"加快"建设海洋强国，同时将这一海洋发展战略从"大力推进生态文明建设"部分移出，扩展提升到了"建设现代化经济体系"的大框架之下。所谓海洋强国，是指在开发海洋、利用海洋、保护海洋、管控海洋方面拥有强大综合实力的国家。因此，建设海洋强国的国家战略是中华民族永续发展、走向世界强国的必由之路。

在国家顶层战略的指引和支持下，21 世纪前 20 年以来我国海洋科技发展如火如荼。随着科技投入总量的攀升，海洋科技研发的经费投入总量持续增加；海洋科学研究成果也相应地迅速增长，在国际上占据较前沿的地位；东南沿海和中国内陆，数量众多的涉海高校、院系和研究机构急剧增加；原有的海洋研究单位也在不断发展壮大。海洋科学是一门现代科学，高度交叉和综合了物理、化学、地质、生物等多个学科门类；海洋科学紧密融合着最新技术，海洋研究的提升离不开高新技术的发展，同时科学前沿需求也催生着技术的进步。当前，我国海洋科学已经初步具备了有实力的人才队伍、成体

224

系的教学科研机构、较好的海洋科学研究和技术手段基础。在 2017 年《联合国海洋科学促进可持续发展十年（2021—2030 年）计划》发布这一背景下，我国先后牵头发起了"融通科学、管理和社会参与：助力海岸带可持续发展计划"（简称"海岸带计划"，Coastal-SOS）、"大河三角洲计划"（Mega-Delta）等行动计划，彰显了我国在维护国际海洋生态系统可持续发展方面的国际影响力。

同时也应警醒，机遇的背后也存在着诸多挑战。未来，国际上全球化的趋势相对弱化，国际合作交流的进程可能会面临阻力大于助力的困境。海洋科学研究和技术发展，需要国际合作，开展海上考察、观测和合作研究；反过来说，也可以发挥科学研究的包容性和开放性，在国际合作、区域协同中发挥积极作用。

因此，面向 2035 年，我国海洋科学发展面临着历史上从未有过的大好机遇。自上而下地看，建设海洋强国的国家战略为海洋科学提供了最坚实的保障和后盾；自下而上地看，我国现有的海洋科技人才、平台、储备为继续发展海洋科学提供了扎实的基础。但也应警醒，挑战依然存在，我国海洋科学仍然面临着影响力不够高、技术被"卡脖子"、原创性引领性的科学理论较欠缺等问题，有待在未来解决。

二、海洋科学发展面临的挑战

海洋科学是一门跨越广泛时间与空间范围、跨越几乎所有学科方向、跨越从分秒到亿年的综合时间尺度、与技术方法紧密结合的综合性学科，是一个"大科学"。依照传统的划分，海洋科学在我国依然属于地球科学的一个二级学科；然而在海洋科技发达国家，海洋与大气科学是与固体地球科学相并列的同一级学科。在新时代建设海洋强国、建设科技强国的目标下，我国海洋科学的发展需要打开视野、深化思维、加强交叉，因此对于我国海洋科技而言是一个创新性、开拓性的全面挑战。

1. 瞄准国家和社会发展需求

历史上，中国是一个大陆型国家，我国的历史沿革和文化建成的内核主要来自于中原文明及其与草原、高原、西域文明间的相互作用；与此同时，海洋也扮演着中华文明向外辐散影响东亚、东南亚文明进程的通道作用。近百年来，我国的历史进程才转向为受自海洋而来的力量所主导，其中包括早期来自海洋的冲击，也包括改革开放以来立足海洋和国际交流的大发展。因此，我国未来的发展离不开海洋，而海洋科技的发展也服务于国家需求和社会发展的需要。我国海洋科技的发展，首先需设立远大目标，面向世界科技前沿和重大基础科学问题提出"中国学派"的理论创新，服务于全人类科技进步；进而需聚焦国家战略和全人类福祉，保障国家权益和人民生命健康，服务于人类命运共同体的可持续发展；实践中需开展大科学计划、装置和工程，增强海洋智能感知、检测与预报能力；更需承担国际责任，牵头国际海洋大科学计划，在世界海洋科学发展中发挥引领作用。

2. 拓展海洋科学的时空界限

海洋科学的研究对象包罗海水本身及海水中的物质和生物，以及海洋-大气界面、海底沉积物、岩石圈、海岸带和极地等，覆盖广大的空间范围。这些要素及其相互作用复杂多样，发生于从短至分秒之下、长达百万年至亿年的不同时间尺度之上。因此，海洋科学研究覆盖着多种空间、时间尺度。例如，传统上认为海水的流通途径是"洋流"，而近年来的高精度观测和模拟表明"洋流"并不真实存在，海水流通主要依赖中-小尺度涡旋、内波等具备更小时空尺度的过程；同时，海底的小尺度地形（如海山）是决定深部海水垂向运移的根本动力来源。此外，传统认为海水中碳储库的变化可以调节大气 CO_2 浓度在万年尺度上的变化，进而足以造就气候系统的冰期、间冰期转变；近年来的研究进展则提出，海水中的溶解有机碳库可以在跨越冰期旋回的数十万年尺度上调节海洋气候系统，从更长的时间范围内决定了地球气候背景场的模态。因此，尽管传统的海洋科学研究往往囿于学科限制侧重于在单一时空尺度上开展。未来海洋科学的发展，需要穿凿海洋过程机制的时空尺度，在多学科交叉融合的基础上，建立对海洋科学要素、过程与相互作用机制的全尺度、全方位认识。

3. 深入探索海洋多圈层相互作用

海洋科学的研究范畴包含海水、海底，以及海陆和海气相互作用，同时涵盖水圈、生物圈、岩石圈和大气圈等多个地球系统的圈层。当前，人类活动造成的地球环境变化已经逐步显现，从地质历史和海洋过程的角度看，这些人为活动的影响不仅限于大气、地表和海洋表层，同时与海洋内部、大气圈、冰冻圈、岩石圈、生物圈等发生着深刻的互动。例如，碳在海洋与大气以及冰冻圈、生物圈、岩石圈等多个圈层之间的迁移和变化，很大程度上仍然没有确切的认识，更遑论其跨越时间尺度的变化与气候演变之间的关联，从而严重限制了我们对未来气候演变的预测。因此，未来我国海洋科学的发展，必然需要侧重多圈层相互作用的研究，以海洋为切入点探索地球系统多圈层间相互作用的规律、动力和机制，从而真正解答海洋与地球的奥秘，为建设宜居行星地球提供科学理论依据。

4. 协同推进海洋科学与技术

科学研究和技术研发的脱节，一直是我国海洋科技面临的一大困境。科学研究创新的基础在于技术手段的革新，而技术研发进展的动力既来自科学的需求，也来自科学前沿的实际应用。然而我国科学研究和技术开发之间相互促进的效应仍远远未能有效激发。伴随着我国海洋领域技术能力的不断提升，深海无人和载人潜水器、水下自主观测设备、海底观测网系统、遥感和导航卫星体系等技术日新月异地发展和优化，已经为我国海洋科学研究提供了扎实的技术基础。与此同时，海洋科学的应用也需要"反哺"技术进步，刺激我国自主生产、制造、建造各种高精尖和重型海上设备的能力不断提升，真正使得海洋科学与技术协同进步。当前，对海洋中发生的多尺度、跨圈层的过程和相互作用的认识仍然有限，最关键的限制因素就在于缺乏相应的传感器技术、观测设备以及海洋原位的连续观测数据记录，只有长足推进海洋科学与技术的协同发展，才有望解决这些技术困境，实现海洋科学的新突破。此外，海洋科技与军方的需求息息相关，同时具备很大的民用需求，因此是开展军民融合的典型领域，应该强调"寓军于民"，加大军民融合框架下的海洋科技研究。

5. 立足海洋开展多学科交叉

海洋科学的研究内容涉及数学、物理、化学、生物、地质、大气等基础自然科学学科门类，海洋科学的需求与应用则涉及信息与通信、计算机、机械、光学、材料等应用工程科学学科门类。更拓展地来看，海洋科学与水产渔业、考古和历史、政治、经济、军事等其他人文学科也具备紧密的潜在联系。我国海洋科学历史上相对薄弱，当前的现状仍仅相对局限于自然科学研究，不论是与地球科学其他方向或是与更广泛的其他科学领域之间的交叉、碰撞与结合还有巨大的拓展空间。例如，现在对海洋变化及其灾害效应的预测能力仍然非常薄弱，这不仅限制我们对台风、强对流、地震等极端事件的应对，对如洋流、风场等海洋过程的模拟能量的不足也极大地限制着海船航渡、渔业捕捞、海上钻井平台等的日常工作，这就提示我们需要综合开展海洋、物理、数学、计算机、卫星通信等多学科的交叉研究，提升我国海洋模拟和预报能力。一方面，通过在广博的范围内开展学科交叉，有利于海洋科学自身的演进与发展，提升海洋科学内部的深度与广度；另一方面，通过跨学科的交叉，有利于站在科学成果之上提升我国其他诸学科、全国民乃至国家文化的海洋组分。

本章参考文献

戴洪磊, 牟乃夏, 王春玉, 等 . 2014. 我国海洋浮标发展现状及趋势 . 气象水文海洋仪器, 31(2):118-121, 125.

高抒 . 2005. 美国《洋陆边缘科学计划 2004》述评 . 海洋地质与第四纪地质, 25(1):119-123.

何贤强, 白雁, 张丰, 等 . 2000. 基于遥感与现场比对的陆源碳入海动态监测关键技术及应用示范研究 .https://kns.cnki.net/kcms/detail/detail.aspx?dbcode=SNAD&dbname=SNAD&filename=SNAD000001843595&uniplatform=NZKPT&v=TjRX_0fSS4uG0EeoFkhOaK7tRww_xx2Cle7OLQi4nKUSMk74UtoinJ_aJ-XpGhwMNLyl7MOaves%3d[2020-4-20].

侯雪燕, 洪阳, 张建民, 等 . 2017. 海洋大数据: 内涵、应用及平台建设 . 海洋通报, 36(4):361-369.

黄邦钦, 邱勇, 陈纪新 . 2019. 海洋生物泵研究的若干新进展与展望 . 应用海洋学学报, 38(4):474-483.

黄奇瑜 . 2017. 台湾岛的年龄 . 中国科学: 地球科学, 47(4):394-405.

姜晓轶, 潘德炉. 2018. 谈谈我国智慧海洋发展的建议. 海洋信息, 33(1):1-6.

冷疏影, 朱晟君, 李薇, 等. 2018. 从"空间"视角看海洋科学综合发展新趋势. 科学通报, 63(31):3167-3183.

刘帅, 陈戈, 刘颖洁, 等. 2020. 海洋大数据应用技术分析与趋势研究. 中国海洋大学学报(自然科学版), 50(1):154-164.

钱程程, 陈戈. 2018. 海洋大数据科学发展现状与展望. 中国科学院院刊, 33(8):884-891.

苏奋振, 吴文周, 平博, 等. 2014. 海洋地理信息系统研究进展. 海洋通报, 33(4):361-370.

汪品先. 2005. 新生代亚洲形变与海陆相互作用. 地球科学(中国地质大学学报), 30:1-18.

汪品先. 2006. 低纬过程的轨道驱动. 第四纪研究, 26(5):694-701.

汪品先. 2019. 深水珊瑚林. 地球科学进展, 34(12):1222-1233.

吴立新. 2018a. 建设海洋强国离不开海洋科技. 中国科技奖励, (2):6.

吴立新. 2018b. 应进一步强化海洋科技创新支撑引领作用. 中国船检, (3):20-21.

吴新荣, 王喜冬, 李威, 等. 2015. 海洋数据同化与数据融合技术应用综述. 海洋技术, 34(3):97-103.

许建平, 刘增宏, 孙朝辉, 等. 2008. 全球 Argo 实时海洋观测网全面建成. 海洋技术, 27(1):68-70.

杨守业. 2006. 亚洲主要河流的沉积地球化学示踪研究进展. 地球科学进展, 21(6):648-655.

杨守业, 韦刚健, 石学法. 2015. 地球化学方法示踪东亚大陆边缘源汇沉积过程与环境演变. 矿物岩石地球化学通报, 34(5):902-910.

张传伦, 孙军, 刘纪化, 等. 2019. 海洋微型生物碳泵理论的发展与展望. 中国科学:地球科学, 49(12):1933-1944.

郑洪波, 汪品先, 刘志飞, 等. 2008. 东亚东倾地形格局的形成与季风系统演化历史寻踪——综合大洋钻探计划 683 号航次建议书简介. 地球科学进展, 23(11):1150-1160.

中国科学院文献情报中心. 2020. 海洋科学 SCI 论文发展态势分析(2005—2019 年).

Bi H, Yang Q, Liang X, et al. 2019. Contributions of advection and melting processes to the decline in sea ice in the Pacific sector of the Arctic Ocean. Cryosphere, 13(5):1423-1439.

Bi L, Yang S, Li C, et al. 2015. Geochemistry of river-borne clays entering the East China Sea indicates two contrasting types of weathering and sediment transport processes. Geochemistry, Geophysics, Geosystems, 16(9):3034-3052.

Blattmann T M, Liu Z, Zhang Y, et al. 2019. Mineralogical control on the fate of continentally derived organic matter in the ocean. Science, 366(Nov.8 TN.6466):742-745.

Breitburg D, Levin L A, Oschlies A, et al. 2018. Declining oxygen in the global ocean and coastal waters. Science, 359:46.

Cai R, Zhou W, He C, et al. 2019. Microbial processing of sediment-derived dissolved organic matter:Implications for its subsequent biogeochemical cycling in overlying seawater. Journal of Geophysical Research:Biogeosciences, 124(11):3479-3490.

Cai W, Chen L, Chen B, et al. 2010. Decrease in the CO_2 uptake capacity in an ice-free Arctic Ocean basin. Science, 329(Jul.30 TN.5991):556-559.

Cai W, Wang G, Dewitte B, et al. 2018. Increased variability of Eastern Pacific El Niño under greenhouse warming. Nature, 564(7735):201-206.

Cai W, Wu L, Lengaigne M, et al. 2019. Pantropical climate interactions. Science, 363(6430):eaav4236.

Cao L, Shao L, Qiao P, et al. 2018. Early Miocene birth of modern Pearl River recorded low-relief, high-elevation surface formation of SE Tibetan Plateau. Earth and Planetary Science Letters, 496(1):120-131.

Chang F, Dean J, Ghemawat S, et al. 2008. Bigtable:A distributed storage system for structured data. ACM Transactions on Computer Systems(TOCS), 26(2):1-26.

Chen G, Li B, Tian F, et al. 2012. Design and implementation of a 3D ocean virtual reality and visualization engine. Journal of Ocean University of China, 11(4):481-487.

Chen X, Tung K K. 2014. Varying planetary heat sink led to global warming slowdown and acceleration. Science, 345 (6199):897-903.

Chen X, Tung K K. 2018. Global surface warming enhanced by weak Atlantic overturning circulation. Nature, 559 (7714):387-391.

Chen X, Zhang X, Church J A, et al. 2017. The increasing rate of global mean sea-level rise during 1993-2014. Nature Climate Change, 7(7):492-495.

Cheng C, Jenkins A, Holland P R, et al. 2019. Responses of sub-ice platelet layer thickening rate and frazil-ice concentration to variations in ice-shelf water supercooling in McMurdo Sound, Antarctica. Cryosphere, 13(1):265-280.

Cheng C, Wang Z, Liu C, et al. 2017. Vertical modification on depth-integrated ice shelf water plume modeling based on an equilibrium vertical profile of suspended frazil ice concentration. Journal of Physical Oceanography, 47(11):2773-2792.

Cheng H, Edwards R L, Sinha A, et al. 2016. The Asian monsoon over the past 640 000 years and ice age terminations. Nature, 534(7609):640-648.

Cheng L, Abraham J, Hausfather Z, et al. 2019. How fast are the oceans warming?. Science, 363(6423):128-129.

Cheng L, Trenberth K E, Fasullo J, et al. 2017. Improved estimates of ocean heat content from 1960 to 2015. Science Advances, 3(3):e1601545.

Dai M, Cao Z, Guo X, et al. 2013. Why are some marginal seas sources of atmospheric CO_2?. Geophysical Research Letters, 40(10):2154-2158.

Dang H, Jian Z, Bassinot F, et al. 2012. Decoupled Holocene variability in surface and thermocline water temperatures of the Indo-Pacific Warm Pool. Geophysical Research Letters, 39(1):L01701(1-5).

Dang H, Wu J, Xiong Z, et al. 2020a. Orbital and sea-level changes regulate the iron-associated sediment supplies from Papua New Guinea to the equatorial Pacific. Quaternary Science Reviews, 239:106361.

Dang H, Jian Z, Wang Y, et al. 2020b. Pacific warm pool subsurface heat sequestration modulated Walker circulation and ENSO activity during the Holocene. Science advances, 6(42):eabc0402.

Dang H, Jian Z, Wu J, et al. 2018. The calcification depth and Mg/Ca thermometry of Pulleniatina obliquiloculata in the tropical Indo-Pacific:A core-top study. Marine Micropaleontology, 145:28-40.

Deng K, Yang S, Li C, et al. 2017. Detrital zircon geochronology of river sands from Taiwan:Implications for sedimentary provenance of Taiwan and its source link with the east China mainland. Earth-Science Reviews, 164:31-47.

Ding W, Sun Z, Dadd K, et al. 2018. Structures within the oceanic crust of the central South China Sea basin and their implications for oceanic accretionary processes. Earth and Planetary Science Letters, 488:115-125.

Dong L, Liu Y, Shi X, et al. 2017. Sedimentary record from the Canada Basin, Arctic Ocean:Implications for late to middle Pleistocene glacial history. Climate of the Past, 13(5):511-531.

Dong L, Polyak L, Liu Y, et al. 2020. Isotopic fingerprints of ice-rafted debris offer new constraints on Mid to Late Quaternary Arctic circulation and glacial history. Geochemistry, Geophysics, Geosystems, 21(8):e2020GC009019.

Dong Y, Liao M, Meng X, et al. 2018. Structural flexibility and protein adaptation to temperature:Molecular dynamics analysis of malate dehydrogenases of marine molluscs. Proceedings of the National Academy of Sciences, 115(6):1274-1279.

Du Z, Fang L, Bai Y, et al. 2015. Spatio-temporal visualization of air-sea CO_2 flux and carbon budget using volume rendering. Computers & Geosciences, 77(Apr.):77-86.

Du Z, Qin M, Zhang F, et al. 2018. Multistep-ahead forecasting of chlorophyll a using a wavelet nonlinear autoregressive network. Knowledge-Based Systems, 160(15):61-70.

Du Z, Zhao X, Ye X, et al. 2017. An effective high-performance multiway spatial join algorithm with spark. ISPRS International Journal of Geo-Information, 6(4):96.

Fan C, Xia S, Zhao F, et al. 2017. New insights into the magmatism in the northern margin of the South China Sea:Spatial features and volume of intraplate seamounts. Geochemistry, Geophysics, Geosystems, 18(6):2216-2239.

Fan J, Shen S, Erwin D H, et al. 2020. A high-resolution summary of Cambrian to Early Triassic marine invertebrate biodiversity. Science, 367(6475):272-277.

Feely R A, Boutin J, Cosca C E, et al. 2002. Seasonal and interannual variability of CO_2 in the equatorial Pacific. Deep-Sea Research II, 49(13-14):2443-2469.

Gao K, Beardall J, Hader D P, et al. 2019. Effects of ocean acidification on marine photosynthetic organisms under the concurrent influences of warming, UV radiation and deoxygenation. Frontiers in Marine Science, 6:322.

Gao K, Xu J, Gao G, et al. 2012. Rising CO_2 and increased light exposure synergistically reduce marine primary productivity. Nature Climate Change, 2(7):519-523.

Geng L, Murray L T, Mickley L J, et al. 2017. Isotopic evidence of multiple controls on atmospheric oxidants over climate transitions. Nature, 543(7656):133-136.

Guo S, Sun J, Zhao Q, et al. 2016. Sinking rates of phytoplankton in the Changjiang(Yangtze River) estuary:A comparative study between *Prorocentrum* dentatum and *Skeletonema* dorhnii bloom. Journal of Marine Systems, 154(A):5-14.

Guo Y, Yang S, Su N, et al. 2018. Revisiting the effects of hydrodynamic sorting and sedimentary recycling on chemical weathering indices. Geochimica et Cosmochimica Acta, 227(1):48-63.

Ham Y G, Kim J H, Luo J J. 2019. Deep learning for multi-year ENSO forecasts. Nature, 573(7775):568.

Hong H Z, Shen R, Zhang F T, et al. 2017. The complex effects of ocean acidification on the prominent N2-fixing cyanobacterium *Trichodesmium*. Science, 356(6337):527-531.

Hou B, Li X, Ma X. 2017. The cost of corrosion in China. npj Materials Degradation, 1(1):1-10.

Hu D, Wu L, Cai W, et al. 2015. Pacific western boundary currents and their roles in climate.

Nature, 522(7556):299-308.

Huang C Y, Wang P, Yu M, et al. 2019. Potential role of strike-slip faults in opening up the South China Sea. National Science Reviews, 6(5):891-901.

Huang D, Zhao D, Wei L, et al. 2015. Modeling and analysis in marine big data:Advances and challenges. Mathematical Problems in Engineering, 2015(11):384742.1-384742.13.

Huang E, Wang P, Wang Y, et al. 2020. Dole effect as a measurement of the low-latitude hydrological cycle over the past 800 ka. Science advances, 6(41):eaba4823.

Jia F, Cai W, Wu L, et al. 2019. Weakening Atlantic Niño-Pacific connection under greenhouse warming. Science Advances, 5(8):eaax4111.

Jia F, Cai W, Gan B, et al. 2021. Enhanced North Pacific impact on El Nino/Southern Oscillation under greenhouse warming. Nature Climate Change, 11(10):840-847.

Jian S, Zhang H, Zhang J, et al. 2018. Spatiotemporal distribution characteristics and environmental control factors of biogenic dimethylated sulfur compounds in the East China Sea during spring and autumn. Limnology and Oceanography, 63(S1):S280-S298.

Jian Z, Jin H, Kaminski M. A, et al. 2019. Discovery of the marine Eocene in the northern South China Sea. National Science Reviews, 6(5):881-886.

Jian Z, Tian J, Sun X. 2009. Upper Water Structure and Paleo-Monsoon//Wang P, Li Q. The South China Sea:Paleoceanography and Sedimentology. Berlin:Springer Publishing:297-394.

Jian Z, Wang Y, Dang H, et al. 2020. Half-precessional cycle of thermocline temperature in the western equatorial Pacific and its bihemispheric dynamics. Proceedings of the National Academy of Sciences, 117(13):7044-7051.

Jiao N, Liang Y, Zhang Y, et al. 2018a. Carbon pools and fluxes in the China Seas and adjacent oceans. Science China Earth Sciences, 61(11):1535-1563.

Jiao N, Cai R, Zheng Q, et al. 2018b. Unveiling the enigma of refractory carbon in the ocean. National Science Review, 5(4):459-463.

Jiao N, Herndl G J, Hansell D A, et al. 2010. Microbial production of recalcitrant dissolved organic matter:Long-term carbon storage in the global ocean. Nature Reviews Microbiology, 8:593-599.

Jiao N, Herndl G J, Hansell D A, et al. 2011. The microbial carbon pump and the oceanic recalcitrant dissolved organic matter pool. Nature Reviews Microbiology, 9(7):555.

Jin P, Wang T, Liu N, et al. 2015. Ocean acidification increases the accumulation of toxic phenolic compounds across trophic levels. Nature Communication, 6:8714.

Larsen H C, Mohn G, Nirrengarten M, et al. 2018. Rapid transition from continental breakup to igneous oceanic crust in the South China Sea. Nature Geoscience, 11(10):782-789.

Le Quéré C, Raupach M R, Canadell J G, et al. 2009. Trends in the sources and sinks of carbon dioxide. Nature Geoscience, 2(12):831-836.

Lei R, Li N, Heil P, et al. 2014. Multiyear sea-ice thermal regimes and oceanic heat flux derived from an ice mass balance buoy in the Arctic Ocean. Journal of Geophysical Research-Oceans, 119(1):537-547.

Lei R, Li Z, Cheng B, et al. 2010. Annual cycle of landfast sea ice in Prydz Bay, East Antarctica. Journal of Geophysical Research-Oceans, 115(C2):1-15.

Lei R, Li Z, Cheng Y, et al. 2009. A new apparatus for monitoring sea ice thickness based on the Magnetostricitive-Delay-Line principle. Journal of Atmospheric and Oceanic Technology, 26(4):818-827.

Li B, Jian Z, Wang P. 1997. Pulleniatina obliquiloculata as a paleoceanographic indicator in the southern Okinawa Trough during the last 20000 years. Marine Micropaleontology, 32(1-2):59-69.

Li C, Jian Z, Jia G, et al. 2019. Nitrogen fixation changes regulated by upper-water structure in the South China Sea during the last two glacial cycles. Global Biogeochemical Cycles, 33(8):1010-1025.

Li C, Xu X, Lin J, et al. 2014. Ages and magnetic structures of the South China Sea constrained by deep tow magnetic surveys and IODP Expedition 349. Geochemistry, Geophysics, Geosystems, 15(12):4958-4983.

Li C, Yang S, Zhao J X, et al. 2016. The time scale of river sediment source-to-sink processes in East Asia. Chemical Geology, 446:138-146.

Li F, Beardall J, Collins S, et al. 2017. Decreased photosynthesis and growth with reduced respiration in the model diatom Phaeodactylum tricornutum grown under elevated CO_2 over 1800 generations. Global Change Biology, 23(1):127-137.

Li J, Wang P. 2019. Discovery of deep-water bamboo coral forest in the South China Sea. Scientific Reports, 9(1):1-5.

Li J, Mara P, Schubotz F, et al. 2020. Recycling and metabolic flexibility dictate life in the lower oceanic crust. Nature, 579(7798):250-255.

Li S, Wu L, Yang Y, et al. 2020. The Pacific Decadal Oscillation Less Predictable under greenhouse warming. Nature Climate Change, 10(1):30-34.

Li T, Robinson L F, Chen T, et al. 2020. Rapid shifts in circulation and biogeochemistry of the Southern Ocean during deglacial carbon cycle events. Science Advances, 6(42):eabb3807.

Lin J, Xu Y, Sun Z, et al. 2019. Mantle upwelling beneath the South China Sea and links to surrounding subduction systems. National Science Reviews, 6(5):877-881.

Lin Q, Fan S, Zhang Y, et al. 2016. The seahorse genome and the evolution of its specialized morphology. Nature, 540(7633):395-399.

Lin S, Cheng S, Song B, et al. 2015. The Symbiodinium kawagutii genome illuminates dinoflagellate gene expression and coral symbiosis. Science, 350(6261):691-694.

Liu C, Wang Z, Cheng C, et al. 2017. Modeling modified circumpolar deep water intrusions onto the Prydz Bay continental shelf, East Antarctica. Journal of Geophysical Research-Oceans, 122(7):5198-5217.

Liu C, Wang Z, Cheng C, et al. 2018. On the modified circumpolar deep water upwelling over the Four Ladies Bank in Prydz Bay, East Antarctica. Journal of Geophysical Research-Oceans, 123(11):7819-7838.

Liu J, Zheng Y, Lin H, et al. 2019. Proliferation of hydrocarbon-degrading microbes at the bottom of the Mariana Trench. Microbiome, 7(1):1-13.

Liu Y, Qiu M, Liu C, et al. 2017. Big data challenges in ocean observation:A survey. Personal and Ubiquitous Computing, 21(1):55-65.

Liu Z, Zhao Y, Colin C, et al. 2016. Source-to-Sink transport processes of fluvial sediments in the South China Sea. Earth-Science Reviews, 153:238-273.

Luo Y W, Shi D, Kranz S A, et al. 2019. Reduced nitrogenase efficiency dominates response of the globally important nitrogen fixer Trichodesmium to ocean acidification. Nature Communications, 10(1):1521.

Ma W, Tian J, Li Q, et al. 2011. Simulation of long eccentricity(400-kyr) cycle in ocean carbon reservoir during Miocene Climate Optimum:Weathering and nutrient response to orbital change. Geophysical Research Letters, 38(10):1-5.

Ma W, Wang P, Tian J. 2017. Modeling 400-500-kyr Pleistocene carbon isotope cyclicity through variations in the dissolved organic carbon pool. Global and Planetary Change, 152:187-198.

Ma X, Jing Z, Chang P, et al. 2016. Western boundary currents regulated by interaction between ocean eddies and the atmosphere. Nature, 535(7613):533-537.

Ma X, Tian J, Ma W, et al. 2018. Changes of deep Pacific overturning circulation and carbonate chemistry during middle Miocene East Antarctic ice sheet expansion. Earth and Planetary Science Letters, 484(1):253-263.

Pang H, Hou S, Landais A, et al. 2015. Spatial distribution of 17O-excess in surface snow along a traverse from Zhongshan station to Dome A, East Antarctica. Earth and Planetary Science Letters, 414(1):126-133.

Pang H, Hou S, Landais A, et al. 2019. Influence of summer sublimation on δD, δ18O and δ17O in precipitation, East Antarctica, and implications for climate reconstruction from ice cores. Journal of Geophysical Research -Atmospheres, 124(13):7339-7358.

Qi Y, Fu W, Tian J, et al. 2020. Dissolved black carbon is not likely a significant refractory organic carbon pool in rivers and oceans. Nature Communications, 11(1):5051.

Qin M, Li Z, Du Z. 2017. Red tide time series forecasting by combining ARIMA and deep belief network. Knowledge-Based Systems, 125:39-52.

Qiu D, Huang L, Lin S. 2016. Cryptophyte farming by symbiotic ciliate host detected in situ. Proceedings of the National Academy of Sciences, 113(43):12208-12213.

Qiu Y, Laws E A, Wang L, et al. 2018. The potential contributions of phytoplankton cells and zooplankton fecal pellets to POC export fluxes during a spring bloom in the East China Sea. Continental Shelf Research, 167:32-45.

Reichstein M, Camps-Valls G, Stevens B, et al. 2019. Deep learning and process understanding for data-driven Earth system science. Nature, 566(7743):195-204.

Riser S C, Freeland H J, Roemmich D, et al. 2016. Fifteen years of ocean observations with the global Argo array. Nature Climate Change, 6(2):145-153.

Sabine C L, Feely R A, Gruber N, et al. 2004. The oceanic sink for anthropogentc CO_2. Science, 305(5682): 367-371.

Seibold E, Berger W. 2017. The Sea Floor: An Introduction to Marine Geology. Berlin, Heidelberg: Springer.

Shao L, Cui Y, Stattegger K, et al. 2019. Drainage control of Eocene to Miocene sedimentary records in the southeastern margin of Eurasian Plate. Geological Society of America Bulletin, 131(3-4):461-478.

Shi D L, Kranz S A, Kim J M, et al. 2012. Ocean acidification slows nitrogen fixation and growth in the dominant diazotroph Trichodesmium under low-iron conditions. Proceedings of the National Academy of Sciences of the United States of America, 109(45):18255-18256.

Shi G, Buffen A M, Hastings M G, et al. 2015. Investigation of post-depositional processing of nitrate in East Antarctic snow:Isotopic constraints on photolytic loss, re-oxidation, and source inputs. Atmospheric Chemistry and Physics, 15(16):9435-9453.

Smith L C, Yang K, Pitcher L H, et al. 2017. Direct measurements of meltwater runoff on the Greenland ice sheet surface. PNAS, 114(50):E10622-E10631.

Song J, Xie H, Feng Y. 2018. Correlation analysis method for ocean monitoring big data in a cloud environment. Journal of Coastal Research, SP1(82):24-28.

Su N, Yang S, Xie X. 2018. Typhoon-enhanced silicon and nitrogen exports in a mountainous catchment. Journal of Geophysical Research:Biogeosciences, 123(7):2270-2286.

Sun B, Moore J C, Zwinger T, et al. 2014. How old is the ice beneath Dome A, Antarctica?. The Cryosphere, 8(3):1121-1128.

Sun B, Siegert M J, Mudd S. M, et al. 2009. The Gamburtsev mountains and the origin and early evolution of the Antarctic ice sheet. Nature, 459(7247):690-693.

Sun J, Zhang Y, Xu T, et al. 2017. Adaptation to deep-sea chemosynthetic environments as revealed by mussel genomes. Nature Ecology & Evolution, 1(5):1-7.

Sun Z, Lin J, Qiu N, et al. 2019. The role of magmatism in the thinning and breakup of the South China Sea continental margin. National Science Reviews, 6(5):871-876.

Takahashi T, Sutherland S C, Sweeney C, et al. 2002. Global sea-air CO_2 flux based on climatological surface ocean pCO_2, and seasonal biological and temperature effects. Deep-Sea Research II, 49(9-10):1601-1622.

Takahashi T, Sutherland S C, Wanninkhof R, et al. 2009. Climatological mean and decadal change in surface ocean pCO_2, and net sea-air CO_2 flux over the global oceans. Deep-Sea Research II, 56(8-10):554-577.

Tan E, Zou W, Zheng Z, et al. 2020. Warming stimulates sediment denitrification at the expense of anammox. Nature Climate Change, 10(4):349-355.

Tang X, Sun B, Guo J, et al. 2015. A Freeze-on ice zone along the Zhongshan-Kunlun Ice Sheet profile from a new ground-based ice-penetrating radar. Science Bulletin, 60(5):574-576.

Tian J, Ma X, Zhou J, et al. 2018. Paleoceanography of the east equatorial Pacific over the past 16 Myr and Pacific-Atlantic comparison:High resolution benthic foraminiferal δ 18O and δ 13C records at IODP Site U1337. Earth and Planetary Science Letters, 499:185-196.

Tian J, Xie X, Ma W, et al. 2011. X-ray fluorescence core scanning records of chemical weathering and monsoon evolution over the past 5 Myr in the southern South China Sea. Paleoceanography, 26(4):1-17.

Tong S, Gao K, Hutchins D A. 2018. Adaptive evolution in the coccolithophore Gephyrocapsa oceanica following 1, 000 generations of selection under elevated CO_2. Global Change Biology, 24(7):3055-3064.

Vora M N. 2011. Hadoop-HBase for large-scale data. Harbin, China:Proceedings of 2011 International Conference on Computer Science and Network Technology.

Wan S, Jian Z. 2014. Deep water exchanges between the South China Sea and the Pacific since the last glacial period. Paleoceanography, 29(12):1162-1178.

Wan S, Jian Z, Gong X, et al. 2020. Deep water $[CO_3^{2-}]$ and circulation in the South China Sea over the last glacial cycle. Quaternary Science Reviews, 243:106499.

Wan X, Sheng H, Dai M, et al. 2018. Ambient nitrate switches the ammonium consumption pathway in the euphotic ocean. Nature Communications, 9(1):1-9.

Wang K, Shen Y, Yang Y, et al. 2019. Morphology and genome of a snailfish from the Mariana Trench provide insights into deep-sea adaptation. Nature Ecology & Evolution, 3(5): 823-833.

Wang L, Huang B, Laws E A, et al. 2018. Anticyclonic eddy edge effects on *Phytoplankton* communities and particle export in the Northern South China Sea. Journal of Geophysical Research:Oceans, 123(11):7632-7650.

Wang P, Huang C Y, Lin J, et al. 2019. The South China Sea is not a mini-Atlantic:Plate-edge rifting vs intra-plate rifting. National Science Reviews, 6(5):902-913.

Wang P, Wang B, Cheng H, et al. 2014a. The global monsoon across timescales:Coherent variability of regional monsoons. Climate of the Past, 10(6):2007-2052.

Wang P, Li Q, Tian J, et al. 2014b. Long-term cycles in the carbon reservoir of the Quaternary ocean:A perspective from the South China Sea. National Science Reviews, 1(1):119-143.

Wang P, Li Q, Tian J, et al. 2016. Monsoon influence on planktic d18O records from the South China Sea. Quaternary Science Reviews, 142:26-39.

Wang P, Tian J, Cheng X, et al. 2003. Carbon reservoir changes preceded major ice-sheet expansion at the mid-Brunhes event. Geology, 31(3):239-242.

Wang P, Tian J, Lourens L J. 2010. Obscuring of long eccentricity cyclicity in Pleistocene oceanic carbon isotope records. Earth and Planetary Science Letters, 290(3-4):319-330.

Wang P, Wang B, Cheng H, et al. 2017. The global monsoon across time scales:Mechanisms and outstanding issues. Earth-Science Reviews, 174(1):84-121.

Wang Q, Li J, Jin F, et al. 2019. Tropical cyclones act to intensify El Niño. Nature Communications, 10(1):1-13.

Wang S, Zhang J, Jiao W, et al. 2017. Scallop genome provides insights into evolution of bilaterian karyotype and development. Nature Ecology & Evolution, 1(5):1-12.

Wang T, Sun B, Tang X, et al. 2016. Spatio-temporal variability of past accumulation rates inferred from isochronous layers at Dome A, East Antarctica. Annals of Glaciology, 57(73):87-93.

Wang Y, Ding M, van Wessem J M, et al. 2016. A comparison of Antarctic ice sheet surface mass balance from atmospheric climate models and in situ observations. Journal of Climate, 29(14):5317-5337.

Wang Y, Yuan X, Bi H, et al. 2019. The Contributions of Winter Cloud Anomalies in 2011 to the Summer Sea-Ice Rebound in 2012 in the Antarctic. Journal of Geophysical Research:Atmospheres, 124(6):3435-3447.

Webster P J. 1994. The role of hydrological processes in ocean-atmosphere interactions. Reviews of Geophysics, 32(4):427-476.

Weiskopf D, Schramm F, Erlebacher G, et al. 2005. Particle and texture based spatiotemporal visualization of time-dependent vector fields:VIS 05. Minneapolis, MN, USA:IEEE Visualization, 2005. IEEE:639-646.

Westerhold T, Marwan N, Drury A J, et al. 2020. An astronomically dated record of Earth's climate and its predictability over the last 66 million years. Science, 369(6509):1383-1387.

Wu B, Lin X, Yu L. 2020. North Pacific subtropical mode water controlled by the Atlantic Multi-Decadal Variability. Nature Climate Change, 10(3):238-243.

Wu L, Cai W, Zhang L, et al. 2012. Enhanced warming over the global subtropical western boundary currents. Nature Climate Change, 2(3):161-166.

Wu L, Jing Z, Riser S, et al. 2011. Seasonal and spatial variations of Southern Ocean diapycnal mixing from Argo profiling floats. Nature Geoscience, 4(6):363-366.

Wu L, Wilson D J, Wang R J, et al. 2021. Late Quaternary dynamics of the Lambert Glacier-Amery Ice Shelf system, East Antarctica. Quaternary Science Reviews, 252(15):106738.

Wu S, Chen W, Huang X, et al. 2020. Facies model on the modern isolated carbonate platform in the Xisha Archipelago, South China Sea. Marine Geology, 425:106203.

Wu S, Zhang X, Yang Z, et al. 2016. Spatial and temporal evolution of Cenozoic carbonate platforms on the continental margins of the South China Sea:Responses to opening of the ocean basin. Interpretations, 4(3):1-19.

Xiao W, Liu X, Irwin A J, et al. 2018. Warming and eutrophication combine to restructure diatoms and dinoflagellates. Water Research, 128:206-216.

Xie W, Wang F P, Guo L, et al. 2011. Comparative metagenomics of microbial communities inhabiting deep-sea hydrothermal vent chimneys with contrasting chemistries. The ISME Journal, 5:414-426.

Xing J, Song J, Yuan H, et al. 2017. Fluxes, seasonal patterns and sources of various nutrient species(nitrogen, phosphorus and silicon)in atmospheric wet deposition and their ecological effects on Jiaozhou Bay, North China. Science of the Total Environment, 576:617-627.

Xu J, Holbourn A, Kuhnt W, et al. 2008. Changes in the thermocline structure of the Indonesian outflow during Terminations I and II. Earth and Planetary Science Letters, 273(1-2):152-162.

Xu J, Kuhnt W, Holbourn A, et al. 2010. Indo-Pacific Warm Pool variability during the Holocene and Last Glacial Maximum. Paleoceanography, 25(4):1-16.

Xu L, Li P, Xie S, et al. 2016. Observing mesoscale eddy effects on mode-water subduction and transport in the North Pacific. Nature Communications, 7(1):10505.

Xu Y. 2019. Two distinct mantle convection systems and reservoirs in the West Pacific. Acta Geologica Sinica, 93(Suppl 1):31.

Yang S, Bi L, Li C, et al. 2015. Major sinks of the Changjiang(Yangtze River)-derived sediments in the East China Sea during the late Quaternary. Geological Society, London, Special Publications, 429(1):137-152.

Yang S, Lv Y, Liu X, et al. 2020. Genomic and enzymatic evidence of acetogenesis by anaerobic methanotrophic archaea. Nature Communications, 11(1):3941.

Ye L, Zhang W, Wang R, et al. 2020. Ice events along the East Siberian continental margin during the last two glaciations:Evidence from clay minerals. Marine Geology, 428:106289.

Yu T, Wu W, Liang W, et al. 2018. Growth of sedimentary Bathyarchaeota on lignin as an energy source. Proceedings of the National Academy of Sciences, 115(23):6022-6027.

Zeebe R E, Wolf-Gladrow D. 2001. CO_2 in Seawater:Equilibrium, Kinetics, Isotopes. Amsterdam:Elsevier.

Zhang C, Dang H, Azam F, et al. 2018. Evolving paradigms in biological carbon cycling in the ocean. National Science Review, 5(4):481-499.

Zhang F, Mao R, Du Z, et al. 2019. Spatial and temporal processes visualization for marine environmental data using particle system. Computers & Geosciences, 127:53-64.

Zhang T, Ju L, Leng W, et al. 2015. Thermomechanically coupled modelling for land-terminating glaciers:A comparison of two-dimensional, first-order and three-dimensional, full-Stokes approaches. Journal of Glaciology, 61(228):702-712.

Zhang T, Price S, Ju L, et al. 2017. A comparison of two Stokes ice sheet models applied to the Marine Ice Sheet Model Intercomparison Project for plan view models(MISMIP3d). Cryosphere, 11(1):179-190.

Zhang T, Wang R, Polyak L, et al. 2019. Enhanced deposition of coal fragments at the Chukchi margin, western Arctic Ocean:Implications for deglacial drainage history from the Laurentide Ice Sheet. Quaternary Science Reviews, 218:281-292.

Zhang W, Ding W, Li Y. X, et al. 2019. Marine biofilms constitute a bank of hidden microbial diversity and functional potential. Nature Communications, 10(1):517.

Zhang X, Yuan J, Sun Y, et al. 2019. Penaeid shrimp genome provides insights into benthic adaptation and frequent molting. Nature Communications, 10(1):356.

Zhang Y, Liu Z, Zhao Y, et al. 2018. Long-term in situ observations on typhoon-triggered turbidity currents in the deep sea. Geology, 46(8):675-678.

Zhang Y, Qin W, Hou L, et al. 2020. Nitrifier adaptation to low energy flux controls inventory of reduced nitrogen in the dark ocean. Proceedings of the National Academy of Science, 117(9):4823-4830.

Zhang Z, Qiu B, Tian J, et al. 2018. Latitude-dependent finescale turbulent shear generations in the Pacific tropical-extratropical upper ocean. Nature Communications, 9(1):4086.

Zhang Z, Wang W, Qiu B. 2014. Oceanic mass transport by mesoscale eddies. Science, 345(6194):322-324.

Zhao M, Shao L, Liang J, et al. 2015. No Red River capture since the late Oligocene:Geochemical evidence from the northwestern South China Sea. Deep-Sea Research Part II, 122:185-194.

Zhao Z, Gonsior M, Luek J, et al. 2017. Picocyanobacteria and deep-ocean fluorescent dissolved organic matter share similar optical properties. Nature Communications, 8(1):1-10.

Zheng Q, Chen Q, Cai R, et al. 2019. Molecular characteristics of microbially mediated transformations of Synechococcus-derived dissolved organic matter as revealed by incubation experiments. Environmental Microbiology, 21(7):2533-2543.

Zheng Y, Wang J, Zhou S, et al. 2020. Bacteria are important dimethylsulfoniopropionate producers in marine aphotic and high-pressure environments. Nature Communications, 11(1):4658.

Zheng Z, Zheng L, Xu M, et al. 2020. Substrate regulation leads to differential responses of microbial ammonia-oxidizing communities to ocean warming. Nature Communications, 11(1):3511.

Zhong G, Cartigny M J B, Kuang Z, et al. 2015. Cyclic steps along the south Taiwan Shoal and west Penghu submarine canyons on the northeastern continental slope of the South China Sea. Geological Society of America Bulletin, 127(5-6):804-824.

Zhou K, Dai M, Kao S J, et al. 2013. Apparent enhancement of 234Th-based particle export associated with anticyclonic eddies. Earth and Planetary Science Letters, 381:198-209.

Zhou X, Sun F, Xu S, et al. 2013. Baiji genomes reveal low genetic variability and new insights into secondary aquatic adaptations. Nature Communications, 4(1):2708.

Zhu Z Y, Zhang J, Wu Y, et al. 2011. Hypoxia off the Changjiang(Yangtze River) Estuary:Oxygen depletion and organic matter decomposition. Marine Chemistry, 125(1-4):108-116.

第四章

发展思路与发展方向

进入 21 世纪，地球科学发展到"地球系统"的新阶段，强调岩石圈、水圈、冰冻圈、大气圈和生物圈之间的相互作用。占地球表面积 2/3 的海洋是地球系统的"血液"，是连接地球各圈层的纽带，在地球系统中的地位尤为凸显。与此同时，海洋已经成为大国竞争的角力场。海洋科学肩负着国家新时代发展的历史使命，在海洋主权、海洋空间、海洋安全、海洋自然资源与能源等领域都发挥着至关重要的作用。这既为海洋科学的发展带来了前所未有的机遇，也同时对海洋科学的发展提出了新的要求。本章在总结第三章的基础上，通过凝练制约海洋科学发展的关键科学领域，提出了我国海洋科学发展的总体思路和目标，并指出了未来需要重点关注的研究方向。

2035 年前，我国海洋科学发展总体思路应围绕以下几点展开：①面向世界科技前沿，解决重大基础科学问题；②服务国家战略需求，保障国家权益和人民生命健康；③建设大科学装置、设立大科学工程，增强海洋智能感知和预测能力；④牵头国际大科学计划，引领国际海洋科学发展。

到 2035 年，我国海洋科学应当力争建立以海洋为纽带的地球系统多圈层耦合理论体系以及高分智能的全球立体综合观测、探测、模拟和预测体系，在深海地球系统及相关生命科学等领域取得一系列从 0 到 1 的重大突破，抢占国际海洋研究的制高点，实现我国海洋研究从跟跑、并跑到领跑的历史跨越，为应对全球气候变化、保障健康海洋、高效开发利用海洋资源、有效开拓深远海与极地战略新空间提供重要科学支撑，服务全球和我国气候、环境、资源等重大需求，提升我国在海洋管理和地球工程等全球事务上的话语权，支撑社会可持续发展。

第一节　推动海洋科学发展的关键科学领域

随着人口的持续增长，人类对能源、空间资源、生物资源、矿产资源、淡水资源等提出了更加迫切的需求。与此同时，随着温室气体、微塑料等污染物排放的增加，环境和生态系统正在人类活动的影响下急剧演变，地球的宜居性面临着前所未有的威胁。海洋是全球气候系统的调节器，认识海洋是理解和应对极端天气与气候变化的根本。海洋特殊的环境孕育了独有的生命系统，为生命的起源与进化、全球生态系统演替规律等重大科学命题，提供了崭新的视角和研究思路。世界能源资源勘探开发已进入海洋时代，未来能源资源将主要来源于深海；蓝色生命是"蓝色国土"的精华资源，蕴藏着不可估量的科学、经济和战略开发潜能。海岸带是人类生存的重要空间，是我国沿海经济持续发展，长三角一体化发展、长江经济带发展、粤港澳大湾区建设、黄河流域生态保护和高质量发展等重大战略实现的命脉。发展海洋科学，可催生一批重大发现和颠覆性创新，并为建立海洋命运共同体、保障人类社会的高质量可持续发展提供科学支持。

一、海洋与地球宜居性

自工业革命以来，人类因使用化石燃料造成的累计碳排放大约为 4500 亿 t，导致大气 CO_2 浓度升高、地球气候系统热量收支失衡而持续增暖。海洋由于其巨大的热容，储存了整个气候系统中超过 90% 的热量盈余；作为地球系统中最大的活动碳库，吸收了接近 30% 的人类活动排放 CO_2（Resplandy et al.,

2018；Bindoff et al.，2019；Cheng et al.，2019）。这些从根本上减少了进入大气系统的热量，从而减缓了全球变暖的速率（Meehl et al.，2011；Kosaka and Xie，2013；Liu et al.，2016；Chen and Tung，2014，2018）。海洋多尺度过程及其相互作用如何决定海洋物质能量循环，进而决定海洋对热量和 CO_2 的吸收能力？物理泵和（微）生物泵的贡献分别有多大？深海大洋对热量和 CO_2 的极限吸收能力是多少？对热量与 CO_2 的吸收如何改变海洋的动力过程和生物地球化学环境？又如何进一步影响不同时空尺度上的海平面、极端天气和水循环等变化？回答这些问题与认识未来地球的宜居性息息相关，同时也是增加我国在应对全球气候变化、部署地球工程等重大世界性事务中话语权的关键。

二、海洋与生命起源

海洋是生命的摇篮，深海热液被认为是生命起源最可能的地方（Martin et al.，2008）。海洋中保留着最完整的生物门类体系，深海、热液、潮间带等特殊生境中存在着丰富多样的生命形式，隐藏着生命起源和演化的密码（Appeltans et al.，2012）。生命进化史中许多重大事件都发生在海洋中，解码蓝色生命是破解地球生命奥秘至关重要的一环。例如，"雪球地球"之后距今 5.4 亿年前至 5.3 亿年前，发生在海洋中的"寒武纪生命大爆发"现象，被称为古生物学和地质学上的一大悬案，也被国际学术界列为"十大科学难题"之一，自达尔文以来就一直困扰着进化论等学术界（Morris，2006）。同时，海洋生物自身历经亿万年进化，形成了特色鲜明的蓝色生命现象，如基因组高多态性、环境调控性别转换、形态多样的多阶段发育过程、贝壳及鳃等特化功能性器官系统、海鞘逆行变态等独特现象（Leffler et al.，2012；Erwin，2020；Yang et al.，2020）。造成这些生命现象的编码机制和生物学过程是什么？高盐、高压、低氧、潮间带、极地以及深海深渊、热液、冷泉等海洋环境中生活的海洋生物是如何在分子、细胞、个体、群体水平适应特殊环境并繁衍生息的？海洋中丰富多样的海洋生物是如何演化的，其进化链条的形成和驱动力是什么？回答上述科学问题是揭示生命起源和演化、理解生物多样性的关键。

三、海洋可持续产出

海洋是全球资源宝库，是人类未来可持续发展的物质和能源基础。海洋富含铜、镍、钴、锰等金属元素，总储量分别高出陆地相应储量的几十倍到几千倍（李家彪等，2021），其中贵金属铂含量是地壳铂含量的 80 倍，钴元素含量是陆地原生矿钴含量的 20 倍以上，深海稀土含量是陆地的 800 倍（Hein et al.，2020；石学法等，2021）。地球上油气资源总储量约 70% 蕴藏于海洋，天然气水合物约为世界煤、石油和天然气总碳量的 2 倍。海洋同时蕴含了巨大的清洁能源，包括风能、波浪能、潮汐能、温差能和氢能等（Jansen et al.，2020），为实现碳中和提供了一个潜在的重要能源途径（Sherman et al.，2020）。海洋作为地球上最大的生态系统，为人类提供了重要的食物基础，超过 10 亿人以海洋作为主要的蛋白质来源（温特和苏纪兰，2020）。深海特有的高压、黑暗、低温、高盐等环境特点，孕育了更为丰富和新颖的、极具药物和环保价值的生物资源（Acinas et al.，2021）。深海生物比陆栖生物更具药物研究价值，是新型药物生物活性物质的源泉（Stincone and Brandelli，2020）；深海热泉生物生存环境独特，成为人类获取优秀基因和酶学资源的最重要宝库（Dick，2019）。海洋同时也是人类生存的重要空间，全球约有 40% 的人口生活在离海岸线 100km 以内的陆地上，约有 10% 的人口生活在海拔低于 10m 的区域。突破海洋矿产资源、能源和生物资源的开发与利用瓶颈，维护海洋生态系统健康，建立海岸带生态－资源－环境－社会良性耦合运作模式是实现人类社会可持续发展的关键。

四、海洋智能感知与预测

海洋信息的感知和获取是人类认识和经略海洋的基础。一方面，时空上复杂多变的海洋物理、化学和生物要素对海洋观测的精度、覆盖范围、分辨率和实时性提出了极高的要求；另一方面，海洋观测又面临着恶劣的气候条件，以及深海极端高压的环境和水下原位观测、通信、导航、能源供给等的一系列技术挑战。迄今只有不到 5% 的海洋被人类探索，而人类对 2000m 以下的深海认识更是接近于空白。海洋信息感知能力的不足对认识海洋环境、生态、气候系统演变规律造成了极大的困难；与此同时，也极大地限制了人类对海上活动和工程安全的保障能力，是人类开发利用海洋资源、能源以及拓展深远海战略空间的瓶颈问题。

准确预测预报海洋是海洋科学研究的终极目标之一，也是《联合国海洋科学促进可持续发展十年（2021—2030年）计划》的七大战略任务之一（UNESCO-IOC，2021）。当前，数值模式是开展预测预报的核心工具，但目前国际主流模式仍面临诸多严峻的科学挑战。模式分辨率的不足限制了对海洋中小尺度过程的模拟能力，占据海洋中超过70%动能的中小尺度过程在全球气候变化中的作用依然未知（Cronin et al.，2008；Wang et al.，2014）；湍流混合、海－气/流－固间物质能量交换等关键物理过程的参数化方案仍存在较大的不确定性，台风强度预报精度二十年来踟蹰不前（Wu et al.，2011；Hendrick and Peng，2012）；海洋动力过程与生物地球化学和生态过程的耦合尚处于探索阶段，相应的耦合同化技术仍近乎空白，对海洋生态环境的预报预测能力极其有限（Hofmann et al.，2015；魏泽勋等，2019）。发展高分辨率、多圈层耦合的海洋地球系统模式，突破参数化方案和耦合同化技术瓶颈，建立融合大数据和人工智能的预测预报系统，是准确预报气象、气候及海洋灾害，对人类活动进行超前规划，保障经济高质量发展的关键。

第二节　我国海洋科学发展总体思路

一、面向世界科技前沿，解决重大基础科学问题

未知的海洋孕育着无尽的想象与创造力，是科学技术创新和颠覆性重大发现的源泉和摇篮。海洋科学的发展应当面向气候变化、生命起源、地球深部运转规律等核心科学问题，围绕海洋能量物质循环及其气候效应，深海极端生命过程及其适应演化机制，跨圈层流固耦合与板块运动，极地系统快速变化的机制、影响和可预测性，以及健康海洋与海岸带可持续发展等基础前

沿，加强顶层设计，凝练关键科学问题，启动一批重大研究计划和重大项目，通过跨领域、跨学科的前沿交叉，集成创新发展以海洋为纽带的地球系统多圈层相互作用理论，在地球宜居性、生命起源及演化等方面取得一系列从 0 到 1 的重大突破，占领未来海洋科学发展的制高点。

二、服务国家战略需求，保障国家权益和人民生命健康

21 世纪，人类进入了大规模开发利用海洋的时期。海洋在国家经济发展格局和对外开放中的作用更加重要，在维护国家主权、安全、发展利益中的地位更加突出，在国家生态文明建设中的角色更加显著。海洋科学的发展应当紧密围绕国家战略需求：在海洋资源、能源开发利用的关键科学和技术领域取得重要突破，为人类社会可持续发展提供物质基础；增强海洋、极地环境预报预警能力，为海上、冰上丝路航行及工程活动提供环境信息保障；深刻揭示海洋生态系统演变趋势和生态灾害发生机理，阐明海岸带生态－资源－环境－社会经济耦合运作趋势，为实现健康海洋提供科学指导；可持续开发海洋生物资源，实现在养殖、医药等领域的重要转化，为食品安全和人民生命健康提供重要科技支撑。

三、建设大科学装置、设立大科学工程，增强海洋智能感知和预测能力

发展海洋科学、建设海洋强国，要着力推动海洋科技向创新引领型转变，突破"卡脖子"技术，建立自主可控的新一代高精尖技术体系，打造一批大科学装置和大科学工程，切实增强海洋智能感知和预测能力。结合空－天－地一体化多源立体观测及实际需求，构建海洋数字孪生体系，进行前沿核心颠覆性技术研发和技术平台整合，布局基于物联网技术的太空－海气界面－深海－海底的多要素智能立体观测网，支撑全球海域跨尺度、跨圈层的多学科交叉研究。建设大洋钻探船、深海空间站等重大科学装置，服务气候变化、地球构造演化、洋底系统与深部生物圈等领域的重大基础科学问题研究以及深海矿产资源、能源的勘探与开发。构建基于人工智能和大数据的多圈层耦

合的高分辨率海洋观测与模拟预测系统，实现海洋动力过程、天气和气候过程，洋底动力过程，海洋生物地球化学过程以及海洋生态过程的数字孪生，对自然及人类活动诱发的重大海洋环境、气候及海底地质灾害链等进行预报、预测，保障海上活动与工程安全，评估未来地球宜居性。

四、牵头国际大科学计划，引领国际海洋科学发展

海洋科学的复杂程度、经济成本、实施难度等往往都超出一国之力，需要凝聚全球资源和智力来实现突破。此外，海洋科技具有普惠性，对解决全球人类的可持续发展问题具有重大意义，为开展国际合作奠定了基础。国际大科学计划是开展国际合作、解决全球性问题的主要途径，也是世界科技强国利用全球科技资源、提升本国创新能力的重要合作平台。我国过去受制于国力和科技水平限制，主要是参与者的身份，在国际上缺乏话语权和影响力。未来，我们应当围绕国家战略需求和学科前沿，立足"两洋一海"和极地等关键海区，凝练重大科学问题，发起中国主导的国际大科学计划。通过聚集全球优势科技资源，统筹布局、协同攻关，取得了一系列重大原创性成果，实现我国海洋科学从跟跑、并跑到领跑的跨越式发展，引领世界科技创新和进步，为海洋命运共同体建设提供重要科技支撑。

第三节　我国海洋科学发展目标

一、2035 年前的总体发展目标

建立以海洋为纽带的地球系统多圈层耦合理论体系以及高分智能的全球立体综合观测、探测、模拟和预测体系。揭示海洋能量物质循环机理与多尺度海气相互作用机制，明晰海洋在全球气候系统中的作用；阐明跨圈层流固耦合对微板块驱动力、地表圈层与深部圈层相互作用的影响及其环境 - 资源 -

灾害效应；揭示海洋生命过程的起源、演化及其与环境间的相互作用机制；认识海洋生态系统演变趋势和生态灾害发生机理，阐明海岸带人地交互在陆地－近海－大洋－大气耦合系统中的作用及机理，保障海洋食品安全、人类健康和海岸带可持续发展；阐明极地多圈层耦合演变规律及其对全球气候变化的响应机理与反馈作用，尤其是对我国天气气候过程的影响；面向极地空间、航道、油气和生物资源利用，发展海洋安全保障技术，尤其是海冰预测预报技术。在深海地球系统及相关的生命科学等领域取得一系列从 0 到 1 的重大突破，抢占国际海洋研究的制高点，实现我国海洋研究从跟跑、并跑到领跑的历史跨越。为应对全球气候变化、保障健康海洋、高效开发利用海洋资源、有效开拓深远海与极地战略新空间提供重要科学支撑，服务全球和我国气候、环境、灾害、资源等重大需求，提升我国在海洋管理和地球工程等全球事务上的话语权，支撑社会可持续发展。

二、2035 年前的具体发展目标

1）阐明海洋平衡与非平衡动力过程能量交换机制，建立中尺度海气相互作用理论体系，明确海洋中小尺度动力过程对上层和深层海洋物质、元素交换的影响，初步揭示海洋多尺度动力过程与生物地球化学循环和生物生产过程的耦合机制，阐明近海－大洋生态环境演变特征，明晰海洋生态系统固碳过程、储碳机制及其对气候与环境变化的响应。

2）揭示海底圈层耦合模式与微板块驱动力机制，阐明深时地球系统模式与古地形－古环流－古气候演变规律，明晰洋陆过渡带资源－环境－灾害效应。

3）揭示典型海洋生物的发育调控机理与系统演化遗传基础，阐明典型海洋生物感染与免疫防御体系及其适应性进化驱动机制；揭示深海极端环境下生物独特的生命特征、生存极限及适应策略的遗传、生理与生化机制及其结构基础，阐明微生物驱动黑暗深海物质循环、能量流动与生态系统平衡的过程与机制，探讨生命的起源及深海生命与地球的协同演化机制。

4）揭示极区海洋与大气、冰冻圈和生物圈等圈层之间相互作用和相互反馈机制；阐明冰盖/冰架变化对全球海平面变化影响的机制，厘清南极气候变化的关键过程及机理；揭示南极冰盖演化与历史海平面变化及全球气候演变的关联；明晰极地海洋过程对我国天气气候的影响，以及"三极"地区气候与环境变化及其联动机制；建立北冰洋和南大洋高分辨率气候再分析资料。

5）建立全球海洋公里级分辨率的海洋模拟系统，实现亚中尺度分辨率的海洋模拟预测；建立高分辨率海冰模式，实现高分辨率大气－海洋－海冰－冰架耦合模拟；完善高分辨率大气、海洋、海冰数值模式物理过程参数化；发展新一代海洋遥感观测平台、载荷及观测技术，提升海洋上层亚中尺度时空分辨率的观测和探测能力；在深海长期观测、海底空间站、深海极端环境原位探测与精准取样、特殊生态系统模拟器研发等关键技术领域取得突破。

第四节　我国海洋科学发展的重要研究方向

一、海洋能量传递与物质循环

1. 海洋多尺度相互作用与能量串级

海洋存在大尺度环流、中尺度涡、亚中尺度涡、小尺度内波、湍流等多尺度运动形态。能量从大尺度环流向微尺度湍流的串级在维持海洋能量收支平衡、调控海洋的物质和热量输运以及塑造海洋动力形态中起着关键作用，是贯穿整个海洋学研究的核心科学问题。其中的关键和难点问题包括：平衡动力过程与非平衡动力过程的耦合机制及其所引起的能量串级；海气相互作用、流固相互作用在海洋能量串级过程中的作用；深海大洋湍流混合的时空分布特征和驱动机理及其对海洋环流的调控作用；复杂洋陆格局下的洋际交换、大洋－边缘海交换特征和作用机理及其对深海储热、储碳能力的影响。

2. 多尺度海气相互作用

海洋和大气是一个高度耦合的系统。海气相互作用在整个气候系统中起着至关重要的作用。但是到目前为止，对于海洋和大气之间的动量、热量和物质交换机理仍然缺乏深入的认识以及准确可靠的参数化方案。此外，尽管低频大尺度的海气相互作用的理论框架已相对成熟，但人们对海洋的中小尺度海气耦合机理仍然认识不足。需探究海洋和大气中小尺度过程对海气界面动量、热量和物质交换的贡献及作用机制；建立中小尺度海气相互作用的理论框架，明晰中小尺度海气耦合对海洋动力过程的反馈作用及其对极端气候事件和全球气候系统长期变化趋势的影响。

3. 海洋碳循环与多尺度物理 - 生物过程耦合

海洋是地球系统中最大的碳汇。海洋中的碳循环是地球气候系统的核心调控因素之一。然而迄今，还缺乏海洋（特别是深海）吸收 CO_2 的准确观测和估算，CO_2 通过海气界面交换的机制与参数化方案仍未建立，海洋对 CO_2 的极限吸收能力仍不清楚；目前，已知海洋通过生物泵和物理泵吸收大气 CO_2，但是物理泵与生物泵的贡献及二者之间的多尺度耦合作用仍然未知；颗粒碳向深海的传输过程与机制，沉积 - 水界面的物质形态转换，沉积有机碳的埋藏效率等重要问题亟待探索。需研究大洋海 - 气界面 CO_2 通量的季节及年际变化，聚焦中尺度、亚中尺度的上升/下沉运动及湍流等物理过程对深层海洋与上层海洋碳循环的影响。研究真光层海洋生物泵过程，准确评估真光层碳输出通量，甄别生物泵与物理泵对人为源 CO_2 移除的贡献。研究深海颗粒有机质组成、传输通量与再矿化及其与物理 - 生物过程的耦合。解决深海颗粒有机碳的收支不平衡难题。研究深海尤其是热液系统常量和微量营养物质的通量，揭示"黑暗固碳"生命过程及能量与物质的循环，阐明深海生物圈生态结构及其与其他圈层的相互作用。

4. 海洋对全球气候变化的响应、反馈与调控作用

海洋对全球气候变化的响应与反馈是一个高度复杂的过程。一方面，海洋对热量和 CO_2 的吸收极大地缓解了全球变暖及其带来的气候变化；另一方面，对热量和 CO_2 的吸收以及气候变化引发的大气环流变化，将会对海洋的动力、热力、生物地球化学过程和海平面产生巨大的影响，并进一步通过海气相互作用调制全球和区域尺度上的极端天气和水循环等过程。需深入理解海洋对全球气候变化的响应与反馈机理；海洋对不同时间尺度的全球和区域气候变化的瞬变敏感性和驱动作用及其过程、机制与可预报性；海洋对气候

系统临界点的关键影响及内在机制；海洋在全球和区域尺度上对水分循环、降水和气温分布的影响，从而进一步认识对极端天气气候事件的格局与变化的影响。

二、跨圈层流固耦合与板块运动

1. 洋陆过渡带流变学行为与深浅耦合机制

地球由大陆与大洋两大地理单元组成，而大洋与大陆相互作用机制的复杂性依然是板块构造理论面临的关键核心问题。因此，洋陆过渡带具有重要的研究价值，不仅涉及洋陆俯冲带、洋陆转换带岩石圈与软流圈的深浅耦合机制，还包括洋陆地表系统与洋底动力（扩张、俯冲、碰撞）系统的深浅耦合、流固耦合、洋陆耦合机理。多尺度大陆流变与大陆增生或再造、克拉通破坏过程，以及洋底流变与大洋岩石圈微板块化过程、洋中脊－地幔柱相互作用、洋底构造（跃迁、拓展、聚散）的非威尔逊旋回过程探讨，是贯穿整个洋陆过渡带研究的核心科学问题，同时也是板块构造理论面临的未解难题。洋陆俯冲系统中俯冲隧道的流变学行为与消减物质的转换机制如何？洋陆转换带岩石圈破裂与大洋岩石圈增生的精细过程如何？洋陆过渡带底侵、拆沉、回卷、地幔柱过程如何耦合？洋陆过渡带下部地幔过渡带板片滞留的浅部动力地形响应和对岩石圈的遥相关地质效应如何？洋陆过渡带流变行为如何控制岩石圈的微板块化过程？这些都是当前板块构造理论研究亟待解决的难点问题。

2. 洋陆过渡带地表过程与源－汇机制

洋陆过渡带地表地貌过程深刻影响着泥沙输运、海流运动、全球变化等。洋陆过渡带的深浅、流固、海陆耦合过程是贯穿整个宜居地球研究的关键科学问题，同时也是板块构造理论难以跨圈层发展的经典难题。深时古气候、古环流和古地貌过程如何耦合协同，从而实现跨相态的地表物质的时空配置？深时古气候、古环流和古地貌过程的驱动机理在数值模式中又如何参数化？如何示踪深时古气候、古环流或古海洋和古地貌过程并重构重大地质事件期间的古地球地表系统？深时地球系统进化的根本驱动机制如何？这些都是当前海底科学研究亟待解决的难点问题。

3. 海底微板块、物质微循环及成矿－成藏机制

板块构造理论提出至今已经 50 年有余，该理论被公认为 20 世纪四大自然科学理论之一，取得了辉煌成就，彻底改变了人类对赖以生存的地球的认知，但也面临三大科学难题：板块登陆、板块起源、板块动力。迄今，板块构造理论主要围绕全球七大板块取得了公认的辉煌成就。随着现今新一代探测技术和海量地学信息的暴发、地质调查的深入开展，全球板块划分越来越细，近年来大量微板块研究的实例不断被报道，并据此很多新的学术思想不断涌现，集中体现"微板块构造"研究的快速发展趋势。海底散布着的大量微板块，其行为是如何调控或响应大板块的？海底微板块边界的多样性和复杂性如何控制海底的热液、岩浆、源－汇等物质循环或输运？海底微板块的长期演化如何决定成矿-成藏过程？从微板块角度如何解决板块驱动力问题？微板块的生消机制如何？深海海底微板块动力机制、深时微板块与环境协同演变、深地微板块与结构探测、微板块智能模拟－探测与大数据四个科学主题都是当前微板块构造理论研究亟待解决的难点问题。

4. 俯冲系统的深浅流固耦合与成灾机制

俯冲带孕育了地球上最大的地震和地震海啸、海底滑坡、（泥）火山活动等地质灾害，给人类社会带来了毁灭性的灾难。然而，对俯冲带地震发震机制目前尚不清楚。为了做好俯冲带地震的危险性分析和减灾设防工作，需要了解控制地震生成的各类地球物理条件，如断层的强度、流变学特征、温压条件、深浅部耦合机制等。同时，俯冲带灾害之间的内在联系也需要进一步研究，随着理论研究的深入和观测手段的提高，从新的视角研究灾害链也势在必行，如分析俯冲带内流体活动等。上述多尺度流变过程、跨圈层耦合致灾机理是贯穿整个海底灾害科学研究的核心科学问题，同时也是长久难题。俯冲带附近流体活动控制机理及其与多类型地震成因如何？俯冲带的地震活动与海底烃类流体释放、深渊生物圈生命过程与生态灾难关联机制如何？在数值模式中又如何参数化俯冲系统多圈层致灾要素和海沟系统多时空尺度响应？可否构建中国自主的大型俯冲带计划或国际海沟计划，领跑国际上 2017 年由美国地震学研究联合会（Incorporated Research Institutions for Seismology,

IRIS）提出的 SZ4D（The SZ4D Initiative：Understanding the Processes that Underlie Subduction Zone Hazards in 4D）计划？如何构建新一代俯冲带的智能原位和实时观测系统，查明元素循环、流体活动、应力与形变、结构构造差异等对地震活动、全球变化机制的影响？如何开展岩石学实验和数值模拟计算等综合性、多学科手段揭示俯冲带的地球动力学过程与孕震机制？如何构建多地球物理场刻画俯冲带多尺度精细结构？等等，这些都是当前地球系统动力学研究亟待解决的难点问题。

三、海洋生命过程及其适应演化机制

1. 海洋生物发育调控机理与系统演化遗传基础

海洋生物具有特色鲜明的蓝色生命现象，它的调控机理和系统演化遗传基础一直是未解的核心生命科学问题。亟待开展海洋生物基因组倍性演化机制、海洋生物胚胎发育细胞谱系追踪与胚胎体轴决定、海洋生物特征器官形成的信号调控通路、海洋生物典型发育过程的细胞与分子机制研究。以单细胞生物、甲壳动物、冠轮动物、脊索动物等横跨生物演化链条的代表性类群为研究对象，利用多组学手段，系统解析动物重要共性发育过程的遗传调控基础及宏观演化规律，从而解析海洋动物配子发生、受精过程和早期发育的分子与细胞机制，明晰海洋生物重要特征器官发生和重塑过程，阐明关键信号通路和效应因子调控发育过程的分子机制，阐释海洋动物变态、蜕皮和贝壳形成等特殊发育事件的遗传基础和分子调控模式以及环境对生物发育的影响机制和效应机理，阐明动物重大发育事件的起源与演化途径，提供生命起源和进化的关键线索与新认知。

2. 海洋生物感染与免疫防御体系及其适应性进化驱动机制

海洋生物疫病是可持续发展面临的最严峻挑战之一。海洋生物产生多样高效的免疫防御机制来应对多样化的病原微生物，从而维持其物种的生存和繁衍。阐明典型海洋生物感染与免疫防御体系及其适应性进化驱动机制，是当今海洋生物学学科急需解决的重要科学问题。基于海洋生物感染与免疫防御体系的研究起步较晚，涉及的适应性驱动机制复杂而多变，一些基础理论仍然有待达成共识。例如，海洋生物中免疫球蛋白的进化、演变过程和分子机制是什么？海洋生物中免疫血液细胞发育分化的调控机理是什么？海洋生物与病原微生物之间的互作机制是什么？海洋生物中不同免疫相关信号通路之间的关联性和具体的作用机制是什么？海洋生物免疫防御体系中吞噬作用、清除病原、抗菌肽释放等不同免疫方式的调控机制是什么？病原微生物促进海洋生物免疫细胞的聚集与高等动物的细胞黏附是否存在相关性？这些研究均是当前海洋研究亟待解决的难点问题，而它们的解决也将为海洋生物的健康持续发展提供知识基础和技术支撑。需重点研究的方向包括：鉴定识别病原体（如致病性和传播途径）及其宿主（如物种、受影响的生命阶段、免疫和遗传特性）；分离鉴定参与免疫识别、免疫信号转导和病原清除的关键分子，筛选能激活免疫系统、增强机体免疫防御能力的活性物质，阐明它们的作用机制；揭示海洋生物对病原感染、环境胁迫的响应及调节机理，发展海洋生物病害免疫防治的技术原理和有效途径及其适应性进化驱动机制。

3. 海洋生物多样性的变化趋势与群落构建机制

生物多样性是生物与环境形成的复杂生态复合体以及与此相关的各种生态过程的总和。海洋具有丰富的生物多样性，主要包括物种多样性、遗传多样性和生态系统多样性三个组织层次。海洋作为地球上生产力最高的生态系统，生物多样性是其生态系统功能的基础。海洋生物多样性与生态系统功能的关系及作用机制是当前海洋生态学研究的前沿和核心问题之一。海洋生态系统在全球变化（如暖化、酸化、富营养化、人类活动干扰加强等）背景下，其生物多样性的维持机制与变化趋势关系到海洋生物资源的保护与可持续利用，是亟待解决的关键科学问题。例如，海洋生物多样性的全球格局为何？各种海洋生物生态位如何？海洋生物对各自生境的适应机制及在其生物地理分布中的影响如何？海洋生物多样性信息学大数据的整合及在物种保护和动态监测中如何应用？海洋生物如何通过演化适应海洋全球变化？海洋全球变化如何重新塑造海洋生物地理学特征？海洋生物群落构建机制作为连接海洋生物多样性与生态系统功能的桥梁，如何解析海洋生物与生态因子、海洋生物之间的相互作用？此外，洋流这些与海洋生物迁移相关的过程在群落构建机制中的作用为何？维持海洋食物网结构和功能稳定性的关键因子是什么？

解答这些生态学问题成为当前认识海洋生物地理学和预测生物多样性变化趋势的重要途径。

4. 深海极端环境对特殊化能生命过程的支撑

支撑深海化能生命过程的典型极端环境包括低温、高温（热液喷口）、高压、黑暗、寡营养等，黑暗深海中的微生物可通过氧化还原硫、甲烷、氢气、氨、二价铁等化合物生产能量和有机碳，滋养着深部生物圈。研究深海极端环境对特殊化能生命过程的支撑将在阐明深海微生物对地球化学循环的贡献、适应和演化机制等方面发挥重要作用。需重点研究的方向包括：深海化能微生物参与的地球化学循环过程、通量及对气候的影响，环境因子对微生物群落时空分布的塑造，极端环境对化能代谢过程的影响，深海微生物能量和营养的来源与分享机制，深海微生物的环境适应性、演化及起源，寻找极端环境下特有的代谢途径，以及探索化能生命过程的边界等。

5. 深部生物圈、全球碳－氮－硫耦合循环与海底蚀变系统协同演化

海洋深部生物圈包括沉积物、间隙水、上部玄武质地壳及在其内循环流体中的微生物栖息地。在这些生境中生活着多种多样且大多未知的微生物，它们在调节全球范围内的碳－氮－硫耦合循环和海底蚀变系统中发挥着重要作用，是研究海洋物质与能量循环过程中不可或缺的内容。需重点研究的方向包括：探究深部环境中缓慢生长但长时间存活微生物的生存机制，量化深部生物圈的微生物活动的速率，以及确定其对全球碳－氮－硫耦合循环的影响；上层海洋岩石圈中微生物生态系统的大小和动态变化特征，深部微生物群落对海底蚀变过程的响应机制，以及功能微生物类群对海底蚀变系统的贡献等。

四、极地系统快速变化的机制、影响和可预测性

1. 北极和南极天气、气候和海冰不同时间尺度的预测预报关键技术

极地是我们对地球最缺乏认知的区域，近 40 年来南北极海冰快速变化是地球表面发生的最显著变化之一，海冰的快速变化对极地天气气候产生了重要的影响，两极的气候变化通过大洋和大气环流影响着中低纬度的天气气候

过程。极地气候和海冰变化存在南北极不对称、北极季节变化大、南极区域差异大等特征。观测不足、物理机制认识不够、参数化方案不合理、卫星遥感观测和反演技术难以满足需求都是制约极地天气、气候和海冰不同尺度预报预测水平提高的瓶颈。研发无人值守观测设备，构建观测/监测网络是提升不同尺度极地天气、气候和海冰预报预测水平的关键。在此基础上，需要重点开展面向高分辨率模式应用的大气、海洋、海冰和冰盖物理过程参数化研究；提升极地天气、气候和海冰关键参数的卫星遥感观测和反演技术；发展针对极区的数值同化技术，结合多源观测数据，利用耦合模式和大数据智能分析方法建立南北极高分辨率气候再分析资料；发展高分辨率海冰模式，开展高分辨率大气-海洋-海冰-冰架/冰盖耦合模拟；研发新型全球地球系统模式，开展南北极气候和海冰长期变化预测模拟，提升对南极冰架的长期变化预测能力；面向航道开发等极地利用的服务需求，提升季节、天气尺度的极地天气和海冰预报技术。

2. 北极气候、海洋和海冰变化的关键表征与机制及其对生态系统的影响

北极地区是大气、海洋物质、能量交换的重要地区，存在着复杂的海-冰-气相互作用。北极气候环境的改变，包括气候变暖、海冰消退、海水理化性质、海洋环流、大气成分等方面的变化，对北极生态系统和生物资源产生了深远影响。同时，正是海-冰-气耦合变化的复杂性和现场数据的缺乏，使得我们对目前北极气候、海洋和生态系统快速变化过程中的关键变量和机制认识不足，量化模拟研究存在困难。为此，迫切需要回答以下科学问题：北极气候和海冰快速变化机理；海-冰-气界面的物质、能量交换及其气候效应；北冰洋中尺度涡动力过程及对物质输运和能量场的影响；北冰洋元素生物地球化学循环的长期变化及其在全球碳收支中的作用；大气-海洋-生态动力学耦合机制，北极生态系统和关键物种分布、数量对海-冰-气系统变化的响应；北极快速变化对海洋生态系统动力学过程和食物链的影响，北冰洋上层海洋层化结构和热盐性质变化对生物群落分布、生物多样性及生态特征等的影响，海冰消退引起鱼类和底栖生物向北迁移的可能机制；北冰洋快速融冰条件下 CO_2 源-汇格局变异对净群落生产力、生源气体通量及气溶胶源迁移转化等调控作用及气候效应；北冰洋水体快速酸化及其对生源要素循环机制变异过程的影响；北极陆架冻土消融过程及其伴随的温室气体快速释放及其气候、环境效应；污染物的迁移转化及生态效应等。面向上述科学问题，开展北极陆-气-冰-海多界面协同观测和多学科交叉综合研究。

3. 南大洋大气-海洋-冰冻圈-生物多圈层相互作用，冰盖不稳定性及其对海洋淡水平衡和海冰平面变化的影响

南大洋是多圈层相互作用最强的区域，气候变化增加了南大洋大气-冰盖/冰架-海洋-海冰-生物多圈层相互作用的不确定性。南大洋为洋盆之间和全球海洋环流上层和底层之间提供了主要的联系通道，南极冰盖-冰架-海洋-大气-海冰的相互作用强烈影响着冰盖的不稳定性、全球海平面变化和南极底层水生成。南极底层水会对全球大洋环流系统及气候、生物资源分布等产生深远影响。然而，南极冰盖是地球表面观测最为稀缺的区域，南大洋研究一直是海洋科学研究的薄弱环节，海洋、大气、冰冻圈和生物等圈层之间相互作用、相互反馈机制的认知尚不够深入和全面。围绕南大洋大气-海洋-冰冻圈-生物多圈层相互作用重点开展以下科学研究：探明南极冰盖冰下湖/水系的分布，研究冰下水的形成机制和排泄路径，识别冰下水文状态，推断冰下水通过接地线汇入冰架下海洋的过程，研究其对冰架底部能量和物质平衡的影响，评估其对冰架/冰盖不稳定性的影响；定量刻画南极冰盖底部环境，研究冰盖底部环境对冰盖动力学的影响机制，评估其对冰盖快速变化和不稳定性的影响，预测冰盖不稳定性促发条件，以及冰盖不稳定性对海洋淡水平衡和海平面变化的影响；揭示造成南极海冰长期变化趋势改变的大气和海洋因素；研究气候变暖影响下的南极沿岸冰间湖过程及其生态效应；南极冰架周边海域水文环境与冰腔中的海洋三维环流结构的关系，南极特定陆架区域的冰架-海洋-海冰相互作用过程；研发融合潮汐过程的高分辨率环南极海洋-海冰-冰架耦合模式，研究潮汐过程在环南极海洋和冰架相互作用过程中的影响；研究南极陆坡流的多尺度过程对跨陆坡质量和能量交换的影响及其对冰架质量平衡的影响；研究海冰冻融和海洋-冰架相互作用对南大洋生态系统、主要物种分布的影响，对 CO_2 源-汇格局和区域生产力的影响，对生源气体源-汇格局和相关气溶胶形成变异过程的影响，以及对水体酸化的调控作用。

4. 北冰洋和南大洋海洋过程对全球大洋环流的影响及其气候意义

近二十年来北极海冰异常偏少，不仅影响北冰洋局地的气温和降水变化，而且通过复杂的相互作用和反馈过程，对北半球中、低纬度的天气气候产生影响。北极海冰的快速减小促使北冰洋向北大西洋的淡水输出增加，从而影响深层水的生成和全球经向翻转环流。南大洋在全球气候系统中扮演着重要角色。洋盆间相互作用过程能够将南大洋和热带太平洋、大西洋、印度洋紧密联系在一起。南大洋的气候变率也通过对大气和海洋环流的调控作用影响全球气候，并进一步对我国气候造成影响。围绕北冰洋和南大洋海洋过程对全球大洋环流的影响及其气候意义，重点开展以下科学研究：夏季少冰情形下的北冰洋表层环流改变及其气候效应；北冰洋淡水积累及其释放条件；北冰洋与北太平洋和北大西洋水交换、热交换、淡水交换的变化特征和机制；北极海冰快速消融对北极大气、海洋环流的影响，以及对中、低纬度极端天气气候事件的影响途径和可能机理；南极底层水的变化特征和机制；南大洋海-气交换过程对气候变暖的响应与反馈，南大洋潜沉过程变化及其对全球热收支和水循环的影响，南大洋对气候变暖的多尺度过程响应及反馈，南半球西风加强对南大洋水平和垂向输运的影响及其在全球经向翻转环流中的作用。开展气候动力学数值模拟研究，研究北极气候与海冰变化对我国天气气候过程的影响机制，探索南极气候与海冰变化的全球气候效应。获取古气候变化的冰心记录，北冰洋历史冰川和气候演化的海底记录，揭示更新世以来北极区域的冰川与气候变化。探明南北极通道打开与关闭的海洋和气候效应，突破对南北极冰盖演化规律的认识。厘清南北极气候变化与热带驱动的相互作用过程，揭示南北极放大效应及其对全球气候变化的影响和响应。建立海底温度变化及热模型，定量评估天然气水合物的稳定性及其释放对外界环境的影响。

5. 极地生态环境和生命过程，生态系统脆弱性及其对气候变化的响应机制

极地有着独特的生态系统和丰富的生物资源，目前由于极地地区对气候变化的敏感性和极地生态系统的脆弱性，极地生物的生存环境和食物网各营养级的种群变动使整个生态系统面临显著的改变和潜在的风险。极地沿岸地区生态系统对全球气候变化极为敏感，以冰雪界面、冰川消退前缘的土壤、

湖泊、冻土、苔原、近岸海水等生境尤为典型。这些生境中栖息着大量微生物，是元素生物地球化学循环的主要驱动者。为充分了解极地生物物种和生态系统对气候变化的响应机制，模拟和预测未来气候变化对极地生物生态产生的影响并制定保护对策，一方面需要了解现代气候变化下的生态响应，另一方面需要获取历史时期不同时间尺度下极地关键物种的系统演化、种群数量、地理分布等与气候、环境变化的关系。关键的科学问题包括：极地生物及其极端适应性基因的起源、分化和环境驱动机制；全新世以来，极地关键物种的种群变化和生态过程及其对自然因素和人类活动的响应；极区生态系统的结构、功能与变化趋势；极地生态对气候响应的区域差异及其机制，极地浮游生物种群结构对营养盐和溶解铁时空变化的响应，不同生物种群结构中，生物量在营养层上的转化和碳埋藏过程；极区海洋酸化对气候变暖、海冰变化、海洋和大气环流变异等快速变化的响应和驱动机制；极区碳的源汇 - 格局及其对极区气候和环境变化的影响；有毒有害物质的迁移、转化及生态效应等；气候与环境变化对极地微生物种群演替、生态功能与资源保护利用的影响；极地微生物群体演替过程及其生态环境效用。

五、健康海洋与海岸带可持续发展

1. 海洋生态灾害的暴发机理、演变趋势与预测

海洋生态灾害是指由人为因素和自然变异所造成的损害海洋和海岸生态系统的灾害，尤以指人为因素为主造成的生态系统异常或灾害。近年来，新型暴发性藻华（如褐潮、金潮等）、绿潮、水母、海星等多种海洋生态灾害在全球不同海域特别是陆架边缘海暴发，给海洋生态系统和社会经济发展造成了巨大的损失。因此，海洋生态灾害近 30 年来一直是海洋科学的聚焦点之一，但当前全球变化背景下自然变异和人为活动在海洋生态灾害形成发展过程中的贡献更加难以区分，加之海洋生态灾害的暴发机制异常复杂、表现形式多样，给海洋生态灾害暴发机理、演变趋势与预测研究带来了新挑战。因此，在关注传统海洋生态灾害的同时，要更加关注新型的海洋生态灾害，如新型暴发性藻华（如褐潮、金潮等）、绿潮、水母、海星等。研究这些灾害

的发生、发展和消亡机制，研发减轻和避免它们发生频率与规模的调控技术和方法，构建这些新型灾害预测／预报其暴发消亡和灾害环境治理与修复技术体系，探明不同生态灾害之间及其与环境的耦合关系，超前部署研究潜在生态灾害的基础生物学和生态环境问题，对可持续利用海洋资源环境意义重大。

2. 健康海洋评估－过程与体系构建

健康海洋的核心是海洋生态系统健康，即指海洋生态系统维持自身结构和功能的完整和稳定，并持续为人类社会经济发展提供服务的能力。因此，对于海洋生态系统健康评估，不仅要研究生态系统自身结构和功能特征，还需涵盖生态、社会、经济、人类健康等诸多方面，特别要强调海洋生态系统服务功能的综合研究。近海营养盐结构与营养盐动力学、初级生产水平与物质和能量传递效率的关键过程解析，近海环境与生态系统承载力的分析和评估，具有普适性、易操作性并涵盖人类社会经济学指标的海洋健康综合评价体系构建，评价体系构建中所涉及的不同海域环境、生态系统关键控制因子的判别，不同海域自身特点的评价指标临界值和阈值的确定等，是当前健康海洋评估和过程研究中亟待解决的难点问题。

3. 海洋环境污染管控与水环境安全

人为活动排放的污染物大量入海，海洋环境污染问题日益严重，具体表现为大规模的海洋生态灾害频发、海洋酸化与低氧环境问题日趋严重、海洋生态系统发生剧烈变化、海洋生物资源已近枯竭等，近海的主要海湾、河口及近岸生态系统大多处于亚健康或不健康状态，直接危害海洋生物繁衍生存，海洋生物群落正常结构被打破，海洋污染已成为影响海洋资源环境可持续利用和社会经济发展的重大问题。因此，构建科学有效的海洋环境污染管控与水环境安全策略，对海洋资源环境可持续利用意义重大。基于陆海统筹解析海洋污染物来源、迁移、转化过程，探明海洋生态承载力和河口水质对入海污染负荷的响应机制，研发海洋污染控制和管理的点源／非点源污染控制技术，构建基于水环境安全协调－保护一体化的海洋环境管控机制与新模式等，是当前海洋环境污染管控与水环境安全研究中亟待解决的关键问题。

4. 海洋生态系统、生物地球化学循环对全球变化的响应及可持续发展

海洋生态系统的生态价值和服务功能是地球生命系统的重要支撑，也是人类社会实现可持续发展的重要要素。近几十年来，在人类活动和全球气候变化不断扩大和加剧的背景下，海洋生态系统面临巨大压力，低氧、酸化和富营养化等海洋环境问题频发，深刻改变了海洋生物地球化学循环过程，制约了海洋生态系统服务功能和人类经济社会的可持续发展。针对全球变化下的海洋生态系统，下述科学问题需倍加关注：①自然过程和人为活动对海洋生态系统和生物地球化学循环过程的影响有何不同？如何甄别？②如何将微观机制的研究扩展、融合至宏观海洋生态系统水平？③针对全球变化带来的巨大压力，海洋生态系统和生物地球化学过程短期和长期响应各有何特点？④优化和完善生物地球化学模型，预测全球变化下海洋生态系统的变化趋势和稳定性等。

5. 海洋食品安全保障与人类健康

海洋是保障人类食品安全的最后基地，过度捕捞使海洋渔业资源已逼近临界点，而近海养殖又受到病原肆虐、养殖生物抵抗力低、养殖环境污染、滥用抗生素药物等严重威胁，导致水产品质量和卫生安全问题日渐突出，海洋食品产出与安全保障已成为全球社会关注的焦点。探索绿色环保综合养殖品质与环境相适应的基础理论和新技术，构建新型海洋牧场、渔业增殖放流场、生态养殖场等新体系，培育具有高免疫和抗逆能力的海洋水产品新品种，建立海洋水产品质量安全追溯技术及风险预警体系，研发简便、准确和快速的海洋食品安全高通量筛查和检测技术方法，构建基于海洋生态环境健康的海洋食品安全体系，综合保障海洋食品安全和人类健康。

6. 陆地-近海-大洋-大气耦合系统的运作与发展趋势

动力过程作用下陆源污染物排放、传输与大气干湿沉降、近海与大洋的物质交换、海气界面 CO_2 交换及海洋生源活性气体的释放、迁移转化和沉降，共同构成了陆地-近海-大洋-大气高度耦合的复杂生态系统。上述多圈层相互作用和生物地球化学循环过程会通过改变海洋生物赖以生存的物理场和化学场，在促进海洋浮游植物生长和生物固碳（氮）的同时，引发或加强诸如海洋污染事件、水体富营养化、生态灾害、海洋酸化和低氧等严重问题，

导致海洋生态系统结构和功能的改变，对海洋资源环境的可持续利用带来影响。海洋大气沉降及其生态环境效应是陆地－海洋－大气交叉研究的核心科学问题。自然和人为复合作用下大气物质沉降如何影响近海生态系统和环境的异常变化？大气和海洋动力过程是如何影响陆地－近海－大洋－大气对物质输运的？如何科学甄别、精确量化沙尘和人为大气污染物的远距离传输与沉降对海洋环境的长／短期效应及海洋生物的响应机制？控制海洋生源活性气体源－汇格局的主要过程与机制是什么？这些都是这一复杂耦合系统亟待解决的科学问题。

7. 海岸带／近海的"蓝碳"潜力及其对人类活动和气候变化的响应

"蓝碳"是指被海洋生态系统捕获并封存的碳。近年来，由于人们逐步认识到海洋生态系统和海岸带生态系统具有较强的碳汇能力，"蓝碳"的研究重点已转向海岸带和近海。中国海岸带及近海的固碳能力、储碳潜力远大于相同气候带的陆地生态系统和大洋生态系统。但由于沿海地区社会经济发展、人类活动扩大，不仅深刻影响了海岸带生物固碳过程，同时对近海碳循环的生物地球化学过程也产生了复杂的影响。另外，气候变化效应（如海平面上升、温度升高和海洋酸化等）对这些海域"蓝碳"生态系统也有重要影响，最终影响碳汇过程。"蓝碳"涉及健康海洋及其可持续发展，同时也是当今亟待解决的多学科交叉科学难题。探明诸如我国海岸带和近海的"蓝碳"潜力究竟有多大？在陆海统筹的发展策略引导下，通过定量分析、系统研究和宏观评估，未来将会具备多大程度的增汇潜力？"蓝碳"对我国的气候谈判能够产生多大力度的支持等问题，着力研究海岸带与近海"蓝碳"在人为活动影响下、气候变化背景下不同类型"蓝碳"系统的差异性响应，构建合理、有效的响应机制，研发科学、经济的恢复提升技术体系，从而显现我国海岸带和近海"蓝碳"系统在减缓气候变化与国家碳减排战略中的贡献。

六、海洋智能感知与预测系统

1. 深海全海深原位探测技术研发与应用

深海严苛的高压环境极大地限制了深海采样及探测技术的应用，而深海原位探测技术可以在不改变被测物位置及状态的条件下，获取深海样品的组分及含量信息，因此被越来越广泛地应用到深海的研究工作中。深海原位探测技术拥有广阔的前景，但作为一种新兴的探测技术仍需解决诸多科学难题。提高全海深原位探测技术的适应性，以满足对不同深海环境的原位测量；如何实现对深海流体组分浓度梯度的原位探测及动态观测；如何解决深海长期监测过程中原位测量探头的生物附着难题；如何实现对深海热液、冷泉流体等严苛环境的长期原位监测；如何解决原位测量设备的集成化、小型化，实现多平台的搭载问题；如何实现智能化的电量管理，以满足原位探测设备的长期监测问题；如何提高原位探测设备的检测限与定量限，扩大原位探测设备的测量范围；如何通过原位测量技术实现对冷泉、热液系统气体释放通量的评估；如何实现对深海流体的多参数综合测量，提高原位探测技术的测量效率等。

2. 深海长期立体观测技术与应用

海洋区域环境的动态变化对于特殊气候形成、灾害条件产生、生物习性变迁、实时战区警戒有着极其重要的影响，深海长期立体观测技术应用能满足海洋环境区域性、多变性、实时性的观测要求。具备宽覆盖、人机交互及快变跟踪能力的潜水器及组网技术是实现深海长期立体观测的有效途径。建立适用深海观测的水下无人装备谱系以及实现水下无人装备平台大范围、长时续、立体化作业能力，同时研制长时续立体观测平台适用的特色海洋传感器是研究的重点和难点。

3. 深海极端环境海洋模拟器建设的关键科学技术难点攻关与集成

海洋中存在热液、冷泉、深渊等多种深海极端环境，这些区域的严苛海洋环境孕育了独特的生态系统，但同时也给相关的深海研究造成了困难。而深海极端环境海洋模拟器可以在实验室内再现热液、冷泉等深海极端环境，开展精细化的模拟实验，极大地提高深海研究的效率。需要重点关注的科学/技术难题包括：高温高压环境下大型深海极端环境模拟器的结构强度与稳定性问题；高温高压环境下海洋模拟器的长期耐腐蚀问题；深海极端环境模拟器控制参数的智能化管理难题；如何实现大型深海极端环境海洋模拟器流体参数的均一化控制；如何实现对深海极端环境海洋模拟实验产物的多平台监测；如何在不改变深海极端环境海洋模拟器内温压环境的情况下，实现对模拟器内流体的连续采样；如何通过深海极端环境海洋模拟器实现对深海不同界面过程的模拟等。

4. 海洋大数据与人工智能

海洋大数据除了数据量大，还具有多源、异构、多样、高维等特征，它们集成于大量的海洋调查手段和数值模式产品，服务于绝大部分的海洋科研中，更是支撑人工智能服务于海洋研究的基础。而越来越多的研究表明，人工智能尤其是深度学习技术，对海洋高维复杂特征提取的应用有着独特的成效，被广泛地运用于海洋中的特征识别、统计预报和数值模式订正等方面。如何通过机器学习的研究手段来进一步挖掘、阐述海洋内部动力过程的时空特征及其相互间的影响过程？人工智能在海洋中的预报如何在二维上普及并进一步在三维上推广延展？如何有效地建立海洋大数据平台并使海洋大数据高效准确地支撑海洋研究？这些都是当前海洋大数据和人工智能亟待解决的难点问题。

5. 极区极端环境下的大气－海冰－海洋相互作用无人值守观测网构建与运行

围绕南极多圈层相互作用、南大洋底层水生成与大洋环流、海洋生态系统和碳循环影响等前沿科学问题，支撑北极"冰上丝绸之路"建设的国家战略实施，发展卫星遥感、冰下海洋智能观测和采样装备，以及锚系和冰基浮标、Argo 剖面浮标、水下滑翔机、自主式无人潜水器和无人潜水器等自主观测装备，构建新一代南极绕极流主干立体观测网；构建南极站基－船基－航空－卫星立体化的环南极生态观测网络；着眼北极东北航道规模化利用，构建北极航道海域立体协同综合观测系统；构建小卫星组网协同运行的北极海冰观测卫星星座，构建北极海冰空－天－地综合监测平台，发展海冰和海洋关键参数的卫星遥感监测技术。

6. 基于颠覆性原理的海洋新型传感器研发

海洋传感器是当前海洋科学研究中获取观测数据的主要设备，海洋传感器的研发水平直接影响海洋科学研究的水平，当前的海洋传感器虽然已经具备众多功能，门类也相对齐全，但面对复杂多变的海洋环境，其功能仍然受到很多限制。研制新一代革命性的新型海洋传感器技术必须基于颠覆性原理的创新科技。需要重点关注的科学/技术难题包括但不限于：依托新材料研制具备耐高温、耐高压、耐腐蚀性能的深海极端环境海洋传感器技术；依托颠覆性的通信技术开发可实时回传数据的海洋传感器；基于微加工制造工艺的微型海洋传感器研发；基于颠覆性高密度能量电池技术的自容式海洋传感器技术开发；与人工智能相结合的智能化海洋传感器研制；深海极端环境中热能、化学能的转化与利用技术，从而实现对海洋环境的多参数综合测量，提高探测效率等。

7. 自主海洋观测网建设与信息传输技术

自主海洋观测网是以各型无人航行器为核心装备，或可涵盖水面无人平台、潜标系统、浮标系统、海底锚系、卫星等装备组成的单类型或多类面向特定任务的系统网络，集成无人艇、无人机、波浪滑翔器、水下滑翔机、自主式无人潜航器、Argo 浮标、海床基、潜标及投弃式海气界面观测设备等，突破跨介质信息共享与异构信道组网传输关键技术，构建基于海、潜、空、天、地的立体快速机动组网观测系统。对于广袤海洋，利用不同类型、不同能力的潜水器构建移动观测网络，如何从宏观上解决针对特定任务目标的全局优化部署，微观上局部潜水器群异构协同/协作及组网作业等科学和技术问题，以及各类观测系统设计、快速组网及数据传输研发、观测技术装备集成及观测应用示范等是研究的重点和难点。

8. 海底成矿－成藏－成灾一体化模拟器与智能评价系统

突破基于下一代超级计算机的固体地球多场耦合模拟关键技术，探究潜在大型矿产资源形成机理，研发智能分析评价模块，构建国产自主可控的深－浅部耦合成矿－成藏－成灾区带模拟分析及智能评价软件系统平台。围绕海底深部地质结构、构造、组成及其相变反应复杂多样性，利用超算及人工智能技术等先进科技，构建适应超大规模并行计算机体系架构的固体地球多场耦合模拟和正反演复杂并行计算方案，实现多尺度多场模拟、数据管理和多数据融合综合处理以及相关大数据智能评估分析，进而开展相关大尺度高分辨率固体地球超级计算模拟与勘探分析及其在海底成矿－成藏－成灾模拟与智能评价应用示范等是研究的重点和难点。

本章参考文献

李家彪, 安恩·梅沃尔德, 许学伟, 等. 2021. 海底资源开发. 北京: 海洋出版社.

石学法, 符亚洲, 李兵, 等. 2021. 我国深海矿产研究: 进展与发现 (2011—2020). 矿物岩石地球化学通报, 40(2):305-318.

魏泽勋, 郑全安, 杨永增, 等. 2019. 中国物理海洋学研究 70 年: 发展历程、学术成就概览. 海洋学报, 41(10):23-64.

温特, 苏纪兰. 2020. 全球海洋治理与生态文明——建设可持续的中国海洋经济. 中国环境与发展国际合作委员会专题政策研究报告.

Acinas S G, Sánchez P, Salazar G, et al. 2021. Deep ocean metagenomes provide insight into the metabolic architecture of bathypelagic microbial communities. Communications Biology, 4(1):604.

Appeltans W, Ahyong S T, Anderson G, et al. 2012. The magnitude of global marine species diversity. Current Biology, 22(23):2189-2202.

Bindoff N L, Cheung W W L, Arístegui J G K J, et al. 2019. Chapter 5:Changing ocean, marine ecosystems, and dependent communities//IPCC Special Report Oceans and Cryospheres in Changing Climate. Cambridge:University Press:5SM4-79.

Chen X, Tung K K. 2014. Varying planetary heat sink led to globalwarming slowdown and acceleration. Science, 345(6199):897-903.

Chen X, Tung, K K. 2018. Global surface warming enhanced by weak Atlantic overturning circulation. Nature, 559(7714):387-391.

Cheng L J, Abraham J, Hausfather Z, et al. 2019. How fast are the oceans warming? .Science, 363(6423):128-129.

Cronin M, Meinig C, Sabine C, et al. 2008. Surface mooring network in the Kuroshio extension. IEEE Systems Journal, 2(3):424-430.

Dick G J. 2019. The microbiomes of deep-sea hydrothermal vents:distributed globally, shaped locally. Nature Reviews Microbiology, 17(5):271-283.

Erwin D H. 2020. The origin of animal body plans:A view from fossil evidence and the regulatory genome. Development, 147(4):dev182899.

Hein J R, Koschinsky A, Kuhn T. 2020. Deep-ocean polymetallic nodules as a resource for critical materials. Nature Reviews Earth & Environment, 1(3):158-169.

Hendricks E A, Peng M S. 2012. Initialization of Tropical Cyclones in Numerical Prediction Systems. Advances in Hurricane Research:Modelling, Meteorology, Preparedness and Impacts.

Hofmann E, Bundy A, Drinkwater K, et al. 2015. IMBER—Research for marine sustainability: Synthesis and the way forward. Anthropocene, 12:42-53.

Jansen M, Staffell I, Kitzing L, et al. 2020. Offshore wind competitiveness in mature markets without subsidy. Nature Energy, 5(8):614-622.

Kosaka Y, Xie S P. 2013. Recent global-warming hiatus tied to equatorial Pacific surface cooling. Nature, 501(7467):403-407.

Leffler E M, Bullaughey K, Matute D R, et al. 2012. Revisiting an old riddle:What determines genetic diversity levels within species?. PLOS Biology, 10(9):e1001388.

Liu W, Xie S P, Lu J. 2016. Tracking ocean heat uptake during the surface warming hiatus. Nature Communications, 7(1):10926.

Martin W, Baross J, Kelley D, et al. 2008. Hydrothermal vents and the origin of life. Nature Reviews Microbiology, 6(11):805-814.

Meehl G A, Arblaster J M, Fasullo J T, et al. 2011. Model-based evidence of deep-ocean heat uptake during surface-temperature hiatus periods. Nature Climate Change, 1(7):360-364.

Morris S C. 2006. Darwin's dilemma:The realities of the Cambrian 'explosion'. Philosophical Transactions of the Royal Society B:Biological Sciences, 361(1470):1069-1083.

Resplandy L, Keeling R F, Eddebbar Y, et al. 2018. Quantification of ocean heat uptake from changes in atmospheric O_2 and CO_2 composition. Nature, 563(7729):105-108.

Sherman P, Chen X, McElroy M. 2020. Offshore wind:An opportunity for cost-competitive decarbonization of China's energy economy. Science advances, 6(8):eaax9571.

Stincone P, Brandelli A. 2020. Marine bacteria as source of antimicrobial compounds. Critical Reviews in Biotechnology, 40(3):306-319.

UNESCO-IOC. 2021. The United Nations Decade of Ocean Science for Sustainable Development (2021-2030) Implementation Plan. UNESCO, Paris (IOC Ocean Decade Series, 20).

Wang C Z, Zhang L P, Lee S K, et al. 2014. A global perspective on CMIP5 climate model biases. Nature Climate Change, 4(3):201-205.

Wu L, Jing Z, Riser S, et al. 2011. Seasonal and spatial variations of Southern Ocean diapycnal mixing from Argo profiling floats. Nature Geoscience, 4(6):363-366.

Yang Z, Zhang L, Hu J, et al. 2020. The evo-devo of molluscs:Insights from a genomic perspective. Evolution & Development, 22(6):409-424.

第五章

资助机制与政策建议

本章在梳理国内外海洋科学科研资助现状的基础之上，对比分析指出我国海洋科学研究资助布局存在的问题，并由此给出相应的资助机制与政策建议。存在的主要问题包括：引领国际大科学计划所需的实施政策不明确；重大引领性科研的资助布局与评审机制不完善；对海洋重大装备设施的综合投入与管理较为缺乏；跨学科融合科技创新的资助政策较为缺乏；海洋科学与技术协调发展所需的资助政策不健全；资源与数据共享程度不高；评价与激励机制推动力不足；海洋科技经费投入总量不足、分配不均衡；海洋科技经费使用效率不高。给出的主要建议包括：建立健全引领国际大科学计划的资助政策；建立健全协调发展海洋科学与技术的资助政策；设立统筹全国海洋科技发展的协调指导委员会；建立统筹协调海洋科技发展的资源共享与管理平台；大幅提高海洋科技经费投入和经费使用效率；完善同行评议机制，加强国际评审；设立博士后专项基金，完善人才资助格局；加强海洋科普，增加相应的资助类别。

第一节　国内外海洋科学研究资助的现状

一、我国海洋科学研究资助的历史沿革

中华人民共和国成立初期，为了贯彻实施《1957～1969年海洋科学发展远景规划（纲要）》，1958年9月至1960年底，在国家科学技术委员会海洋组的规划和组织领导下，我国开展了首次全国海洋综合调查，改变了我国缺乏基本海洋资料的局面，为进一步研究开发利用海洋打下了基础，这次海洋综合调查也是我国在中华人民共和国成立初期到20世纪70年代末海洋科学领域规模最大的科技投入。

随着社会经济的发展和国家对海洋科技工作的重视程度增加，国家对海洋科技的资金投入保持了持续稳定增长的态势。我国海洋科技投入的资金主要由政府提供，用于支持海洋基础研究、前沿技术研究和重大共性关键技术研究等，由科学技术部、国家自然科学基金委员会、国家海洋局（2018年并入自然资源部）、中国科学院等部门负责组织立项，经费由项目承担单位具体使用。

20世纪80年代以来，科学技术部支持了系列重大科学研究计划和项目，主要有国家重点基础研究发展计划（973计划）、国家高技术研究发展计划（863计划）和国家重点研发计划等。973计划共资助50项海洋领域项目，专项科研经费14.46亿元。863计划在海洋领域共涵盖四个主题，包括海洋高技术、海洋探测与检测技术、海洋生物技术和海洋资源开发技术，"九五"至"十二五"期间，先后投入中央财政经费近55亿元。"十三五"期间，国家重点研发计划面向海洋领域部署了"海洋环境安全保障"和"深海关键技术与装备"两个重点专项，先后投入中央财政经费逾44亿元。此外，科学技术部还在国家科技支撑计划和国家科技基础性工作专项对海洋领域进行了支持。国家科技支撑计划对海洋资源利用、海洋灾害预报减灾、极地科学等关键技术突破提供了支持。

国务院于 1986 年 2 月 14 日正式批准成立国家自然科学基金委员会。自成立以来,在党中央、国务院的正确领导下,在国务院有关部门及广大科技工作者的支持下,国家自然科学基金委员会坚持以支持基础研究为主线,以深化改革为动力,确立了依靠专家、发扬民主、择优支持、公正合理的评审原则,建立了科学民主、平等竞争、鼓励创新的运行机制,健全了决策、执行、监督、咨询相互协调的管理体系,形成了以《国家自然科学基金条例》为核心,包括组织管理、程序管理、资金管理、监督保障在内的规章制度体系,形成了由探索、人才、工具、融合四大系列组成的资助格局。国家自然科学基金委员会聚焦基础、前沿、人才,注重创新团队和学科交叉,为全面培育我国源头创新能力做出了重要贡献,成为我国支持基础研究的主渠道。2018 年,根据《深化党和国家机构改革方案》,国家自然科学基金委员会由国务院直属事业单位改由科学技术部管理,依法管理国家自然科学基金,相对独立运行,负责资助计划、项目设置和评审、立项、监督等组织实施工作。国家自然科学基金委员会作为我国海洋领域基础研究的主要资助机构,其在海洋科学领域整体投入呈现增长态势,据统计,1986 ~ 2019 年国家自然科学基金委员会资助海洋学科总项目数达到 5800 余项,总资助金额超过 27 亿元。

国家海洋局(2018 年并入自然资源部)作为推动海洋领域科技发展的国家机构,先后组织实施了多个海洋领域科学技术专项:2006 年与财政部专门设立了公益性行业科研专项经费,截至 2015 年先后支持近 300 项任务,累计支持经费超过 32 亿元;2004 ~ 2012 年组织实施了"中国近海海洋综合调查与评价专项"(908 专项),累计投入经费超过 20 亿元;2012 ~ 2016 年组织实施了"南北极环境综合考察与评估专项"(极地专项),通过实施五次南极考察和三次北极考察,有计划、分步骤地完成了南极周边重点海域、北极重点海域和南极大陆考察站周边地区的环境综合考察与评估;"十二五"和"十三五"期间,组织实施了"全球变化与海气相互作用"国家专项,专项设置"印度洋 - 太平洋海洋环境变异与海气相互作用"和"亚洲大陆边缘动力学与全球变化"两个水体和地学国际合作计划,这是基于我国科学家在相关领域良好的科学积累,以专项调查研究区域为切入点,组织发起的区域合作计划。中国科学院在 2013 年启动了"热带西太平洋海洋系统物质能量交换及其影响"战略性先导科技专项,以热带西太平洋及邻近海域为重点区域,组织开展深海大洋信息获取、大洋动力过程及其气候效应、近海生态系统健康、深海综合探测和自主深海探测装备研发等研究。

二、世界主要海洋强国海洋科学研究的资助现状

（一）美国海洋科学领域资助情况

1966 年美国开始大力开展海洋科学研究，颁布了《海洋资源与工程发展法》，并在此后对海洋学的投入逐年增加。美国海洋科学领域资助主要来自于联邦政府的财年预算，此外，还可以通过竞争申请、与企业合作、慈善机构捐助等方式获得额外经费。不过，联邦政府外的额外经费占比较少。

1. 美国财年预算海洋领域分配

根据特朗普总统提出的 2020 财政年度预算，在美国主要海洋机构的预算中，占比最大的是美国国家海洋和大气管理局（National Oceanic and Atmospheric Administration，NOAA）和美国国家科学基金会（National Science Foundation，NSF），具体情况如下（邢文秀等，2020；裴瑞敏和杨国梁，2018）。

（1）美国国家海洋和大气管理局

2020 年，NOAA 预算提议为区域海洋数据门户提供 400 万美元，为国家海洋合作项目提供 500 万美元，但建议将海洋和大气研究办公室（Office of Oceanic and Atmospheric Research，OAR）、国家海洋局（National Ocean Service，NOS）和美国海洋渔业局（National Marine Fisheries Service，NMFS）的资金分别减少 39.75%、36.41% 和 16.74%，具体的财年经费及资助机构分配情况见表 5-1。

表 5-1　NOAA 2019 ～ 2020 财年经费及资助机构分配情况

项目	2019 年 实际经费 / 亿美元	2020 年 预算经费 / 亿美元	2020 年与 2019 年相比	
			增加经费额 / 亿美元	增加率 /%
总计	54	45	-9	-16.67
OAR	5.56	3.35	-2.21	-39.75
NOS	5.85	3.72	-2.13	-36.41
NMFS	9.74	8.11	-1.63	-16.74

（2）美国国家科学基金会

2020年，NSF提议预算为71亿美元，较2019财年预算的80亿美元减少了11.25%，其中地球科学以及南极和北极研究预算大幅减少，但该预算显示了NSF对十大创意（驾驭面向21世纪科学和工程的大数据、塑造新型人－技关系前沿、预测生物体的显性性状、量子跃迁、探索新北极圈、多信使时代的天体物理学、支持汇聚科学研究、中等规模的研究基础设施、NSF 2050计划、多元人才计划）的支持，并将资助大约8000个新研究。由于资金充足，该提案建议将中等规模的研究基础设施的资金削减至2.23亿美元。NSF的财年经费及资助分配情况见表5-2。

表 5-2　NSF 2019 ～ 2020 财年经费及资助分配情况

项目	2019年实际经费/亿美元	2020年预算经费/亿美元	2020年与2019年相比	
			增加经费额/亿美元	增加率/%
总计	80	71	-9	-11.25
研究及相关活动	65	57	-8	-12.31
研究基础设施	2.96	2.23	-0.73	-24.66

（3）美国国家航空航天局

与过去两年一样，2020年美国国家航空航天局（National Aeronautics and Space Administration，NASA）财政预算同样优先将太空探索置于地球科学之上，并减少了对地球科学的资助。这将包括取消两项地球科学任务，其中包括海洋生态系统的地球观测卫星任务（Plankton，Aerosol，Cloud，Ocean Ecosystem，PACE），该任务将通过测量浮游植物来检测海洋的健康信息，具体的财年经费及资助分配情况见表5-3。

表 5-3　NASA 2019 ～ 2020 财年经费及资助分配情况

项目	2019年实际经费/亿美元	2020年预算经费/亿美元	2020年与2019年相比	
			增加经费额/亿美元	增加率/%
科学任务理事会	69	63	-6	-8.7
地球科学	19	18	-1	-5.26

（4）美国海军（U.S. Navy）和海岸警卫队（U.S. Coast Guard）

2019年3月26日，美国众议院拨款委员会商业、司法、科学和相关机构小组委员会举行"2020财年美国海岸警卫队预算申请"听证会。众议院武装

委员会 – 海力和投射力听证会小组委员会举行"2020 财年海军部海力和投射力预算申请"听证会。2020 年美国海军和海岸警卫队财年预算为 93 亿美元，较 2019 年的 103 亿美元减少了 9.71%（表 5-4）。

表 5-4　U.S. Navy 和 U.S.Coast Guard 2019 ～ 2020 财年经费及资助分配情况

项目	2019 年实际经费 / 亿美元	2020 年预算经费 / 亿美元	2020 年与 2019 年相比	
			增加经费额 / 亿美元	增加率 /%
总计	103	93	-10	-9.71

2. 主要海洋科技管理机构经费管理

美国联邦政府主要涉海科技管理机构包括：美国国家海洋和大气管理局、美国国家科学基金会、美国国家环境保护局（Environmental Protection Agency，EPA）、美国地质勘探局（United States Geological Survey，USGS）等。近年来，美国每年海洋研究经费主要集中在美国国家科学基金会与美国国家海洋和大气管理局（寇明婷等，2020）。

（1）美国国家海洋和大气管理局

为了适应全面开发利用海洋的需要，根据尼克松第四号改组方案，在 1970 年 10 月成立了海洋和大气环境科学的"民用"中枢机构——美国国家海洋和大气管理局，其隶属于美国商务部，除人力、财务、国际事务、项目协调办公室等内设机构外，美国国家海洋和大气管理局下设国家海洋渔业局、国家海洋局、海洋及大气研究中心、国家气象局、海洋和航空业务办公室以及国家环境卫星、数据及信息服务中心 6 个直属机构。其主要任务是为海洋和大气环境的调查研究及预报服务。

2020 财年美国国家海洋和大气管理局提出约 44.7 亿美元的自由支配拨款申请，用以支持促进国家安全、公共安全、经济增长和创造就业方面的广泛目标。在预算削减的背景下，美国国家海洋和大气管理局预算将优先考虑满足海洋观测和监测、天气预报和预警、蓝色经济发展方面的核心职能，为确保美国国家海洋和大气管理局能够维持核心职能并对优先事项做出合理安排，其同时还做出了削减大量计划的艰难决定，包括外部拨款计划、北极研究和海洋观测。尽管终止和调整有关计划对美国国家海洋和大气管理局的工作充满挑战并且影响深远，但随着美国国家海洋和大气管理局转向更有效的政府管理模式，重新聚焦国家安全和核心政府职能，这种计划调整具有十分重要的意义。美国国家海洋和大气管理局总统预算主要预算账户及编制流程如图 5-1 所示，2011 ～ 2020 年美国国家海洋和大气管理局预算概况及各直属机构直接义务预算变化情况如图 5-2 所示。

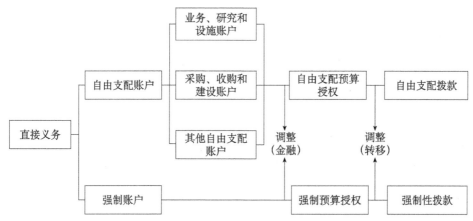

图 5-1　美国国家海洋和大气管理局总统预算主要预算账户及编制流程

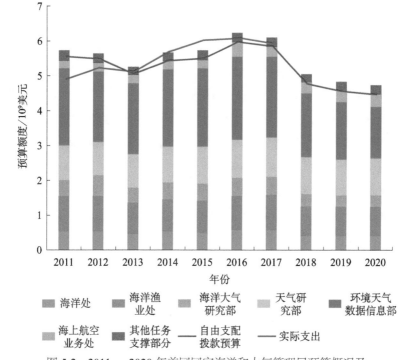

图 5-2　2011 ～ 2020 年美国国家海洋和大气管理局预算概况及
各直属机构直接义务预算变化情况

（2）美国国家科学基金会

美国国家科学基金会是国际上具有重要影响的资助基础科学研究的基金机构。作为美国联邦政府资助海洋科学研究的主要部门之一，在海洋科学的发展、海洋领域重大科学计划的设立和海洋领域重大研究设施等方面发挥了不可替代的作用。其中，美国国家科学基金会地球科学部（Directorate for Geosciences，GEO）主要支持海洋科学、大气与地球空间科学、固体地球科学领域的研究、基础设施与教育，深化对整个地球系统的理解。2007 财年开始，地球科学部在以前预算经费结构按学科划分的大气科学处（Division of Atmospheric Sciences，ATM）、固体地球科学处（Division of Earth Sciences，EAR）和海洋科学处（Division of Ocean Sciences，OCE）的基础上增加了创新与合作的教育与研究（Integrative and Collaborative Education and Research，ICER）的经费预算，主要用于支持一些具有创新的、复杂的、合作性的教育与研究项目，鼓励多学科间的交流合作。2010 财年地球科学部将原来的大气科学处变更为大气与地球空间科学处（Division of Atmospheric and Geospace Sciences，AGS）。2012 年开始，地球科学部经费预算新增了极地研究项目组。

美国国家科学基金会主要资助海洋基础研究和科研设施建设，其海洋科学处年度预算从 2000 财年的约 2 亿美元，逐渐增长至 2014 财年的 3.5 亿美元，其中海洋研究设施（科考船、观测网络等）建设和运行所占经费比例不断上升，近年已超过研究经费并呈现继续上涨的趋势。美国国家科学基金会资助的所有研究几乎均由外部研究机构完成。2017 财年，美国国家科学基金会海洋科学领域的预算申请为 3.79 亿美元，其中拟投入科学研究船队约 8500 万美元，国际大洋发现计划 4800 万美元，大洋观测计划 5000 万美元。此外，美国国家科学基金会通过其"大型研究设施建设计划"（Major Research Equipment and Facilities Construction，MREFC）为包括海洋在内的各科学领域大型研究设施提供建设、改造、升级、退役的经费。2009 年以来已为大洋观测计划投入经费近 4 亿美元。

3. 主要海洋研究机构经费来源

（1）伍兹霍尔海洋研究所

伍兹霍尔海洋研究所（Woods Hole Oceanographic Institution，WHOI）在第二次世界大战前主要由美国国家科学基金会资助，第二次世界大战后改为主要由联邦政府资助。伍兹霍尔海洋研究所的全年经费预算约 2 亿美元，其中来源分布如下：大部分经费来源于联邦政府资金，包括美国国家科学基金会、美国国家海洋和大气管理局、其他美国及外国政府部门等；经费也来源于私人资金，包括伍兹霍尔海洋研究所基金会、私人捐献、其他基金会等；同时，也有部分工业界资金，包括赞助研究和知识产权收入等。

（2）斯克里普斯海洋研究所

斯克里普斯海洋研究所（Scripps Institution of Oceanogrphy，SIO）大部分科研经费来自于美国国家科学基金会、美国国家航空航天局、美国国防部和美国能源部等。政府部门研究所全年经费约 1.7 亿美元，其中来源分布如下：大部分经费来自于美国国家科学基金会、美国国家航空航天局、美国国家海洋和大气管理局、美国国防部、美国能源部、其他政府部门。加利福尼亚州政府为斯克里普斯海洋研究所提供了约 14% 的经费。私人资金在开发新的研究领域、购买设备等方面发挥着非常重要的作用。

（3）毕格罗（Bigelow）海洋科学实验室

毕格罗海洋科学实验室研究经费的主要来源是美国国家科学基金会、美国国家航空航天局、海军研究办公室（Office of Naval Research，ONR）、美国国家海洋和大气管理局的联邦拨款机构，以及缅因州创新基础设施基金（图 5-3），并通过提供分析和咨询服务来补充资金。教育计划的资金来自机构合作伙伴关系和有目标的慈善事业。核心设施通过向学术界、行业和政府客户

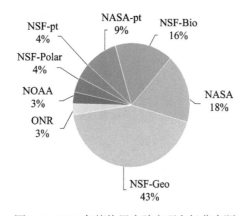

图 5-3　2015 年毕格罗实验室研究经费来源

NSF-pt：颁予其他院校的奖学金；NSF-Bio：美国国家科学基金会生命学部；

NSF-Geo：美国国家科学基金会地球科学部；NSF-Polar：美国国家科学基金会极地学部

提供收费的服务应用程序得到支持，并通过慈善事业的战略投资来支持新功能。

（4）西北太平洋国家实验室

西北太平洋国家实验室（Pacific Northwest National Laboratory，PNNL）是美国能源部下属的一个国家实验室。根据联邦采购协议，美国国家实验室接收的资金中至少70%必须来自联邦政府，且国家实验室接受非联邦部门的资助时须取得主资助单位的同意。

（二）日本海洋科学领域资助情况

1. 日本联邦预算

日本财务省（MOF）公布每年的财年预算情况（如图5-4），并将财政预算下拨到各部委和科研管理机构。

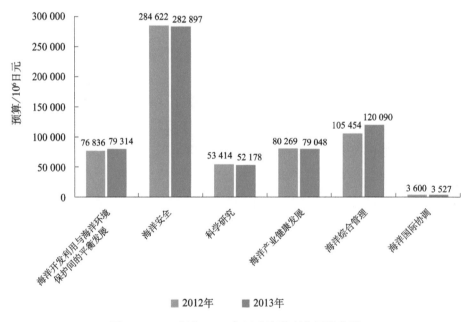

图 5-4　2012 年和 2013 年日本海洋事业预算分配

资料来源：日本内阁海洋政策总部，https://www.kantei.go.jp/jp/singi/kaiyou/

2. 主要海洋科技管理机构经费管理

（1）日本内阁海洋政策总部

根据《海洋基本法》，日本于 2007 年在内阁设立了海洋政策总部，以集中和全面地促进海洋政策。内阁办公室负责基本政策操作,以全面、系统地推广海洋政策。2020 财年内阁总预算为 32 525 亿日元,相比于 2019 年的 30 575 亿日元增长了 1950 亿日元。

日本政府给予海洋科技发展雄厚的经费投入。日本内阁专门成立了综合海洋政策部,由该部门负责《海洋基本计划》中各领域的推进工作,每年发布一次《海洋状况报告》。例如,2012 年(2012.04.01 ~ 2013.03.31)的海洋预算额度是 13 320 亿日元,并补充财政支撑 2377 亿日元。2013 年的海洋预算额度是 13 176 亿日元(陈春等,2016)。

(2)文部科学省

文部科学省(MEXT)致力于海洋、地球和环境的研究与开发,以应对与人类生存相关的问题(如资源管理),并发现和研究海洋未知区域和地球内部的性质。2013 年,由文部科学省承担的深海钻探计划与地球环境变化研究预算是 354.76 亿日元,海洋资源调查研究预算是 30.83 亿日元。

3. 主要海洋研究机构经费来源

日本海洋科技中心(JAMSTEC)隶属于文部科学省,旨在开展海洋研究开发和海洋地球物理学研究,2004 ~ 2009 年经费均来自财政初期预算,每年预算经费大致保持在 4.0 亿~ 4.5 亿日元。从 2009 年开始,日本海洋科技中心经费除了来自财政初期预算外,又增加了新的额外预算经费,其中 2012 年增加的额外预算最多。2012 年的初期预算经费为 4.72 亿日元,额外预算经费为 3.34 亿日元。从 2014 年开始,日本海洋科技中心预算经费有所减少(图 5-5),年预算经费少于 4 亿日元,到 2019 年,预算经费减少到 3.58 亿日元(魏婷等,2017)。

(三)欧盟国家海洋科学领域资助情况

2006 年 6 月,欧盟颁布了《欧盟海洋政策绿皮书》。2007 年 10 月,欧盟委员会在各成员国磋商成果的基础上颁布了《欧盟海洋综合政策蓝皮书》,以确保海洋资源的综合管理。2018 年 5 月,在公布的 2021 ~ 2027 年的欧盟预算提案中,欧盟委员会宣布正在为欧洲渔业和海洋经济提供一个更简单、更灵活的基金。在发展海洋经济方面,欧盟委员会还建议在 2014 ~ 2020 年加强支持和投入力度。欧盟的沿海社区将获得更多和更广泛的支持，让包括水产养殖和沿海旅游在内的所有相关产业受益。在欧盟看来，海洋经济未来发展具有很大潜力，2018 年其全球产值估计为 1.3 万亿欧元，到 2030 年可能会翻一番（梁偲，2018）。

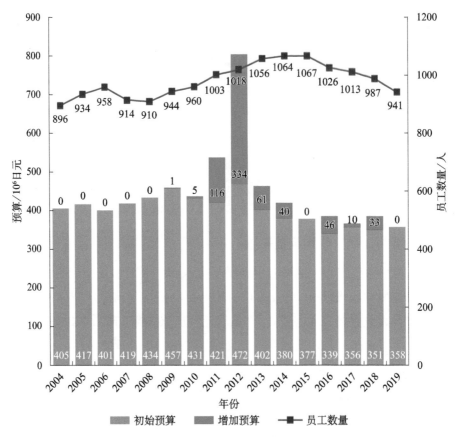

图 5-5　2004 ～ 2019 年日本海洋科技中心经费预算变化情况

资料来源：日本海洋科技中心，http://www.jamstec.go.jp/e/pr/pdf/brochure.pdf

　　欧盟委员会 2018 年 5 月发布了欧盟 2021 ～ 2027 年长期预算提案。新一期的预算提案针对欧盟亟待解决的难题，提供了新的思路和方法。在欧盟委员会公布的预算提案中，2021 ～ 2027 年长期预算承诺的资金总额为 1.279 万亿欧元（以 2018 年物价计），相当于欧盟 27 个成员国国民总收入的 1.11%（2014 ～ 2020 年长期预算提案承诺总额为 1.105 万亿欧元，相当于欧盟国民总收入的 1.05%）。在预算支出方面，有助于实现未来可持续发展和安全稳定的领域，如研究与创新、青年就业、数字经济、移民与边境管理、安全与防卫等，将得到较大增长。其中，研究与创新投资增加 60%，青年就业投资增加一倍多，用于移民与边境管理投资增加 1.6 倍，安全与防卫投资增加 80%，外部行动资金增加 30%，其中农业和海洋政策基金为 3722.64 亿欧元（梁偲，2018）。

1. 德国海洋科学领域资助情况

（1）德国财政情况

德国是高度发达的工业国。经济总量位居欧洲首位，世界第四。2016 年，外贸总额 21 621 亿欧元，同比增长 0.84%。其中，出口额 12 075 亿欧元，同比增长 1.2%，进口额 9546 亿欧元，同比增长 0.6%，顺差 2529 亿欧元。2016 年，国内资产投资额 6278 亿欧元，私人可支配收入 23 407 亿欧元，私人消费支出 16 779 亿欧元，公共支出 6175 亿欧元。国民总收入 31 999 亿欧元。2016 年，国家负债总额 20 314 亿欧元，占国内生产总值的 64.8%，国家公共财政总收入 14 114 亿欧元，总支出 13 877 亿欧元，财政盈余 237 亿欧元。2012 ～ 2016 年联邦政府财政状况见表 5-5。

表 5-5　联邦政府财政状况　　　　　（单位：亿欧元）

年份	2012	2013	2014	2015	2016
收入	11 634	11 948	12 996	13 023	14 114
支出	11 744	12 042	12 907	12 728	13 877
差额	-110	-94	89	295	237

德国的海洋科学研究历史悠久，海洋与极地科学研究是其国家环境研究战略框架中的重要组成部分。1998 年，德国海洋科学（包括极地科学）研究年总投入约为 4.5 亿马克。2019 年，德国宣布计划投入 870 万欧元研究海洋最富产区。2020 年 3 月 3 日，德国海洋研究联盟启动仪式顺利举行。该联盟主要由阿尔弗雷德·魏格纳极地与海洋研究所（Alfred Wegener Institute for Polar and Marine Research，AWI）、基尔亥姆霍兹海洋研究中心（Helmholtz Centre for Ocean Research Kiel，GEOMAR）、德国联邦海事水文局（BSH）与德国汉堡大学地球系统研究与可持续发展中心（Center for Earth System Research and Sustainability，CEN）等众多德国科研机构组成。2022 年 6 月，

德国教育与研究部部长蒂娜·斯塔克-瓦辛格指出，德国联邦政府将提供总计 4500 万欧元支持该联盟开展科研项目（中国自然资源报，2020）。

（2）主要海洋科技管理机构经费管理

德国资助海洋科学研究的主要单位是德国联邦教育及研究部（Bundesministerium für Bildung und Forschung，BMBF），其前身是 1955 年成立的联邦原子部，1962 年改名为联邦科学研究部，1969 年再改名为联邦教育及科学部，直到 1994 年与联邦研究及科技部合并后才改为联邦教育及研究部。它是德国支持海洋科学研究最大的出资者，如 1992 年该部门的海洋科学研究投入为 1.3 亿马克。其次是联邦食品、农业和森林部（BMEL），联邦国防部（Bundesministerium der Verteidigung，BMVg），联邦交通部（BMVI），联邦环境、自然保护和核安全部（BMU）以及联邦经济部（BMWi）等。

2018 年，根据全球海洋产业数字化、网络化进程和新业态发展趋势，基于对 2011 年版《国家海洋技术总体规划》的更新调整，德国经济和能源部发布新版《国家海洋技术总体规划》。规划统计显示，德国海洋经济年均总产值超过 550 亿欧元，直接或间接创造约 40 万个就业岗位，在研海洋科技项目超过 750 个。

2019 年，德国联邦教育和研究部（German Federal Ministry of Education and Research）资助的三个项目将投入 870 万欧元在三年内解决大西洋和太平洋东部区域对气候变化的敏感性问题。

（3）主要海洋研究机构经费来源

德国基尔亥姆霍兹海洋研究中心是海洋研究领域的世界领先机构之一。该研究所的任务是研究海洋的化学、物理、生物和地质过程及其与海底和大气的相互作用。其主要经费来源为德意志联邦共和国（90%）和石勒苏益格-荷尔斯泰因州（10%），2020 年的年度预算为 8000 万美元。

2. 法国海洋科学领域资助情况

（1）法国海洋领域财政补贴情况

2002 年，法国国家公共总预算为 2840 亿欧元，其中用于农渔业 50 亿欧元，社会保险和互助资金用于农业近 120 亿欧元，地方预算用于农业 9 亿欧元，三项合计，本国用于支持农渔业发展的资金近 180 亿欧元。法国海洋领域财政补贴特点如下：① 补贴形式多样，兼具直接与间接形式，对渔业的补贴具有阶段性的特征，补贴对象和形式不断变化。法国海洋经济财政政策中对海洋航运业的支持主要通过直接或者间接补贴的形式。对国营航运公司或由政府控股的航运公司提供营运补贴，使各项营运费用与外国海运业的同项费用保持平衡，以增强其竞争能力。② 财政补贴不但要促进海洋产业的发展，也要强调海洋环境的保护，可持续的海洋经济。法国将对农民的直接补偿性支付逐步由生产控制型转变为服务型，增加对环境、食物安全、动植物健康、动物福利、良好的农渔业条件等方面的支出，促使法国渔业向多功能、可持续发展的方向转变。③ 财政补贴的功能从"输血"到"造血"。法国为了保证补贴资金的政策效力，避免使之成为农民及渔民的收入保障，采取了国家与农民签订一套可持续发展合同的措施，将农民及渔民和政府的责任落实到合同中。签订合同后，增加了农民及渔民在开发高品质农渔业产品和环保等方面的责任。④ 提供补贴的方式多样，引入市场竞争。法国政府通过支持农业贴息贷款的方式向农民（及渔民）提供资金。从1990 年起，国家对贴息贷款的发放引进了市场竞争机制，允许农业信贷银行以外的其他银行参与发放贴息贷款投标。⑤ 通过财政补贴，促进产业结构升级。法国补贴的导向作用发生了巨大变化，鼓励渔民开发高品质有机渔业。农渔业补贴方向的改变，有利于农渔业生产者更注重环保和食品安全问题，鼓励发展有机农渔业，使农渔业能够生产更好而非更多的产品（王伟伟，2011）。

（2）主要海洋科技管理机构经费管理

法国教研部是法国科技主管部门，负责领导、组织和协调全国的科研与发展工作。教研部主管法国 176 家公共科研机构、大学、精英学校和技工学院以及 14 家私立高校，如在 2013 年和 2014 年对法国海洋开发研究院预算经费分别为 1.58 亿欧元和 1.54 亿欧元。

法国国家科研署（Agence Nationale de la Recherche，ANR）作为法国国家和主要科研机构之间的公共利益集团成立于 2005 年 2 月 7 日，是科研项目的资助机构，其主要任务在于为基础研究项目、定向研究项目、公共部门和私营部门的合作研究项目提供资助。该署通过项目招标和同行评议来确定可资助的项目。

2017 年，法国制定了《海洋和沿海地区国家战略》，确立了四大发展目标：促进海洋和沿海地区的生态改革，发展可持续的蓝色经济，保护海洋生态环境和具有吸引力的沿海地区，提高法国的影响力。同年，法国国家科研署与法国海洋能源公司合作，通过招标完成了对 6 个海洋可再生能源研发项目的资助。据统计，2015～2017 年，这些项目共获得 1000 万欧元的研发经费。2015～2017 年，法国海洋能源公司与法国国家科研署共启动了 21 个海洋可再生能源联合研发项目（张多，2018）。

（3）主要海洋研究机构经费来源

1）法国海洋开发研究院。法国海洋开发研究院（French Research Institute for the Exploitation of the Seas，IFREMER）成立于 1984 年，是法国国家海洋研究机构，由原法国国家海洋开发中心和海洋渔业科学技术研究所合并而成。法国海洋开发研究院受法国工业科研部和海洋国务秘书处双重领导，研究海洋开发技术和应用性海洋科学。该研究院的具体工作任务有：制订和协调海洋开发计划，审议和决定其下属机构的海洋研究与开发计划，研制用于海洋开发与研究的仪器和设备，参加海洋开发的国际合作计划，促进法国海洋科学应用技术或工业产品的出口。其研究活动集中在：监测、利用和改善海洋沿岸；水产养殖生产的监测和优化；渔业资源；海洋及其生物多样性的探索和开发；海洋循环和海洋生态系统、机制、趋势和预测；海洋学服务的主要设施工程；在各项活动领域的知识转让和创新。

法国海洋开发研究院的经费收入主要来自国家政府的拨款，每年预算约为 10 亿法郎，其经费占国家公共机构预算经费的 12%。

2）法国国家科学研究中心。法国国家科学研究中心（Centre National de la Recherche Scientifique，CNRS）成立于 1939 年，是法国最大的科学技术研究机构，也是欧洲最大的基础研究机构之一，隶属于法国国家教育、研究与技术部，由 6 个学部（数学、物理、宇宙学部，环境科学和可持续发展部，信息和工程科学技术部，生命科学部，化学部，人文社会科学部）和 2 个国家研究所（国家宇宙科学研究所，国家原子能和粒子物理研究所）组成。其主要任务为在政府制定的科研政策范围内，组织、协调和评估各种有益于国家科学、技术、经济、社会和文化进步的科学研究，促进科研成果的应用和科学信息的传播，培养科学人才。

法国国家科学研究中心经费主要来源于政府拨款和自筹资金。其中，自筹资金的渠道包括企业联合研究、欧盟联合研究、专利使用费、许可收入和提供服务的收入等。2020 年拥有研究人员 33 000 余名，下属国内及国际研究单位 1100 余家，2006 年预算经费为 27.38 亿欧元，其中有 4.94 亿欧元属自筹基金。

（四）韩国海洋科学领域资助情况

1. 韩国海洋科学领域财政预算情况

韩国从 1996 年起确定并实施海洋开发基本计划，决定在 1996 ～ 2005 年投资 25 万亿韩元的巨额资金发展海洋产业，计划到 2005 年将海洋产业规模由 1994 年的 147 亿美元提高到 812 亿美元。1996 年，韩国海洋水产部推出了《21 世纪海洋水产前景》之顶层设计蓝图——建设海运强国、水产大国、海洋科技强国和海洋环境良好的海洋国家。

1999 年 7 月，韩国海洋水产部确定了 21 世纪海洋发展战略的方向、推进体制、推进日程等基本方针。2000 年 5 月，经海洋开发委员会（国务总理为委员长）及国务会审议，将《21 世纪的海洋发展战略》确定为国家计划。韩国海洋水产部基于该战略计划投入 2 万多亿韩元用于海洋科学技术开发事业，如表 5-6 所示（孙悦琦，2018）。

表 5-6　海洋资源开发所需投资展望　　　　　　（单位：10^6 韩元）

项目	1999 年	2000 年	2001 年	2002 年	2003 ～ 2010 年
海洋资源开发基础建设（包括极地研究）	295 582	5 582	17 750	24 300	259 800
海洋矿物资源开发	279 077	4 660	8 100	10 900	255 417
海洋生物资源开发	101 850	550	3 400	4 800	93 100
海洋能源开发	997 400	200	900	1 100	994 900
海洋空间资源开发	88 500	170	630	3 600	84 100
海洋船舶 / 装备开发	265 800	200	1 700	5 700	258 200
海洋发展计划	150 000	—	—	—	150 000
合计	2 178 209	11 362	32 480	50 400	2 095 517

2006 年韩国政府宣布，在 2013 年底前投资 2655 亿韩元，用于远洋捕捞、海洋养殖、海产品加工和销售，使远洋渔业扩展为海洋产业，还计划在 2013 年底前与世界 16 个国家和地区联合开展渔业资源调查。

2012 年，韩国决定投资 90 亿美元开发海上风电项目，以确保在 2019 年海上风电可达到 2.5GW。其中，韩国政府将投资 9.2 万亿韩元，在该国南部近海建设 2500MW 规模的海上风力发电设施。

2013 年 4 月，韩国政府制定了《韩国海洋水产部业务促进计划》，其内容涉及韩国海洋水产事业发展的各个方面。韩国政府的海洋水产预算与发展基金 2008 年为 40 806 亿韩元，2012 年为 41 710 亿韩元；恢复了韩国海洋水产部之后，2013 年增加到 42 660 亿韩元，2014 年则为 43 809 亿韩元。同时，韩国海洋水产领域的研发费用从 2008 年的 2088 亿韩元增至 2012 年的 3630 亿韩元；至 2013 年达到 5104 亿韩元，比前一年大幅增加 40.6%。2013 年 8 月，韩国政府宣布将民间参与研究海洋水产业的比重从 2013 年的 10% 提高到 2017 年的 30%。

2015 年，韩国政府开始通过产业银行为经营状况不佳、亏损规模较大、赤字达 5 万亿韩元的大宇造船海洋公司提供 4.2 万亿韩元的支援，并形成了大宇造船正常化方案，2016 年进行了 2.8 万亿韩元规模的增资，2017 年再提供 2.9 万亿韩元的支援资金。

2016 年，韩国政府召开加强产业竞争力有关部长级会议，公布《造船密集区域经济振兴方案》以提升造船产业竞争力。为应对对三大造船公司进行高强度的结构调整，韩国政府计划至 2020 年，政府将订购 250 艘以上的船舶，总投入为 11 万亿韩元。在海运业方面，政府为海运公司提供 6.5 万亿韩元的支援，还计划在未来五年，联合民间资本在研发领域共同斥资 7500 亿韩元，培养 6600 名专业人才，以推动造船业向高附加值产业转型升级。

2018 年，韩国政府计划向刚成立的国有实体企业韩国海洋商业公司（Korean Ocean Business Corporation，KOBC）投资 2000 亿韩元。韩国财政部表示，将通过股票出资 1.35 万亿韩元投资新成立的公司。

2. 主要海洋科技管理机构经费管理

1996 年韩国成立了海洋水产部（MOMAF），成为世界上唯一实行海洋管理综合体制的国家。海洋水产部综合了水产厅、海运港湾厅、科学技术处、农林水产部、产业资源部、环境部、建设交通部等各涉海行业部门分担的海洋管理职能，继承了原水产厅负责的水产政策制订职能、原海运港湾厅负责的海运政策制订职能、原科学技术处负责的海洋科学技术研究开发职能、原农林水产部负责的水产政策和水产统计职能、原产业资源部负责的深海矿物等海洋资源开发职能、原环境部负责的海洋环境保护及研究调查职能以及原建设交通部负责的共有水面倾废管理、海洋调查、水路、海洋安全审判等职能，新设的海洋警察厅除继续负责过去警察厅的有关职能外，还增加了负责海洋污染和海上治安、海上交通安全等职能。将原来分散的涉海行业管理综合起来由海洋水产部统一管理。

2019 年韩国海洋水产部预算约为 51 012 亿韩元，较 2018 年的 50 458 亿韩元增加了 1.1%。其中，水产－渔村领域预算为 22 284 亿韩元，较 2018 年的 21 573 亿韩元增加了 3.3%。同年，韩国首先对 70 个渔村开始推进以区域、生活密集型渔村创新的"渔村新政 300"工作，这项工作将会投入 1974 亿韩元，并预计到 2022 年对 300 个渔村进行资助。"渔村新政 300"通过利用海洋旅游等区域资源，开发渔村和渔港特色的工作。为了保证水产品供给的安全性和预防夏季养殖场高温灾害，分别增加投入 20 亿韩元和 30 亿韩元。同时，投入约 120 亿韩元构建基于物联网（internet of things，IoT）和尖端水处理技术的智能养殖场，形成聚集流通、加工等相关产业的产业协同体。新设海洋水产的特殊创业投资信托金 200 亿韩元，将海洋水产创业投资扶持中心由 1 个增开到 6 个。同时，构建超高速海上通信网，可以定位到游船及渔船等对事故应对薄弱的船只，并投入 11 亿韩元引入类似乘机手续系统的条形码乘船确认系统，旨在满足游客对海洋安全和海洋环境的高标准要求。另外，将投入 111 亿韩元，组织约 400 名海洋守护者进行海边垃圾的回收及处理，加强海洋垃圾管理。

经韩国国会审议批准，韩国海洋水产部 2020 年预算确定为 5.6029 兆韩元，比 2019 年的 5.1796 兆韩元增加 8.2%。从领域来看，2020 年水产与渔村领域预算为 2.4218 兆韩元，同比增加 7.9%；海运与港湾领域预算为 1.8972 兆韩元，同比增加 10.5%；物流等其他领域预算为 8195 亿韩元，同比增加 10.2%。研发方面的预算比 2019 年增加 8.5%，为 6906 亿韩元。预算增加的方面主要有加强水产业竞争力、海洋水产智能化与发展新产业、提高港湾竞争力、发展海洋观光与宣传海洋文化、海洋环境管理等。

因受新冠疫情影响，海运业损失扩大，韩国海洋水产部决定向海运业追加提供 1.25 万亿韩元的金融援助。韩国海洋商业公司决定向海运公司的现有船舶进行优先投资，将船舶担保比率由市场价格的 60% ～ 80% 提高到 95%，共投入 1000 亿韩元。

3. 主要海洋研究机构经费来源

韩国海洋科学技术院（KIOST）于 2012 年 7 月 4 日成立，致力于系统开发、研究、管理、利用海洋及海洋资源，培养海洋领域优秀人才，进一步促进海洋科技发展，提高海洋国际竞争力。

韩国海洋科学技术院是由原韩国海洋研究院改编更名的具备独立法人资格的海洋研究机构。从表面看来，它只是在名称上增加了"科学技术"四个字，去掉了"研究"二字，但实际其内涵还是有着重大甚至是方向性的改变。首先，其主管部门由韩国教育科学技术部改为国土海洋部，归属于纯行政性质的国土海洋部。其次，政府资助的预算比重由 39% 提高到 75%。原韩国海洋研究院从政府获得的资助本来就不是一个小数目，而现在的比例几乎翻番，数额大增。到 2020 年，韩国海洋科学技术院的预算增加至 7000 亿韩元。最后，韩国海洋科学技术院将致力于构建海洋领域产学研合作平台，通过国家集中资助，提高韩国海洋科技竞争力，推动韩国海洋科技迈向一个新的台阶。

（五）俄罗斯海洋科学领域资助情况

1. 俄罗斯联邦预算

俄罗斯自 1998 年制定《俄罗斯联邦预算法典》之后，基本按照该法典开展预算工作，经过 2003 年、2004 年和 2007 年几次较大改动后，基本确定了现行的预算制度。在结构上，作为一个联邦制国家，俄罗斯采取了预算联邦制，分为联邦—联邦主体—地方自治机构的三级预算模式，并逐步规范了联邦和地方政府的财政分权及政府间转移支付制度。在模式上，自 2004 年起，俄罗斯开始实行中期预算模式，以当年为预算年，第二、第三年为规划期，在对三年宏观经济进行预测的基础上，年度滚动编制中期预算。在保障措施上，俄罗斯立法建立稳定基金，将每年一定比例的油气收入和财政盈余补充到基金内，用于在财政紧张时补充预算，这成为俄罗斯应对财政危机的压舱石（苟燕楠和杨康书源，2018）。

俄罗斯将 2020～2022 年联邦预算的主要参数确定如下：

1）联邦预算收入分别为 20.38 万亿卢布、21.25 万亿卢布和 22.06 万亿卢布；

2）联邦预算支出分别为 19.5 万亿卢布、20.63 万亿卢布和 21.76 万亿卢布；

3）联邦国家内债上限分别为 12.98 万亿卢布、14.64 万亿卢布和 16.62 万亿卢布；

4）联邦外债上限分别为 644 亿美元（或 564 亿欧元）、676 亿美元（或 578 亿欧元）和 689 亿美元（或 574 亿欧元）；

5）联邦预算盈余分别为 8761 亿卢布、6125 亿卢布和 2950 亿卢布。

关于联邦预算执行到 2020 年 1 月 1 日国家项目执行的初步数据，在科学领域财年预算为 376 亿卢布，较 2019 年的 379 亿卢布减少了 0.8%；在生态学领域财年预算为 36.9 亿卢布，较 2019 年的 55.6 亿卢布减少了 33.6%。

2. 主要海洋科技管理机构经费管理

2013 年之前俄罗斯主要的海洋科技管理机构是俄罗斯科学院，随着 2013 年 9 月通过的《俄罗斯科学院改革法案》，俄罗斯联邦政府成立了俄罗斯联邦科研机构管理署（FANO）负责由原俄罗斯科学院、俄罗斯医学科学院和俄罗斯农业科学院支配的联邦资产及下属所有机构的管理工作。联邦科研机构管理署在 2017 年第一季度 730 亿卢布经费的基础上又增加了 90 亿卢布的补充科研经费，用于支持下属科研机构的发展和提高科研工作者的工资待遇。2018 年 5 月，普京签发总统令，宣布对政府组成部门进行部分改组，成立了联邦科学与高等教育部，并将撤销联邦科研机构管理署，其职能将移交至新成立的科学与高等教育部。科学与高等教育部的主要职能如下：制定并实施科技、创新和高等教育领域的国家政策和法律法规；在高等教育、就业培训、科技和创新活动领域提供国家支持并进行国有资产管理，具体包括支持联邦科学和高技术中心、国家科学中心、独一无二的试验仪器和设备中心、联邦科研设备联合利用中心、顶级科研机构、国家下一代研究网络等开展活动，为国家科学、技术和创新活动提供信息保障。一方面，俄罗斯科学院拥有近600个下属科研机构，此后科学与高等教育部将在这些研究院所发展中发挥重大作用，这有助于加强政府对科技与创新活动的统一管理。另一方面，科学与高等教育部获得的联邦研发预算将大大提升，以2018年为例，俄罗斯联邦政府的研发预算为504亿卢布，其中教育与科学部获得158亿卢布，联邦科研机构管理署获得192亿卢布，这意味着如果今后俄罗斯继续保持这种研发投资趋势，与原教育与科学部相比，新的联邦科学与高等教育部获得的联邦财政预算将至少翻番，达到政府研发预算总额的近70%（王郦久和徐晓天，2019）。

3. 主要海洋研究机构经费来源

希尔绍夫海洋研究所是俄罗斯最大的综合性海洋研究机构，隶属于俄罗斯科学院，是俄罗斯主要的海洋研究机构之一。希尔绍夫海洋研究所的经费主要来自两个途径，一是联邦预算，二是预算外经费。从表5-7中可以看出，2011～2016年，联邦政府向研究所提供的资金流向预算显著增加，预算外收入整体趋于增加。预算外收入在研究所总收入中占比为43.70%～50.67%。

表 5-7　2011～2016 年研究所收入信息

年份	联邦预算 / 百万卢布	预算外收入 / 百万卢布	预算外收入 占比 /%	总收入 / 百万卢布
2011	531	458	46.31	989
2012	607	548	47.45	1155
2013	577	512	47.02	1089
2014	732	743	50.37	1475
2015	658	676	50.67	1334
2016	920	714	43.70	1634

尽管预算经费有所增加，但研究所可以偿还支付给员工的工资（金额为所需水平的40%～60%），财务研究降低5%～10%，以保持部分基础架构正常工作。来自预算外资金的增加和研究所净利润的增加是其中之一。

研究所面临优先战略任务。根据初步估计，通过以下举措可以实现这种增长：

1）鼓励研究人员参加金融竞赛，获得俄罗斯基础研究基金会（Russian Foundation for Basic Research，RFBR）和俄罗斯科学基金会（Russian Science Foundation，RSF）的支持；

2）鼓励研究人员搜索并订立合同以实施科学与联邦各部门合作；

3）参加由斯科尔科沃基金会等举办的竞赛；

4）增加国际赠款和合同的数量；

5）增加研究所各分支机构与区域州之间的科学作品互动客户；

6）提高研究所主要活动中未使用的租赁处所和其他房地产物件；

7）大大加强研究所的合同活动；

8）组织寻找俄罗斯和外国的科学研究所制造的设备（GNOM 水下机器人平台、Akvalog 系列等的自动发声复合体等）。

三、我国海洋科学研究的资助现状

本节从资助布局、资助概况、成效分析三个方面介绍我国海洋科学科研资助现状。

（一）资助布局

20 世纪 80 年代以来，我国启动实施了一系列重大科学研究计划和项目，主要有科学技术部的 973 计划、863 计划和国家自然科学基金，以及相关部委的一批重大海洋科学技术专项等。

1. 973 计划、863 计划和国家重点研发计划

1998 年，科学技术部启动实施了 973 计划，旨在解决国家战略中制约国民经济和社会发展的重大科学问题和科学前沿问题，面向前沿高科技战略领域超前部署基础研究，提升中国的原始创新能力。973 计划启动资助项目以来（1999～2015 年），共资助 50 项海洋领域项目，专项科研经费 14.46 亿元；重点资助领域包括：边缘海形成与演化、近海生态环境演变、陆海相互作用、近海有害赤潮等；同时，还包括中国近海及海洋生态、环境演变和海洋安全、

全球变化与区域响应和适应、人类活动对生态系统的影响及其可持续发展等。
2010～2015 年 973 计划资助情况见表 5-8。

表 5-8 2010～2015 年 973 计划资助情况

年份	海洋领域 项目数 / 个	年度总 项目数 / 个	海洋领域专项 经费 / 万元	年度总专项 经费 / 万元	海洋专项经费 占比 /%
2010	7	150	20 261	419 406	4.8
2011	3	196	9 022	573 321	1.6
2012	6	211	17 001	587 201	2.9
2013	7	192	21 169	500 637	4.2
2014	3	168	6 891	314 662	2.2
2015	6	152	14 285	304 791	4.7
总 计	32	1 069	88 629	2 700 018	3.4 （平均）

资料来源：数据整理自科学技术部官方网站，网址为 https://www.most.gov.cn/index.html

1986 年 3 月，科学技术部启动实施了 863 计划，旨在提高我国自主创新能力，着重解决事关国家中长期发展和国家安全战略性、前沿性和前瞻性高技术问题，发展具有自主知识产权的高技术，统筹部署高技术的集成应用和产业化示范，充分发挥高技术引领未来发展的先导作用。截至 2016 年，海洋领域 863 计划共涵盖四个主题，包括海洋高技术、海洋探测与检测技术、海洋生物技术、海洋资源开发技术。

2016 年 2 月起，科学技术部的 863 计划、973 计划与其他部委的国家级科技计划一起，被整合为国家重点研发计划。截至 2016 年，68 个重点研发计划的重点专项中有 4 个涉海计划，包括"深海关键技术与装备""全球变化及应对""蓝色粮仓科技创新""海洋环境安全保障"，执行期为 2016～2020 年。其中，"深海关键技术与装备"专项共立项 126 个项目，总经费 44.06 亿元，其中中央财政经费 29.15 亿元；"海洋环境安全保障"专项共立项 87 个项目，总经费 17.14 亿元，其中中央财政经费 15.39 亿元。

2. 国家自然科学基金资助项目

1986 年 2 月，国家在原中国科学院科学基金委员会基础上成立国家自然科学基金委员会，管理国家自然科学基金。在 2018 年的国务院机构改革中，国家自然科学基金委员会改由重新组建的科学技术部管理。国家自然科学基金现已成为中国基础研究领域最重要的资助渠道之一，目前已逐步构建探索、人才、工具、融合四位一体的资助格局。国家自然科学基金委员会具体建立了面上项目、重点项目、重大项目、重大研究计划项目、国际（地区）合作研究项目等探索项目系列；以科技人才战略为契机，立足于提高未来科技竞争力，开展了青年科学基金项目、优秀青年科学基金项目（优青）、国家杰出青年自然科学基金项目（杰青）、创新研究群体科学基金项目、海外及港澳学者合作研究基金项目、地区科学基金项目、联合基金项目等较为完整的培养科学技术人才的项目资助体系；同时，还设立了以国家重大科研仪器研制项目、基础科学中心项目、应急管理项目、外国青年学者研究基金项目、国际（地区）合作交流项目等工具与融合项目体系。随着中央财政对基础研究的投入不断增长，国家自然科学基金从 1986 年的 8000 万元，现已增长到 2021 年的 373.1 亿元，项目资助强度亦稳步提高。

3. 中国参与的涉海重大国际研究计划

在科技全球化的大背景下，发起、组织并参与国际重大科学研究计划，成为进入国际科学前沿以及展现、提高国家基础研究实力和水平的重要途径。过去四十年，国际海洋学界尤其是欧美发达国家发起并组织了一系列国际重大研究计划，在科学技术部的资助下，中国已参与了多项涉海国际重大科研计划，但尚未在其中发挥主导性的作用。其中，大洋钻探是地球科学领域迄今规模最大、影响最深、历时最久的国际合作研究计划，引领当代国际深海探索的科技平台，凝聚世界各国最高水平的海洋科技力量，为地球系统科学的发展做出了巨大贡献。经国务院批准，我国于 1998 年加入大洋钻探计划，年付会费 50 万美元，成为大洋钻探计划的首个参与成员。随即于 1999 年在南海完成了 ODP 184 航次，在中国科学家的建议、设计和主持下完成了南海的首次大洋钻探，使得我国深海基础研究一举进入国际前沿，并为我国南海深水油气勘探提供了重要支持。2004 年，中国以"参与成员国"身份加入综合大洋钻探计划，年付会费 100 万美元。2013 年 10 月，我国加入国际大洋发现计划（2013 ～ 2023 年），在年付会费 300 万美元、升格为完全成员（full member）的基础上，还特别支持了南海 3 个匹配性项目建议书（Complementary Project Proposal，CPP）航次，支付经费 1800 万美元。中国在 1998 年参加大洋钻探，经过二十多年努力已基本赶超到国际前沿。

4. 其他国家科技计划

为贯彻落实《国家中长期科学与技术发展规划纲要（2006—2020 年）》，财政部与国家海洋局于 2006 年专门设立了公益性行业科研专项经费。海洋与农业、地震、气象等 10 个部门被列为首批试点。截至 2015 年，海洋公益性行业科研专项已立项和实施 9 批次，项目总数 297 项，累计支持经费超过 32 亿元。研究范围涵盖海洋权益维护和安全保障、海洋综合管理、海洋生态与环境保护、海洋防灾与气候变化、海洋资源可持续利用、海洋观测调查监测与信息服务等领域，项目覆盖面涵盖国家海洋局局属单位、多数沿海省份海洋厅（局）、涉海科研院所等单位。

其他涉海国家级科技计划还包括："九五"一直到"十三五"以来，国家科技支撑计划对海洋资源利用、海洋灾害预报减灾、极地科学等关键技术突破均提供了支持。2006 年，科学技术部启动国家科技基础性工作专项，在海洋环境调查与监测、海洋生物资源本底调查、海洋水文调查、海洋地质调查等海洋领域，设立了几十项调查研究项目。国家海洋局于 2004～2012 年组织实施了"中国近海海洋综合调查与评价专项"（908 专项），着重开展近海海洋综合调查、综合评价和"数字海洋"信息基础框架构建三项主要任务。8 年间，中国累计投入经费 20.59 亿元，沿海省份匹配经费近 3 亿元。国家社会科学基金也支持海洋领域的相关研究。2008～2016 年，国家社会科学基金共资助涉海项目 204 项。

（二）资助概况

《中国海洋统计年鉴》的数据显示，海洋科研机构经费收入由 2006 年的 52.89 亿元持续增长至 2014 年的 310.10 亿元，增长了近 5 倍（图 5-6）。作为海洋领域科研经费主要资助来源之一的国家自然科学基金，总投入由 2010 年的 101.3 亿元增长至 2016 年的 262.8 亿元，增长了 1.6 倍；占中央财政科技经费比重由 2010 年的 4.95% 增加到 2016 年的 8.04%（图 5-7）。相应地，国家自然科学基金共资助涉海项目［即国家自然科学基金地球科学部（简称地学部）海洋科学项目］的科研经费逐年增长，由 2010 年的 13 192 万元增长至 2015 年的 42 272 万元，其占国家自然科学基金经费比重由 2010 年的 1.30% 增加到 2014 年的 2.27%，2015 年稍有回落，为 1.87%（图 5-8）。2001～2015 年，国家自然科学基金共资助各类涉海项目 3370 个，共投入科研经费 24.52 亿元。

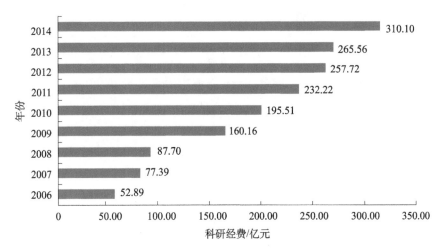

图 5-6　2006～2014 年中国海洋科研机构经费收入变化情况

资料来源：《中国海洋统计年鉴 2017》数据库

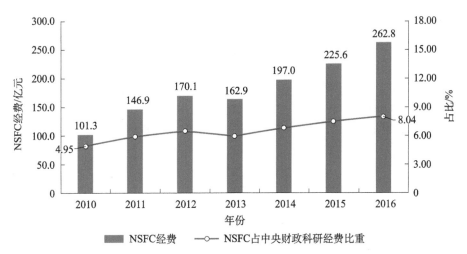

图 5-7　2010～2016 年国家自然科学基金科研经费变化情况

资料来源：《中国海洋统计年鉴 2017》数据库

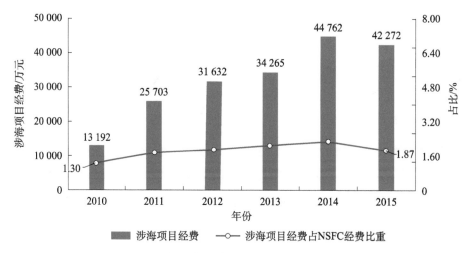

图 5-8　2010～2015 年国家自然科学基金资助涉海项目经费变化情况

资料来源:《中国海洋统计年鉴 2017》数据库

（三）成效分析

国家自然科学基金是中国基础研究领域最重要的资助渠道之一。据 1986～2019 年统计，国家自然科学基金委员会共资助海洋科学总项目数达 5848 项，总资助金额约 27.18 亿元，分别占地学部项目数和总资助金额的 11.1% 和 10.8%（表 5-9）。

表 5-9　国家自然科学基金海洋科学项目资助统计

资助类别	资助项目数及占比		资助金额及占比	
	项目数 / 项	占地学部比重 /%	金额 / 万元	占地学部比重 /%
面上项目	3 094	11.9	166 323.2	12.2
青年科学基金项目	2 518	13.4	57 726	13.6
地区科学基金项目	76	3.7	2 471.5	3.3
重点项目	150	11.3	32 791.2	10.5
重大项目	10	16.7	12 470.95	14.4
总计	5 848	11.1	271 782.85	10.8

注：统计年为 1986～2019 年，不包括地学部其他学科资助的与海洋相关研究项目

在海洋科学资助项目中，面上项目占主导，占海洋基金总资助项目数的 52.9%，资助金额占 61.2%；其次是青年科学基金项目，分别占资助总项目数

和总金额的 43.1% 和 21.2%（图 5-9）。

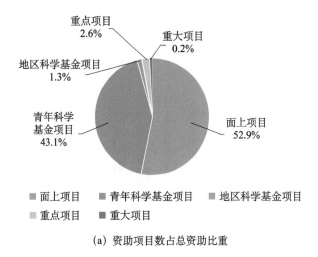

(a) 资助项目数占总资助比重

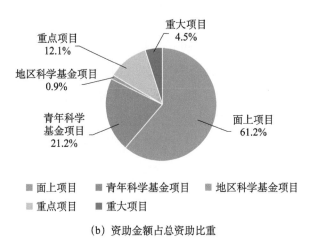

(b) 资助金额占总资助比重

图 5-9 海洋科学不同类别的资助项目数和资助金额占总资助比重

1. 涉海类面上项目和青年科学基金项目受资助情况

面上项目是国家自然科学基金资助项目数最多、学科覆盖面最广的一类基金项目类型，考察海洋领域面上项目历年受资助情况可在一定程度上反映总体上海洋学科基础研究的基本状况。2010～2019年，涉海类面上项目的申请数和获资助数总体稳中有升，年际间存在波动（图 5-10）。从申请情况看，涉海类面上项目申请数由 2010 年的 504 项增长至 2019 年的 940 项，增长幅度达到 86.5%。从资助情况看，2010 年国家自然科学基金资助涉海类面上项目 136 项，2019 年增长为 230 项；虽有年际间波动，但总体趋势呈现增长态势，资助项目数增长了 69.1%。资助率较为稳定，平均为 27.8%。

图 5-10　2010 ～ 2019 年国家自然科学基金涉海类面上项目申请及资助变化情况

资料来源：《国家自然科学基金资助项目统计资料》（2010 ～ 2019 年）

随着国家自然科学基金科技投入总量的逐年增长，涉海类面上项目的资助经费和资助强度都呈现增长态势（图 5-11）。从资助经费看，2010 年涉海类面上项目共投入 6237 万元。此后历年持续增长，2019 年资助经费增加到 14 389 万元，增长了 1.3 倍。特别是在 2011 年，国家自然科学基金委员会开展了国际评估，并运用评估结果，采取了切实有效的改革措施，加强项目资助强

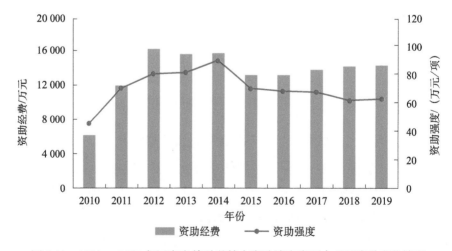

图 5-11　2001 ～ 2019 年国家自然科学基金资助涉海类面上项目资助变化情况

资料来源：《国家自然科学基金资助项目统计资料》（2010 ～ 2019 年）

度、延长资助周期，资助经费达到 2010 年的 1.94 倍，资助强度从 2010 年的 46.12 万元 / 项增长至 2011 年的 69.71 万元 / 项。2012 ～ 2014 年，资助经费总额达到高点，平均超过 16 000 万元。虽然在 2015 ～ 2019 年资助经费稍有减少，平均为 13 877 万元，但总体仍呈现增长态势。从资助强度看，从 2010 年的 46.12 万元 / 项增长至 2014 年的 91.26 万元 / 项，此后有所回落，2019 年为 62.56 万元 / 项。

1987 ～ 2019 年，国家自然科学基金资助涉海类青年科学基金项目总计 2518 项，投入科研经费共 5.77 亿元。从整体上看（图 5-12），获资助的项目数、资助金额以及单项资助金额逐年增加，单项资助金额增加到 20 万 ～ 25 万元，但在 2015 ～ 2016 年资助金额和 2019 年资助项目数略有降低。从资助项目数和资助金额在地学部占比看（图 5-13），两者同等变化，总体呈现增长态势，在 2004 年达到最高比例（18%），在 2015 ～ 2019 年占比有一定下滑。

2. 海洋科学类项目在国家自然科学基金中所占比重

国家自然科学基金地学部根据其学科范围，共资助地理学、地质学、地球化学、地球物理学和空间物理学、大气科学、海洋科学、环境地球科学与土壤学七大分支学科的科研项目。目前，海洋科学领域在项目申请数、批准数、资助金额等方面基本处于第四位。

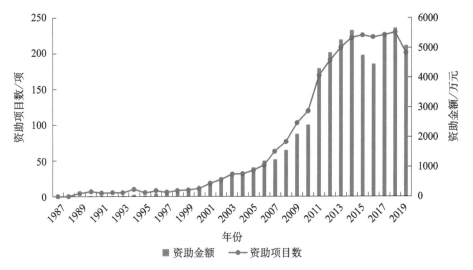

图 5-12　1987 ～ 2019 年涉海类获国家自然科学基金青年科学基金项目资助情况

资料来源：国家自然科学基金委员会

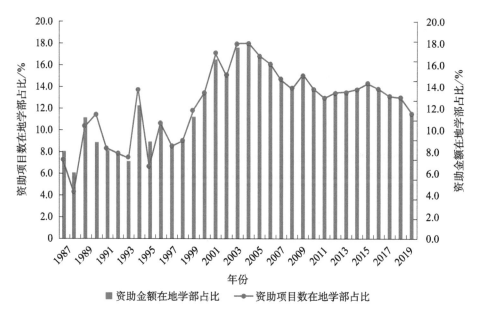

图 5-13   1987 ～ 2019 年海洋科学领域获中国国家自然科学基金青年
科学基金项目资助在地学部占比情况
资料来源：国家自然科学基金委员会

从资助项目数看，国家自然科学基金资助地学部面上项目总体增长，从 2002 年的 446 项增加到 2019 年的 1887 项，增长了 3.2 倍。同时期，海洋科学面上项目数亦从 2002 年的 50 项持续增长至 2019 年的 230 项，增长了 3.6 倍（图 5-14）。据此计算可知，2002 ～ 2019 年，海洋科学受资助面上项目数占地学部受资助面上项目总数保持在 12% 左右。从资助经费看，地学部面上项目受资助经费总体增长，特别是在 2002 ～ 2012 年，从 1.20 亿元逐步大幅增加至 13.34 亿元，但 2013 年起稍有减少，2019 年减少至 11.72 亿元。2002 ～ 2019 年，海洋科学面上项目受资助经费亦逐年稳步增长，从 2002 年的 0.13 亿元逐年增加至 2014 年的 1.60 亿元；之后略有减少，2019 年减少至 1.44 亿元（图 5-15）。2002 ～ 2019 年，海洋科学面上项目经费总额占地学部比重为 12.3% 左右，与项目数所占比重基本一致。

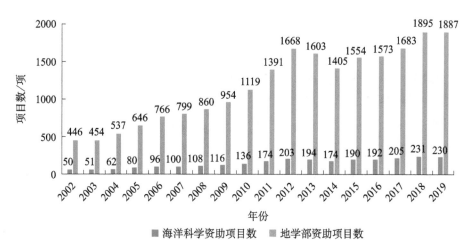

图 5-14　2002～2019 年国家自然科学基金资助地学部和
海洋科学面上项目数变化情况

资料来源：国家自然科学基金委员会

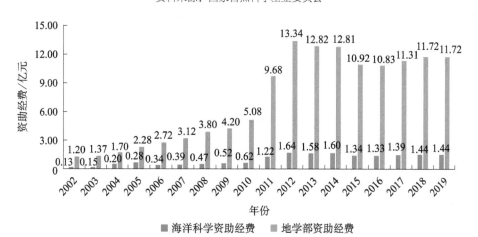

图 5-15　2002～2019 年国家自然科学基金资助地学部和
海洋科学面上项目经费变化情况

资料来源：国家自然科学基金委员会

3. 海洋科学领域国家杰青、优青、创新群体资助状况

（1）国家杰出青年科学基金

2010～2019 年，地学领域共有 217 人获得了国家杰出青年科学基金项目的
资助（图 5-16），每年平均有近 20 位地学人才获得该基金项目资助，其中 2019
年获得资助人数最多，为 32 人。在此期间，海洋领域共 20 人获得了国家杰出青

年科学基金资助,约占地学领域总人数的10%,每年平均约有2人海洋科技人才获得该基金项目资助,其中2018年和2019年获得资助人数最多,为4人。

2010～2019年,地学领域共获国家杰出青年科学基金项目约6.7亿元的资助,海洋科学领域获得6350万元,平均每年635万元,其中2019年获得资助最多,为1600万元(图5-17)。2010～2019年,海洋科学领域所获国家杰出青年科学基金资助逐年攀升,其占地学领域所获总资助比重也呈现出上升趋势,2018年占19%。

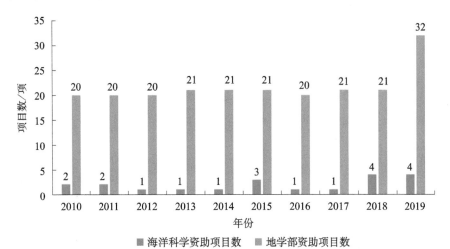

图5-16 2010～2019年国家杰出青年科学基金资助地学部和海洋科学项目数变化情况

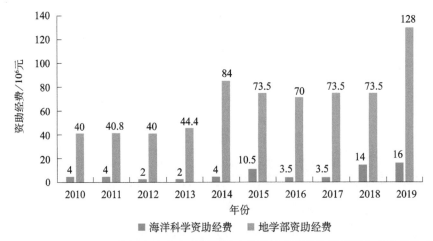

图5-17 2010～2019年国家杰出青年科学基金资助地学部和海洋科学经费变化情况

2010～2019年,国家杰出青年科学基金单项资助金额在2010～2013年一直维持在 200 万元，而 2014 年增至 400 万元，2015 ～ 2018 年一直保持在 350 万元，2019 年又重新增至 400 万元（图 5-18）。

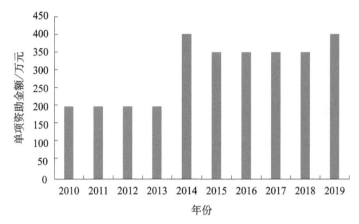

图 5-18　2010 ～ 2019 年国家杰出青年科学基金单项资助金额变化情况

从获资助者的依托单位看，43 位海洋领域国家杰出青年科学基金获得者分布在 16 个单位，主要集中在中国海洋大学、中国科学院海洋研究所和中国科学院南海海洋研究所。其中，高校为 25 位，占比为 58%；中国科学院系统为 15 位，占比为 35%；自然资源部系统为 3 位，占比为 7%（图 5-19）。

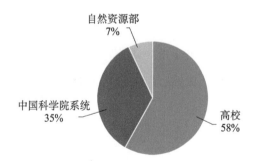

图 5-19　2010 ～ 2019 年海洋领域国家杰出青年科学基金获得者所属机构分布

（2）优秀青年科学基金

2012 ～ 2019 年，地学领域共有 332 人获得了国家优秀青年科学基金项目的资助，其中海洋科学领域共 40 人获得资助，约占地学领域总数的 12%，每年平均 5 位海洋科技人才获得资助，其中 2019 年获得资助人数最多，为 8 人（图 5-20）；平均每年获得资助额约 600 万元，2019 年达到 1020 万元（图 5-21）。国家优秀青年科学基金单项资助金额在 2012 ～ 2014 年一直维持在 100 万元，

2015 年突然增至 130 万元，2015 ～ 2019 年一直保持在 130 万元（图 5-22）。

图 5-20 2012 ～ 2019 年国家优秀青年科学基金资助地学部和海洋科学项目数变化情况

图 5-21 2012 ～ 2019 年国家优秀青年科学基金资助地学部和海洋科学经费变化情况

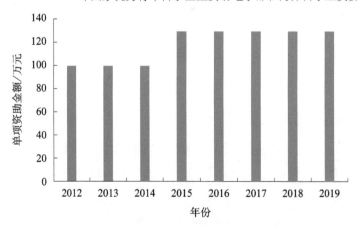

图 5-22 2012 ～ 2019 年国家优秀青年科学基金单项资助金额变化情况

从获资助者的依托单位看，40位海洋领域国家优秀青年科学基金获得者
分布在18个单位，主要集中在中国海洋大学、中国科学院海洋研究所和中国
科学院南海海洋研究所。其中，高等院校为21位，占比为52%；中国科学院
系统为12位，占比为30%；自然资源部系统为5位，占比为13%；其他单位
为2位，占比为5%（图5-23）。

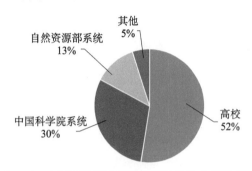

图5-23　2012～2019年海洋领域优秀青年科学基金获得者依托单位分布

（3）国家创新群体基金

2000～2019年，地学领域共有128个科研团队获得了国家创新群体项目，
每年平均6个，其中2015年和2016年为10个。此期间，海洋科学领域共有
20个团队获得创新群体项目，约占地学领域总数的16%，每年约有1个海洋
科研团队获得该基金项目资助，平均资助强度约670万元；2015年有3项，
总资助强度达到2100万元（图5-24和图5-25）。

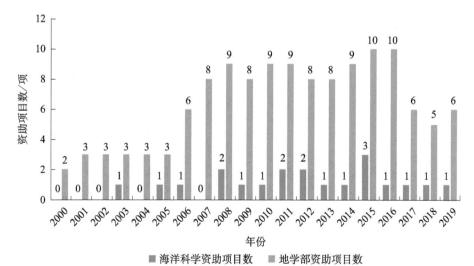

图5-24　2000～2019年国家创新群体基金资助地学部和海洋科学项目数变化情况

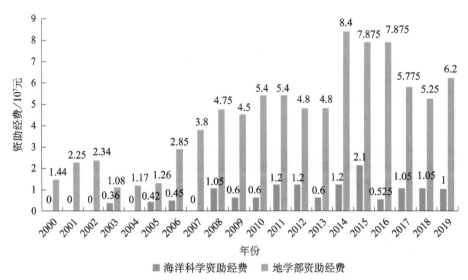

图 5-25 2000 ～ 2019 年国家创新群体基金资助地学部和海洋科学经费变化情况

4. 海洋科学领域重点、重大及重大研究计划项目资助状况

（1）重点项目

1992 ～ 2019 年，国家自然科学基金共资助海洋科学重点项目 133 项，年均不到 10 项，2017 年达到 14 项（图 5-26）；投入直接费用 3.28 亿元，资助强度同样呈现逐年增加的大趋势，由 11 万元 / 项增长至最高 350 万元 / 项（图 5-27）。

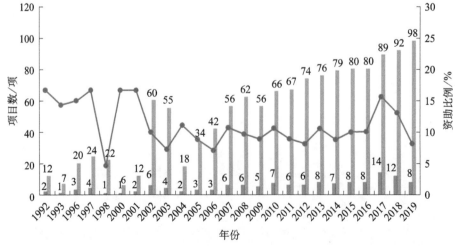

图 5-26 1992 ～ 2019 年国家自然科学基金海洋科学重点项目

资助项目数及资助比例变化情况

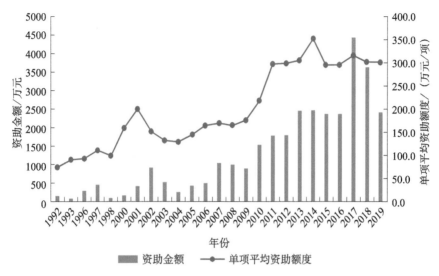

图 5-27　1992 ～ 2019 年国家自然科学基金海洋科学重点项目
资助经费及资助强度变化情况

（2）重大项目

截至 2019 年，国家自然科学基金共资助地学部重大项目 61 项，共计投
入 8.6 亿元，其中海洋科学重大项目共 10 项，直接费用 1.2 亿元；海洋科学
受资助项目数和资助金额分别占地学部的 16.4%，经费占 14.0%。海洋科学重
大项目资助经费从 127 万元上升到约 2000 万元（表 5-10）。

表 5-10　国家自然科学基金资助重大项目一览表

序号	项目名称	负责人	单位	起止日期	资助经费 / 万元
1	粤港澳大湾区陆海相互作用关键过程及生态安全调控机理	张偲	中国科学院南海海洋研究所	2019.01 ～ 2023.12	1971.35
2	东南亚环形俯冲系统的地球动力学过程	李家彪	自然资源部第二海洋研究所	2019.01 ～ 2023.12	1986
3	海洋荒漠生物泵固碳机理及增汇潜力	戴民汉	厦门大学	2019.01 ～ 2023.12	1984.9
4	ENSO 变异机理和可预测性研究	陈大可	自然资源部第二海洋研究所	2017.01 ～ 2021.12	1661.7
5	黑潮及延伸体海域海气相互作用机制及其气候效应	吴立新	中国海洋大学	2015.01 ～ 2019.12	2000
6	太平洋低纬度西边界环流系统与暖池低频变异研究	胡敦欣	中国科学院海洋研究所	2009.01 ～ 2012.12	1000

续表

序号	项目名称	负责人	单位	起止日期	资助经费/万元
7	上层海洋－低层大气生物地球化学与物理过程耦合研究	冯士筰	中国海洋大学	2004.06～2008.05	800
8	东亚古季风的海洋记录	汪品先	同济大学	1998.01～2002.12	440
9	渤海生态系统动力学与生物资源持续利用	苏纪兰	国家海洋局第二海洋研究所	1997.01～2000.12	500
10	中国河口主要沉积动力过程研究及其应用	陈吉余	华东师范大学	1988.01～1992.12	127

资料来源：国家自然科学基金委员会

（3）重大研究计划

国家自然科学基金分别在 2001 年和 2011 年组织实施了以"全球变化及其区域响应"和"南海深海过程演变"为主题的两项重大研究计划。"全球变化及其区域响应"项目经费 4000 万元，以面上项目和重点项目形式予以资助，执行期为 3～4 年。"南海深海过程演变"项目经费约 1.9 亿元，执行期为 8 年。"南海深海过程演变"重大研究计划，是迄今我国海洋界规模最大的基础研究计划。8 年中立项 60 个，参加者 700 多人次。

2018 年实施的"西太平洋地球系统多圈层相互作用"重大研究计划，实施周期为 8 年，直接经费为 2 亿元。2018～2020 年，共计资助重点和培育项目 62 项。

第二节　我国海洋科学研究资助布局存在的问题

本节梳理现有海洋科学研究资助布局的不足和制约本学科发展的关键政策问题，特别是在对未来海洋科学跨越式发展支撑作用方面存在的政策瓶颈。

一、引领国际大科学计划所需的实施政策不明确

开展全球性的大科学研究，引领国际学科发展，体现大国担当，既包括在科学思想、规划方面的引领，更需要在科研经费、设施等方面的投入与贡献。为进一步提升海洋科技创新能力，引领大型国际研究计划，国际计划资助力度应进一步加强，但相关资助政策尚不够完善和明确，如国际计划评审与评价机制、科研经费的外拨与管理等方面还存在一定程度的政策障碍。目前，无论是在创新能力方面，还是在技术、装备、资助政策与经费管理方面还存在明显不足。重大项目的评审与评价机制尚不够完善，无法充分发挥国际学术共同体的作用，目前主要是自我评价或大同行/外行评价。

二、重大引领性科研的资助布局与评审机制不完善

过去三十多年，尤其是近十年，科学技术部的 973 计划和国家自然科学基金委员会的各类基金等显著推动了我国海洋科学的基础研究进展，成效显著。但目前依然存在一些瓶颈问题，如分类资助如何更有效、更有针对性并实现学科真正交叉？重大的引领性项目的设立和考评如何鼓励和保障真正的源头创新？项目资助如何引导和整合不同单位资源，针对该重大科学问题协同攻关？

这类基础性、原创性的重大引领性项目的资助建议根据科学属性，既要鼓励跨学部、跨学科和学科内部的深度交叉，也要鼓励科学和技术交叉融合。重大引领性项目应当是科学家团体针对重大科学问题提出并自发组成研究群体所设立的（"自下而上"酝酿与完善，"自上而下"实施与管理）；可开放全年申请，不受指南等限制，并且具有资助排他性（如限项等，且要避免在其他部委重复资助）。

三、对海洋重大装备设施的综合投入与管理较为缺乏

我国目前尚缺乏国家层面上对海洋重大装备设施的综合投入与管理，处

311

于各单位/各部门"各自为政"的局面，功能趋同性严重，形成"你有我也有"的格局（如近年来科考船的建设），存在资源的浪费，同时又缺乏可真正引领科学发展的独特重大设施，需要国家在整体上布局与建设，并出台综合管理与使用的政策。重大设施论证与建设要充分发挥学术共同体的作用，具体设备的建设与运行管理由具有独特学科优势的单位/群体负责，需要有完善的评审、评价与监督管理机制，以保证设施的高效、高质量共享。在国家层面上建立有效的数据管理与共享平台，具体可以以科研项目的形式由相关群体（科学共同体）负责建设与运行，强化运行效率的评价及监督与管理机制。同时，科研装备的建设要紧密围绕短期与长期科学发展的需要。此外，海洋科学的发展越来越依赖于先进的重大设施与装备，包括科考船、钻探船、破冰船、自主式海洋探测装备集群、超算平台等，建立高效、共享的海洋科考、探测、监测、数据管理与共享、业务化预报等重大平台设施，是未来一段时间的关键任务。目前，我国各涉海单位已有不少科考船，但一是缺乏必要的整合管理机制；二是功能趋同性严重，缺乏极端环境下的科考装备；三是自主观测能力不足。

四、跨学科融合科技创新的资助政策较为缺乏

海洋提供了人类所需氧气的近一半，支撑了全球生物多样性的80%，且强烈影响着全球气候，因而海洋对人类的生存是至关重要的。人类作为生态系统的一部分，获益于生态系统的服务功能，同时对生态系统产生显著且持久的影响。我们的终极目标是实现"干净、健康、安全、多产与生物多样的海洋"。未来海洋科学发展中，海洋科学与地球科学、社会经济学、管理学的融合发展将是重要的发展方向。伴随观测技术的提升，海洋科学正在迅速进入数字时代，促进跨学科的融合发展。然而生态环境变化驱动因素和效应之间的响应与反馈、社会系统与生态系统之间的相互影响，评估多重或累积压力对海洋的影响仍是一个挑战。基于生态系统方法做出的决策，应综合考虑不同的目标与不同管理选项的意义，以及决策可能基于不全面或不确定的数据，社会科学则将发挥重要作用。

　　海洋健康与可持续发展的复杂性和跨学科性，不仅需要海洋科学内部化学、生物、地质、水文等的深度交叉，也需要与社会、经济与技术学科相互融合，促进海洋处、地学部、基金委、其他机构及其利益相关企事业的合作伙伴关系的发展，促进创造富有成效的合作、设施利用、增加资助机会。利用基础科学和跨学科研究中不断变化的前沿，继续更好地向决策者提供所需要的客观事实。海洋领域的资助政策需要在海洋核心科学问题单一学科资助体系基础上，向学科融合方向拓展，建立跨部门与跨机构的不同层次的管理平台。交叉学科资助分两个层面：中等－大尺度的原创科学计划或项目与针对1个或多个核心计划的科学家个体或小组的项目，其中针对核心计划的小的交叉学科项目归属于不同的部门或机构。从美国的经验来看，较小的交叉学科项目往往被科学委员会认为获得资助后将存在更多的问题。调查对象相信交叉学科工作获得资助更困难，类似申请的主题往往没出现在美国国家科学基金会优先资助领域。当申请成功率低时，相关部门的官员更可能保护核心计划，而牺牲交叉学科工作。

　　保护海洋并可持续地利用海洋是联合国可持续发展目标，也是国家海洋开发战略的需求。将知识转化为行动是21世纪的当务之急。跨海洋科学不同领域以及海洋科学、社会学及经济学融合研究的意义越来越重要，特别是对年轻科学家来讲，而且类似研究对实现健康与可持续发展的海洋是必须的，因而应鼓励跨学科工作。

五、海洋科学与技术协调发展所需的资助政策不健全

　　作为一门以观测为先导的学科，海洋科学研究与高新尖技术研发是彼此紧密联系、相互促进的。虽然经过863计划等国家计划的支持，在海洋技术和设备方面有了长足的进步（如"蛟龙"号等），但在海洋观测和海洋调查常规技术与仪器设备方面，依然落后于国际水平。大量国外技术和设备充斥我国海洋调查活动，在经济、社会、国防效益方面，都亟待改善。国家应该在实现标志性海洋工程和技术的重点突破后，着力推动海洋常规技术和仪器设备的发展。我国由于对海洋技术的重视程度不足，未能完善对海洋技术从业人员的激励机制和管理体制，科学与技术相互联系并促进的效应远远未能有

效激发，海洋科技成果转化效率低下。我国海洋科学研究与技术开发的协同发展亟待实质提升，服务于海洋科技发展的共享平台亟待建设。

六、资源与数据共享程度不高

海洋科学是一门以观测为主要研究手段的学科，观测平台、仪器资源和科学数据的高度共享已成为国际海洋学界的共识。大型海洋观测研究耗费巨大、技术要求高，发达国家一般也难以单独胜任，多单位、多国合作，基于共同观测平台，可以很好地整合与集成不同学科背景、不同学术思想和不同层次的研究力量，解决重大科学问题，实现学科交叉。从 2009 年开始，国家自然科学基金委员会设立海洋科学调查船时费，试点建设海洋科学考察船开放与共享制度，显著推动了我国海洋基础研究进展，但远不能满足海洋科学研究对海上观测实验的需求。今后应在前期工作和积累经验的基础上，加大投入，整合相关涉海高校和科研院所公共观测平台，扩大开放航次的共享力度和开放区域，实现航次更多观测数据的开放共享，完善科考船和观测数据共享制度。

我国海洋观测平台公用已经取得一些成效，但海洋数据共享基本尚未实现。随着我国海洋研究投入的加大和观测手段的快速发展，尤其是海洋综合观测系统的建立，海量数据不断涌现，发展和利用大数据技术，实现数据高效管理、集成、供应和使用迫在眉睫，提高资源与数据共享程度势在必行。数据中心不仅要具备数据传输和数据分析的功能，而且还肩负数据存储、数据集成、数据查询、数值模拟和可视化显示的任务。加拿大的"海王星"海底观测网（NEPTUNE-Canada）和美国的海洋观测计划（Ocean Observation Initiative，OOI）把将近 1/3 的预算给网络基础设施建设。海洋观测数据的网络化、智能化建设是未来海洋数据共享的关键，应加强这方面的经费和研究人员投入。

七、评价与激励机制推动力不足

唯论文、唯职称、唯学历、唯奖项的"四唯"评价机制是我国科技发展初期倾向的考核体制，该体制推动了我国科技进步，但是随着社会发展，该评价机制弊端日显，在一定程度上制约了科技创新能力与创新活动，尤其是原始创新能力，但是破"四唯"不是单纯地搞"一刀切"，应该建立分类、分目标的科学评价机制。科研项目种类繁多，对于基础研究、应用基础研究、前沿基础研究等要建立合适的激励机制，在评价方式、考核重点等方面要根据学科特色、研究需要、解决问题属性等分别制定相应的同行评议机制和措施，但是同行评议机制要完善，要避免同行评议机制所产生的利益冲突或者利益交换，建立合理的评价和激励机制。在施行同行评议的同时，降低行政干预，同行评议要做到公平、公正、避免学术权威等，对于有争议的同行评议，可以使用公开评议结果，保证评议人合法权益的同时，避免学术不公。应用性研究的绩效评价，关注应用效果及解决的实际问题，而前沿基础项目仍关注科学价值及前瞻性，基础研究项目侧重学科基础问题，评价指标应该有针对性和多样性，以最能体现被评价人的业务水平、发挥科技人员创新与实干能动性等为核心原则，而不能唯某一项指标或者生搬硬套其他领域的指标，建立分类评价和激励机制。

八、海洋科技经费投入总量不足、分配不均衡

我国海洋科研经费投入的绝对量虽逐年增加，但相对量却远远不足。以国家自然科学基金对海洋科学领域的投入为例，其所涉及的科研投入占国家自然科学基金委员会每年度的科技支出比重长期保持在1%左右。相比之下，美国国家科学基金会资助海洋科学的总直接费用占其科研总经费的比例高达4.5%。同时，海洋观测经费高昂，涉海科研经费的不足亦不利于高端人才的培养，海洋科学领域的高层次人才队伍亟待扩充。

在涉海科技经费相对量远远不足的情况下，同时存在重复投入和集中投入的问题。不同资助部门重复资助相似研究，造成科研经费浪费、科研成果不突出。此外，由于申报科研经费存在管理漏洞，有些科研工作者的累积个人任务工作时间大大超出12个月。重复资助的经费格局和不平衡的工作强度分布最终导致必然的浪费。

九、海洋科技经费使用效率不高

近年来，随着《中共中央办公厅 国务院办公厅印发〈关于进一步完善中央财政科研项目资金管理等政策的若干意见〉的通知》（中办发〔2016〕50号，简称《若干意见》）、《关于进一步做好中央财政科研项目资金管理等政策贯彻落实工作的通知》（财科教〔2017〕6号）等有关规定的印发，中央财政科研项目资金管理在预算编制、间接费用比重、绩效激励力度、劳务费开支范围、结转结余资金留用处理、横向经费管理等方面有了较为显著的变化，对激发创新创造活力、促进科技事业发展起到了十分积极的作用。但在实际执行过程中还是存在海洋科研经费使用效率不高的问题，具体情况包括：①根据《若干意见》，需要处理好合理分摊间接成本和对科研人员激励的关系。在间接费用实际使用过程中，由于不少项目承担单位存在事业单位人员费不足的问题（财政供养人员太多，含离退休人员），扣除单位管理费后的间接费不足以支撑项目组绩效工资，这就促使项目组需要多申请项目以支撑项目组发展，而项目申请下来需要增加科研人员投入，又导致绩效工资缺口进一步加大。②目前我国海洋科技投入的资金主要由科学技术部、国家自然科学基金委员会、自然资源部、教育部、中国科学院等部门立项实施，由于对应的科研项目因其立项目标的差异，分别面向世界科技前沿、面向经济主战场、面向国家重大需求、面向人民生命健康，但在项目具体研究内容层面则存在部委间部分项目重复建设的情况，导致资源浪费和共享不足以及科研经费使用效率不高的问题。

第三节　我国海洋科学研究资助机制与政策建议

本节从海洋科学与其他学科的区别和特色出发，针对第二节总结的现有资助体系存在的问题，逐一提出修改、完善和新增的资助机制与政策建议。

一、建立健全引领国际大科学计划的资助政策

引领国际大科学计划是显著提升我国海洋科技综合实力与影响力、充分体现我国海洋科技界对国际海洋科技发展贡献度的重要举措，也是未来一个时期我国海洋科学发展的显著特点。国际大科学计划的开展需要从科学思想、科学规划、科学领导到科研经费与科研设施等方面的全方位系统性贡献与支持，与传统的局限于由国内科学家共同开展的科学计划相比，涉及国际大科学计划的国际评审与评价、科研经费的外拨与使用管理、国际合作事宜的协调与执行等多方面的事宜，因此亟须建立健全相应的评审、评价及资助与管理政策。当前，我国科研经费的国内使用管理政策日趋完善，但对于国际合作经费的使用政策，特别是国际海洋科技合作所涉及的综合经费使用需求的管理政策，还需进一步完善。

二、建立健全协调发展海洋科学与技术的资助政策

科学与技术的深度融合是当前国际海洋科技发展的显著特点与重要趋势，而我国海洋科技的发展长期受到技术水平不高的制约，因此建立海洋科学与技术协调发展的资助政策至关重要。长期以来，我国海洋科学与技术的发展相对脱节，存在重科学轻技术的现象，从学科的角度讲，当前海洋领域仅有"海洋科学"一个一级学科，而对认识海洋、经略海洋具有强大技术支持作用的海洋技术仅能以"海洋科学"一级学科下的自设二级学科或自设交叉二级学科的形式存在，因此应考虑在"交叉学科"门类下增设"海洋技术"一级学科，培养海洋领域交叉复合型人才，以更好地实现海洋科学与技术的协调发展。

三、设立统筹全国海洋科技发展的协调指导委员会

在国家战略发展层面，成立以科学家为主体的科学共同体，如"海洋科技战略指导委员会"；在学术层面，协调国家在海洋科技、安全保障等重大领

域的需求，规划海洋科学和技术发展的总体布局，指导各主管部门、资助部门开展海洋科技活动，从战略高度探索符合海洋科学规律的科研资助方式和机制；在操作实施层面，成立"海洋科技发展协调委员会"，调研各涉海机构在实现各自使命方面的进展和需求，组织实施合理、富有激发性的导向评估，并与"海洋科技战略指导委员会"保持常态化沟通，实现海洋科技领域布局－实施－反馈的闭环设计，提升我国海洋科技的综合竞争力，使我国海洋科技尽快达到国际领先水平。

从国际海洋发展前沿、海洋强国的长远目标、海洋科技人才培养特点出发，建设全国性的海洋科研联合平台，从战略高度整合不同单位的优势资源、推动我国海洋科技创新发展。通过大型平台项目，如"透明海洋"立体观测网、"国家 E 级超算中心"的建设，促成海洋领域不同单位和不同系统的科技联合，建成高效的海洋科技合作平台。

四、建立统筹协调海洋科技发展的资源共享与管理平台

为避免有限科研资源的重复投入，提高科研经费的使用效益，可建立全国统一的海洋科研项目数据库和海洋科研项目信息管理共享平台，用于有效管理个人任务的累积工作时长、统筹协调船时资源等涉海科技活动的充分利用。进一步建设服务于用户及海洋科技发展的共享平台，以推进海洋科研数据共享，提升海洋科学研究与技术开发的协同发展。打破部门壁垒，加大部门间的共享航次协调。

五、大幅提高海洋科技经费投入和经费使用效率

1. 充分挖掘资助潜力，拓宽资助渠道

继续推动海洋领域的重大研究计划立项，鼓励海洋科学家从战略高度提出国家急需的重大计划；尝试以共享航次为龙头，吸引部委和省市的资金投入，实施"联合共享航次"；积极联合、参与其他学部的涉海计划；吸引陆地各学科科学家"下海"或者与海洋科学家联合，陆海统筹，在科学界形成

"关心海洋、认识海洋、经略海洋"的热潮；争取在沿海省份联合基金中设立海洋专项，鼓励以我国关键海区为目标设计和实施区域海洋科学计划，实质性提高海洋科技领域的经费投入比例。

2. 提高经费使用效率，避免经费浪费

将有限的经费用到刀刃上，继续适当加大力度支持行之有效的资助机制，如共享航次计划，鼓励共享航次计划与其他国家和地方航次计划整合；进一步细化各个项目的航次需求和航次提供平台的对接；继续扶持突出科学问题导向的航次设计，理顺科学问题导向航次与项目的关系，提高航次经费使用效率；鼓励海洋科学家跨学科、跨学部提出和组织大科学计划，以整合全国优势力量解决重大科学问题。

六、完善同行评议机制，加强国际评审

继续加强基础前沿科学、应用基础和原始创新从 0 到 1 的研究，加大或聚焦基础学科、原创与前沿探索和前沿交叉科学研究。在分类评审中，对于有争议性的评审项目，申请人有自主选择中英文申请的机会，采用国内评审与国际评审相结合的方式，打破或避免评审中出现的"圈子"等弊端。开展不同类型项目的差别化评价试点，围绕不同类型研究的特点，实行分类评价。对于基础前沿性或原创性的研究，加强长期评价与国际同行评价的作用，鼓励科研人员探索、创新、挑战未知，宽容国际前沿和原创性基础与应用研究的容错机制。

七、设立博士后专项基金，完善人才资助格局

博士后是海洋科技队伍的一支重要的生力军。美国国家科学基金会、欧洲研究理事会（European Research Council，ERC）、英国自然环境研究理事会（Natural Environment Research Council，NERC）、德国科学基金会（Deutsche Forschungsgemeinschaft，DFG）等基础科学资助机构均设有博士后资助项目。

目前，国内高校与院所均已有相关的博士后资助机制，但主要是对人员费用的资助，对博士后科研活动的资助还极少。随着国内与海外归国的博士后群体越来越庞大，国家自然科学基金应考虑专门对优秀博士后人才进行资助。在资助的要求方面，可以强调学科与方向上的交叉（例如，与申请人博士生期间的研究内容有联系但必须明显交叉，这对于海洋科学这类交叉性极强学科的创新来说非常重要）；可以明确允许即将毕业的博士生作为主持人进行申报；也可考虑将博士后项目依附于国家自然科学基金的其他重要项目（例如，合作导师须是获得重大项目、重点项目以及杰青、优青等人才项目的主持人），进一步加强优势团队的人才梯队建设。国家自然科学基金委员会在项目申报与评审方面应具有良好的公信力，对优秀博士学位获得者进行选拔与资助，尽力形成项目品牌与项目梯队，吸引与稳定一批底子好、能力强、有潜力的科研苗子，促使他们在研究方向与领域上的交叉创新，形成自己的研究特色与专长，进入高校及院所的固定研究岗位。

八、加强海洋科普，增加相应的资助类别

支撑海洋科学研究、促进海洋科学教育、提升公众的海洋意识应是海洋科学基金资助项目的重要目标和社会责任。高水平海洋科技队伍应基于全民海洋素养的整体提升和海洋科普教育环境的全面改善。为此，应进一步加强海洋科普宣传力度和科普专项资助工作，提升海洋科普专项资助定位，注重海洋科普专项资助类型与公众接受程度的关系，创新科普工作宣传和活动模式，加强青少年亲身参与科学活动的力度，形成有特色的海洋科学基金科普品牌和基地。同时，还应提高科普专项与国家自然科学基金项目的关联度，重点围绕国家自然科学基金的优先资助领域、重大创新研究项目、科学前沿与热点、创新研究群体等不同方面组织推荐科普项目的立项，并加强项目管理部门、基金项目具体参与者及科普专家之间的沟通与联系。

本章参考文献

陈春，高峰，鲁景亮，等．2016. 日本海洋科技战略计划与重点研究布局及其对我国的启示．地球科学进展，31(12):1247-1254.

苟燕楠，杨康书源．2018. 程序与政治：俄罗斯的联邦预算制定过程．财政科学，30(6):18-25.

寇明婷，邵含清，杨媛棋．2020. 国家实验室经费配置与管理机制研究——美国的经验与启示．科研管理，41(6):280-288.

梁偲．2018. 对欧盟长期预算提案（2021—2027 年）的解读．全球科技经济瞭望，33(6):39-44.

裴瑞敏，杨国梁．2018. 美国国家实验室经费管理及评估制度．中国科学报，2018-04-09（007）．

孙悦琦．2018. 韩国海洋经济发展现状、政策措施及其启示．亚太经济，1:83-90.

王郦久，徐晓天．2019. 俄罗斯参与全球海洋治理和维护海洋权益的政策及实践．俄罗斯学刊，53(9):39-54.

王伟伟．2011. 浅析主要海洋大国海洋财政政策及与我国的比较．商品与质量，S6:20-21.

魏婷，李双建，杨潇．2017. 日本海洋战略的发展及对我国的借鉴．海洋开发与管理，34(11):10-13.

邢文秀，刘大海，许娟．2020. 美国海洋和大气领域政策导向转变及 2020 财年计划调整——基于 NOAA 2011—2020 财年总统预算分析．科技管理研究，7:35-45.

杨文海．2013. 法国国家科学研究中心科研资助体系．中国科技资源导刊，6:31-33,40.

张多．2018. 法国的海洋能政策与开发．中国海洋报，2018-05-22(004).

中国自然资源报．2020. 德国海洋研究联盟正式组建［EB/OL］.http://www.nmdis.org.cn/c/2020-03-20/70831.shtml [2021-10-10].

关键词索引